中国茶文化丛书

茶叶质量安全
与消费指南

鲁成银　主编

中国农业出版社
北京

本 书 编 委 会

主　　编：鲁成银
副 主 编：柴云峰　陈红平
编写人员：傅尚文　王国庆　刘　新　章剑扬　马桂岑
　　　　　蒋　迎　汪庆华　王　晨　陈利燕　金寿珍
　　　　　张颖彬　江和源　于良子　薛　晨

总序
TOTAL ORDER

　　茶文化是中国传统文化中的一束奇葩。改革开放以来，随着我国经济的发展，社会生活水平的提高，国内外文化交流的活跃，有着悠久历史的中国茶文化重放异彩。这是中国茶文化的又一次出发。2003年，由中国农业出版社出版的《中国茶文化丛书》可谓应运而生，该丛书出版以来，受到茶文化事业工作者与广大读者的欢迎，并多次重印，为茶文化的研究、普及起到了积极的推动作用，具有较高的社会价值和学术价值。茶文化丰富多彩，博大精深，且能与时俱进。为了适应现代茶文化的快速发展，传承和弘扬中华优秀传统文化，应众多读者的要求，中国农业出版社决定进一步充实、丰富《中国茶文化丛书》，对其进行完善和丰富，力求在广度、深度和精度上有所超越。

　　茶文化是一种物质与精神双重存在的复合文化，涉及现代茶业经济和贸易制度，各国、各地、各民族的饮茶习俗、品饮历史，以品饮艺术为核心的价值观念、审美情趣和文学艺术，茶与宗教、哲学、美学、社会学，茶学史，茶学教育，茶叶生产及制作过程中的技艺，以及饮茶所涉及的器物和建筑等。该丛书在已出版图书的基础上，系统梳理，查缺补漏，修订完善，填补空白。内容大体包括：陆羽《茶经》研究、中国近代茶叶贸易、茶叶质量鉴别与消费指南、饮茶健康之道、茶文化庄园、茶文化旅游、茶席艺术、大唐宫廷茶具文化、解读潮州工夫茶等。丛书内容力求既有理论价值，又有实用价值；既追求学术品位，又做到通俗易懂，满足作者多样化需求。

　　一片小小的茶叶，影响着世界。历史上从中国始发的丝绸之路、瓷器之路，还有茶叶之路，它们都是连接世界的商贸之路、文明之路。正是这种海陆并进、纵横交错的物质与文化交流，牵连起中国与世界的交往与友谊，使茶和咖啡、可可成为世界三大无酒精饮料，茶成为世界消费量仅次于水的第二大饮品。而随之而生的日本茶道、韩国茶礼、英国下午茶、俄罗斯茶俗等的形成与发展，都是接受中华文明的例证。如今，随着时代的变迁、社会的进步、科技的发展，人们对茶的天然、营养、保健和药效功能有了更深更广的了解，茶的利用已进入到保健、食品、旅游、医药、化妆、轻工、服装、饲料等多种行业，使饮茶朝着吃茶、用茶、玩茶等多角度、全方位方向发展。

习近平总书记曾指出：一个国家、一个民族的强盛，总是以文化兴盛为支撑的。没有文明的继承和发展，没有文化的弘扬和繁荣，就没有中国梦的实现。中华民族创造了源远流长的中华文化，也一定能够创造出中华文化新的辉煌。要坚持走中国特色社会主义文化发展道路，弘扬社会主义先进文化，推动社会主义文化大发展大繁荣，不断丰富人民精神世界，增强精神力量，努力建设社会主义文化强国。中华优秀传统文化是习近平总书记十八大以来治国理念的重要来源。中国是茶的故乡，茶文化孕育在中国传统文化的基本精神中，实为中华民族精神的组成部分，是中国传统文化中不可或缺的内容之一，有其厚德载物、和谐美好、仁义礼智、天人协调的特质。可以说，中国文化的基本人文要素都较为完好地保存在茶文化之中。所以，研究茶文化、丰富茶文化，就成为继承和发扬中华传统文化的题中应有之义。

当前，中华文化正面临着对内振兴、发展，对外介绍、交流的双重机遇。相信该丛书的修订出版，必将推动茶文化的传承保护、茶产业的转型升级，提升茶文化特色小镇建设和茶旅游水平；同时对增进世界人民对中国茶及茶文化的了解，发展中国与各国的友好关系，推动"一带一路"建设将会起到积极的作用，有利于扩大中国茶及茶文化在世界的影响力，树立中国茶产业、茶文化的大国和强国风采。

姚国坤

2017 年 6 月

前言

PREFACE

茶是人们再熟悉不过的东西，开门七件事，"柴、米、油、盐、酱、醋、茶"，中国宋朝时候的谚语就将茶叶与其他六种饮食相关的物品列为古代平民百姓家日常生活的必需品。

茶是我国的国饮，而且茶也是世界三大无酒精饮料之一，目前世界上有160多个国家有饮茶的习惯，茶叶被誉为"东方文明象征"。自古以来，中国茶叶随着丝绸之路传到欧洲、逐渐风靡世界，与丝绸、瓷器等，被认为是共结和平、友谊、合作的纽带。在外交场合，习近平主席也多次与外国领导人一同"茶叙"，共话友好未来。2014年，习主席在比利时布鲁日欧洲学院的演讲中指出："正如中国人喜欢茶而比利时人喜爱啤酒一样，茶的含蓄内敛和酒的热烈奔放代表了品味生命、解读世界的两种不同方式。但是，茶和酒并不是不可兼容的，既可以酒逢知己千杯少，也可以品茶品味品人生。中国主张'和而不同'，而欧盟强调'多元一体'。中欧要共同努力，促进人类各种文明之花竞相绽放。"

茶树起源于中国，世界各地的种茶、饮茶都是从中国传入，是世界茶文化的发源地。我国是世界上的茶叶生产和消费大国，也是茶叶出口大国，在全球范围内有着重要的地位。近年来，中国茶叶在出口贸易中遭遇的最突出问题就是各种技术性贸易壁垒，主要包括：产品检疫检验制度、技术法规与标准、质量认证、包装和标签要求等，其中，茶叶中的农药残留问题是主要的壁垒之一。因此，提高茶产品品质是增加我国茶叶出口的必由之路。随着世界各国安全、环保意识增强，有机茶、绿色食品茶、保健茶等产品的消费有很大的增长潜力，所以，应该进一步重视推行现代化清洁生产，建立与国际接轨的茶叶标准体系。

茶叶质量安全事关广大人民群众的身体健康和生命安全，2001年农业部首次将茶叶列为 75 个无公害食品之一，要求在茶叶生产过程中不可使用高剧毒的农药。近几年来，随着各项法律法规的制定和实施，各级政府对食品安全的高度重视，加大力度禁止在茶叶中使用高毒、高残留农药，扶持龙头企业加速茶叶加工厂的改造，我国茶叶质量安全水平已大大提高。尽管要求非常严格，茶产业的总体质量安全得到了很好的保障，但是局部的茶叶安全事件还是偶有发生。

近年来，随着我国居民生活水平的提高和生活品质的逐渐改善，茶叶的消费水平也在不断地提高，人们对于茶叶的品质以及其中的文化意蕴更加注重。截至目前，我国相关茶产业在进行茶叶的生产和加工过程中，也在逐渐迎合人们的需求，更加注重茶叶品质的提升和保障。因此，在接下来的茶叶行业发展过程中，要有针对性地满足中老年群体的消费需求，提升茶叶品质，增加其中的保健价值，以巩固其在中老年消费群体中的地位。同时，还要注意对茶叶生产的科技投入，寻求茶叶与现代饮品之间的结合，有效地扩大青少年的茶叶消费群体，促进茶叶在青少年消费群体中的推广。

本书将对我国的茶叶质量安全现状进行分析，介绍影响茶叶质量安全的各种因素以及针对各类问题制定的法律法规和采取的控制措施。同时为消费者选购茶叶和合理饮茶提供科学指导。希望我国的茶叶在广大的消费群体中有更加广阔的发展空间和消费前景。

目录
CONTENTS

总序

前言

第一章　茶叶质量安全概述 / 1

　第一节　茶叶质量安全概念 / 1
　第二节　我国茶叶质量安全现状 / 4

第二章　茶叶质量安全因素 / 11

　第一节　农药残留 / 11
　第二节　有益和有害元素 / 31
　第三节　有益和有害微生物 / 75
　第四节　添加物 / 79

第三章　茶叶质量安全与标准 / 93

　第一节　茶叶质量安全管理体系 / 93
　第二节　茶叶质量安全法律法规 / 99
　第三节　茶叶质量安全标准与规范 / 113
　第四节　茶叶质量安全认证 / 124
　第五节　茶叶产地溯源与真实性 / 155

第四章　茶叶选购与贮藏 / 163

　第一节　茶叶选购 / 163
　第二节　茶叶包装 / 169
　第三节　茶叶贮藏保鲜 / 175

第五章　茶叶科学品饮 / 181

　第一节　品饮历史 / 181
　第二节　茶叶品鉴 / 184

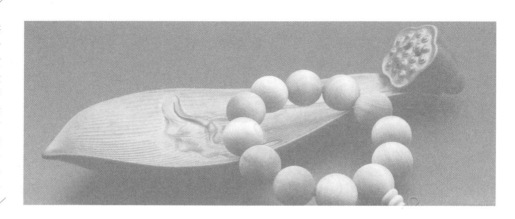

第三节　科学冲泡 / 201

第四节　品饮要点 / 221

第六章　饮茶与健康 / 224

第一节　茶叶中的主要保健成分 / 224

第二节　茶保健成分功效 / 233

第三节　茶与陶冶情操 / 241

第四节　茶与社交 / 246

第五节　饮茶注意事项 / 249

第一章
茶叶质量安全概述

第一节　茶叶质量安全概念

中国是世界茶叶生产大国和茶叶消费大国，在全球范围内有着重要的地位。2016年，我国茶叶年消费量达到181万吨，年增长9万吨，增长率达到5.2%。尽管市场高档茶总量有所缩减，但得益于中档茶的量价齐升及低档茶的提价，2016年全国茶叶市场销售额达到2 148亿元，增幅14.9%。绿茶在中国茶叶消费市场中占据半壁江山，2016年总销量达到94.7万吨，占茶叶消费市场总量的52.32%。黑茶是近几年茶叶消费市场的热点茶类，增长迅速，2016年全国总销量达到23.1万吨，占市场总销量的12.75%，已跃居成为市场第二大茶类。红茶市场份额继续扩增，传统名茶与创新产品携手拉动增长，2016年消费量达到22.7万吨，占茶叶市场总量的12.52%。乌龙茶以产品结构内部调整为主，全年销量在20.3万吨，市场份额小幅缩减至11.11%。另一热点产品——白茶继续高速发展，但因原先份额有限，年消费量增至1.7万吨，占市场的0.92%。

茶叶作为一种大众消费产品，其质量安全关系到人民群众的身体健康和茶叶企业的生存，因此茶叶质量安全备受关注；茶叶作为一种风味食品，其质量既要求产品的品质质量，也包括卫生安全质量。

茶叶质量是指茶叶固有的特性及其满足消费要求的程度。一般指茶叶的色、香、味、形和叶底，以及营养和保健功能成分，有毒有害成分不能超过一定的限量。茶叶固有的特性是指茶叶本身固有的各种品质性状，包括茶叶感官品质、理化品质成分和茶叶的安全性等。理化品质成分，包括茶叶中各种营养功能成分，是茶叶的内在质量，主要靠仪器检测来判定。常见的茶叶理化品质指标有水分、灰分、水浸出物、粗纤维、水溶性灰分、酸不溶性灰分和水溶性灰分碱度等。水分和灰分直接与茶叶质量有关，水分含量过高，茶叶贮藏性差，不仅茶叶感官品质易发生改变，而且茶叶易变质，存在较大质量安全隐患。水浸出物关系到茶汤的浓度，粗纤维是茶叶嫩度的一个具体表现。因此，各类标准对相关的理化成分都设置了质量指标。此外，茶多酚、氨基酸、咖啡碱等与滋味有紧密相关性的成分也常常成为某些特定茶类的一个质量要素；茶叶感官品质，如茶叶的外形、汤色、香气、滋味和叶底5个方面，主要靠感官审评来确定，根据专业审评人员正常的视觉、嗅觉、味觉、触觉感受，使用规定的评茶术语，或参照实物样对茶叶的感官特性进行评定，需要时还可以评分表述。茶叶感官审评必须依赖敏锐、熟练的评茶员，由于评审结果常受审评场所以及评茶员的主观原因、健康状况、知识水平以及经验等影响，因此，从第三者来看，往往对审评结果的客观性、普遍性产生疑虑。在科学仪器还难以将茶叶感官品质的质量完全进行数值化的今天，这种评定方法还是不可少的；茶叶的安全性，即农残、微生物、重金属等各种对人体有毒有害物质的含量。满足消费者的要求，一个是满足明示的要求，另一个是消费者的期望。明示的要求就是法律法规明确规定的，如关于茶叶生产、加工及其茶叶本身的安全性等方面的法律法规；国家、行业或地方制定的茶叶标准、规范和技术要求；市场对茶叶的要求，如食品标签、包装标识和市场准入条件等。隐含的期望是指消费者对茶叶的主观理解和要求，并没有文件规定，符合标准的茶叶质量就合格，合格是对茶叶质量的基本要求，但并不等于茶叶质量无缺陷。茶叶质量标准是根据一定时期的茶叶科技水平和经济状况而制定的，是相对稳定的，而消费者对茶叶质量的要求则是时时在变化的。随着时代进步、科技发展，人们对茶产品质量和要求也不断发生变化。

茶叶产品质量就是要满足消费者的需求，生产者认为的质量优劣，必须要与消费者的需求相匹配，如果不匹配，那消费者就认为质量不好。要匹配的话，一个是时间的概念，十年前的消费者与新时代的消费者是有差异的，以前中国人以消费绿茶为主，近年来对黑茶、红茶和乌龙茶的消费比例逐渐提高；第二个是不同地区的人，江苏人、山东人、浙江人以及外国人，地区不一样，消费者需求当然也就不同。比如说蒸青茶，中国人不喜欢的味道，日本人就喜欢；生青香茶叶北方人不喜欢，可江苏人喜欢；高火香茶叶浙江人不喜欢，可山东人喜欢。茶叶产品质量会随着时空变化而改变。

此外，茶是一种饮料，就饮用需要而言，茶汤的香气和滋味应是品质的核心。茶叶以终端产品出现在市场上，除了具有食品的属性外，还兼有文化产品的属性，因此茶叶产业具有产品和服务的特色，美观的外形与光润的色泽、时尚的包装、高雅深厚的文化属性也是不能忽视的，特别是年轻人对茶叶的新需求。

茶叶安全，是指茶叶长期正常饮用对人体不会带来健康危害。茶叶的安全也是茶叶质量的诸多要素之一。茶叶安全是根本，没有安全作保障，茶叶的质量就无从谈起。提高茶叶安全的目的就是降低茶叶产品对人体危害的风险，杜绝对人体有危害不安全茶叶的生产、流通和消费。影响茶叶安全的主要因素有：物理性污染、化学性污染和生物性污染。化学性污染：茶叶中的有害化学物质首先来源于农药等投入品的使用，导致茶叶中有害化学物质残留；其次是产地环境污染，如土壤、大气和水污染，导致茶叶中有毒有害元素和放射性物质残留；另外，还有茶叶加工、包装等过程操作不当引起的化学物质污染；物理性污染：个别不法茶叶生产经营者受经济利益的驱使，违规使用色素、香精或在茶叶中掺入水泥和滑石粉等物质，导致茶叶中对人体有害成分的增加；生物性污染：茶叶生产环节多，在种植、加工、包装、贮藏、运输和销售等过程中都有被微生物污染的可能，如生产加工用具和包装材料等被微生物污染；茶叶在加工过程中放置不当，如将茶叶半成品或成品直接放置在地面上造成微生物污染；从事茶叶加工、包装等工作人员的健康有问题，也可能导致茶叶被致病性病原微生物污染。

对茶叶安全的要求应是将有害、有毒成分控制在对人体健康不带来危害为原则，"零污染"不仅会浪费大量资源，而且也不现实，不含有毒有害物质的茶叶几乎是不存在的（这对于任何一种食品都是如此），但是只要有毒有害物质的含量足够低，茶叶就是安全的，不会危害到人体健康。因此，我国已经通过一些科学的评价方法和设置合理的评价指标，建立了茶叶产品中主要安全卫生质量的基本要求。

第二节　我国茶叶质量安全现状

茶叶质量安全事关广大人民群众的身体健康和生命安全。近年来，政府高度重视农产品质量安全，在关键影响因素研究、检测设施软硬件提升、技术标准制定、法律法规颁布和监管体系构建等方面采取了一系列举措，茶叶质量安全得到了很好的保障。但是，局部茶叶质量安全问题仍然时有发生，潜在的安全隐患不容忽视，这些都严重影响了消费者对茶叶质量安全的信心，不利于茶产业的健康发展，不利于饮茶习惯在年轻人中的推广和中国茶文化的传承。

当前我国的茶叶质量安全形势主要体现为以下几点：

一、监管的格局基本形成，质量安全稳中有升，抽检合格率保持在较高水平

近几年来，随着无公害食品行动计划的实施，各级政府对食品安全高度重视，加大力度禁止在茶叶中使用高毒、高残留农药，扶持龙头企业加速茶叶加工厂的改造，我国茶叶质量安全水平已大大提高。

农业部通报，2017 年农业部按季度组织开展了 4 次国家农产品质量安全例行监测（风险监测），共监测全国 31 个省（自治区、直辖市）155 个大中城市 5 大类产品 109 个品种，监测农兽药残留和非法添加物参数 94 个，抽检样品 42 728 个，总体抽检合格率为 97.8%，同比上升 0.3 个百分点。其中，茶叶抽检合格率为 98.9%。

二、相关政策法规和技术标准日趋完善

近年来，国家相关部委在保障茶叶质量安全方面采取了一系列举措：

1）农业部、质检总局通过随机抽检的方式对茶叶卫生质量进行监管，对不合格的产品及其单位及时曝光来检查各地茶叶的质量。

2）在全国主产区建立了各级茶叶质量检测机构，着力构建质量检测平台，规定茶叶内外销前均须进行安全性检测。

3）强力控制源头。农业部发布公告明令禁止在茶园中使用氰戊菊酯、滴滴涕、甲胺磷、内吸磷等高毒、长残留农药，自 2008 年起禁售含八氯二丙醚农药产品。

4）相关法规及技术标准相继颁布和实施。为保障食品质量安全，分别于 2006 和 2009 年颁布了《农产品质量安全法》和《中华人民共和国食品安全法》；发布的国家标准有：《食品中污染物限量》（GB 2762）、《食品中农药最大残留限量》（GB 2763）、《良好农业规范第 12 部分：茶叶控制点与符合性规范》（GB/T 20014.12）、《有机产品　生产、加工、标识与管理体系要求》（GB/T 19630）；茶叶食品质量安全市场准入（QS）制度于 2005 年开始实施。此外，发布实施行业标准有：《绿色食品：茶叶》（NY/T 288）《无公害食品：茶叶》（NY 5244）、《有机茶生产技术规程》（NY/T 5197）、《有机茶》（NY 5196）、《有机茶产地环境条件》（NY 5199）、《有机茶加工技术规程》（NY/T 5198）和《茶叶中铬、镉、砷、汞及氟化物限量》（NY 659）等；绿色食品茶参照出口欧盟要求制定农药限量标准，有机茶对所有农药提出 LOD 要求，无公害食品茶对农药、重金属、有害微生物及铬、镉等有限量标准。

在一系列相关的政策法规和技术标准的规范指导下，各主产茶区已经越来越注重茶叶质量安全。

三、突出问题有效遏制，风险隐患依然存在

源头污染是重要因素，这主要是用分散的，而非规模化、规范化的方式生产造成的，当然茶产地的生态条件和环境污染状况也是重要原因。生产者的知识水平、守法意识参差不齐，导致茶叶在生产过程中不按规定使用农药、肥料的现象依然存在。目前茶叶中存在的风险隐患问题主要有以下

几种：

1. 农药残留

茶叶农残超标的事件偶见报道，该问题也成为众多茶客购买茶叶时最担心的问题。农残会给人体带来负面影响，茶客谈农残色变，茶商茶农也异口同声声称自己不使用农药。其实茶叶是一种农产品，农药为现代农业的高产立下了汗马功劳，为了控制病虫草害、实现粮食蔬菜增产，农药的使用是必不可少的。

农药是茶叶生产中必不可少的生产资料，广泛用于杀灭害虫、清除杂草、控制病害。常用的主要农药包括拟除虫菊酯类、有机磷类、氨基甲酸酯类、烟碱类、沙蚕毒素类、植物生长调节剂类等。随着农药使用的日趋广泛，不合理使用、乱用、滥用农药造成的危害也逐渐显现。农药残留很难彻底消除，某些农药由于自身的不稳定性，其含量会在茶叶上自然消解而减少。但长期摄入过多，会对人体产生急性或慢性毒性，很多农药甚至会引起所谓致癌、致畸、致突变的"三致"问题。茶叶中农药残留的产生一方面来自茶园直接施药，茶树叶片对农药的吸收。特别是农药使用不科学，如使用违禁农药和高残留农药，农药喷施浓度或剂量过高，违反农药安全间隔期要求，在即将收获时施药或在施药后未到安全间隔期采摘加工等均会导致农药残留过高、甚至超标；另一方面可能是由于茶叶生长的环境受到污染，茶叶在生长的过程中吸收了环境土壤或水源中的农药污染物而产生农药残留。

此外，"农药残留"和"农药超标"是不同的。茶叶农药残留是农药使用后一个时期内没有被分解而直接或间接残留在茶叶中的现象。茶叶农药超标是指茶叶的农药残留量超过国家制定的标准，长期饮用，会对人体造成伤害。因此，茶叶中检测出农残不等于对人体有危害。相关研究表明，水中溶解度低的农药在泡茶时，进入茶汤中的比例一般只有1％左右。

为了将茶叶农残量控制在安全的范围，国家制定了相应的农残标准。2019年8月15日，由中华人民共和国国家卫生健康委员会、农业农村部和国家市场监督管理总局联合发布的中华人民共和国国家标准《食品安全国家标准 食品中农药最大残留限量》（GB 2763—2019）正式发布，该标准在

2020 年 2 月 15 日正式实施。该标准实施后，其中茶叶农残标准增补至 65 项。新标准的实施有利于规范农民科学合理使用农药，从源头控制住农药残留。这是使茶叶质量安全监管有了法定的技术依据，有利于各级政府履行监管职责。

2. 重金属超标

原子量在 63.5～200.6 且密度大于 5 克/立方米的金属称作重金属，如铅、铜、汞、镉、铬、锌、镍、钴及类金属砷等。随着现代工业的迅速发展，重金属残留已成为继农药残留后又一影响茶叶质量安全的重要因素。大气沉降是茶叶中重金属的重要来源之一。工矿业生产活动、机动车燃料燃烧和轮胎磨损等每天产生大量的含重金属的有害气体和粉尘排向大气，这些重金属污染物通过自然沉降、雨淋沉降等途径被茶树或土壤吸附最终进入到茶叶中。茶园土壤是茶叶中重金属的主要来源。随着茶园周边各类企业的增加，工业"三废"的排放，大气重金属沉降，茶园中农药、化肥等农资的大量使用，使土壤环境受到不同程度的重金属污染。重金属通过茶树根系由土壤向茶叶中迁移并积累，从而导致茶叶的污染。此外，茶叶加工过程中茶叶与加工机具发生摩擦和碰撞，金属表面材料的磨损容易沾染茶叶，也容易造成茶叶重金属污染。重金属污染范围广、持续时间长、生物毒性显著，很难被降解代谢，具有蓄积性，可通过食物链在生物体内富集，甚至转化为毒害性更大的甲基化合物（如甲基汞），长期饮用含过量重金属残留的茶叶，很容易造成人体慢性蓄积中毒，导致心血管、肾脏、骨骼、中枢神经功能损伤等严重疾病。因此，对茶叶中重金属含量进行检测非常关键，以确保重金属摄入量在允许的范围内。

茶叶中的稀土来自茶叶生长的土壤中，其含量与茶叶的老嫩度和土壤环境密切相关。稀土元素共有 17 种，包括化学元素周期表中的 15 种镧系元素以及与镧系元素密切相关的两个元素钪（Sc）和钇（Y）。作为极其重要的战略资源，稀土如今已被广泛应用于电子、冶金、机械、能源、轻工、农业等多个领域。不过，因担心稀土对人体健康产生影响，1991 年，原卫生部首次出台《植物性食品中稀土限量卫生标准》（GB 13107—1991），规定每千克茶叶中，稀土氧化物含量不得超过 2 毫克。但是，联合国粮农组织（FAO）和世界卫生组织（WHO）等都未对任何稀土元素予以评价，欧盟、日本、美国、澳大利亚、新西兰等国家和地区也没有相关标准。

近年来，相关科研机构从茶叶稀土测定方法、含量水平、来源途径及稀土浸出率和安全性等方面相继开展了调查研究，证实茶叶稀土限量标准存在一定程度的不合理性。茶产业中企业界和学术界人士在不同场合，从不同角度，以不同方式为推进茶叶稀土标准的完善修订工作建言献策，受到有关部门的重视。不少专家也曾表示，我国设立茶叶稀土限量标准，不利于我国茶叶标准与国际标准接轨，对茶业的健康发展以及消费者的认知判断都会起到一定的限制作用。稀土限量标准在我国颁布后，也常常被外国用来作为禁止中国茶叶出口的依据，严重阻碍了我国茶叶贸易发展。2011 年 10 月至 2012 年 1 月，卫生部先后召开有关稀土标准问题的五次讨论会议，广泛听取意见，最后在国家食品安全风险评估专家委员会层面上通过撤销 GB 2762—2005 标准中稀土限量规定的决议，目前新修订的 GB 2762—2017 已经取消了包括茶叶在内的植物性食品中稀土限量要求。通过这个标准的制定和修改，使我们意识到标准的制定必须经过充分的调查研究，使得标准符合实际，保障人民健康，促进产业发展。

3. 微生物

茶叶在加工和储藏期间，由于空气和水汽等原因，很容易发霉和潮变。产生异味。在茶叶出口时，许多发达国家都将微生物作为检验项目，并做了详细的规定，而美国更是要求不允许大肠杆菌出现。从目前检测结果来分析，有害微生物主要为大肠杆菌、沙门氏杆菌、霉菌等。

茶叶在加工、仓储、运输过程中容易受到有害微生物的污染，主要表现为大肠杆菌和沙门氏杆菌等肠道感染细菌超标。特别是一些厂房条件差、设备不全的小茶厂，常造成霉菌和大肠杆菌污染。我国茶叶卫生标准中未将有害微生物作必检项目，美国要求大肠杆菌不得检出，俄罗斯要求对中国茶叶检测黄曲霉毒素和霉菌。另外，茶叶出口中常因大肠杆菌和黄曲霉毒素被检出而引发多起贸易纠纷。

4. 非茶异物

我国只规定了紧压茶、茯砖茶非茶异物的含量标准小于1％，俄罗斯要求检测茶叶中金属磁性物质的限量指标为 5 毫克/千克，日本要求茶叶中不得检出任何非茶异物。由于在茶叶加工的过程中，非茶类异物可能产生于任何一个初制和精致过程中间，国内许多茶厂因加工环境和技术手段等原因，非茶类夹杂物含量较高。更有个别厂家为了追求利润，故意往紧压茶中添加各种杂物增加其重量，有的在茶叶中添加了着色剂、滑石粉、糯米粉、香精、白糖等；有的在名优茶里添加呈味物质，以提高滋味的鲜爽度；有的在陈绿茶中添加色素，以改善绿茶色泽，将陈茶冒充新茶卖。此外，由燃料及木材燃烧产生的污染以及精制茶厂粉尘的污染也应引起重视。

四、消费者质量安全意识全面提高，对茶叶质量安全仍有疑虑

伴随着我国经济平稳发展，人民生活水平逐步提高，对茶叶质量安全人们有了更高的期待和要求。茶叶是健康的，但不是必需的。十九大报告指出"中国特色社会主义进入新时代，我国社会主要矛盾已经转化为人民日益增长的美好生活需要和不平衡不充分的发展之间的矛盾"。当前我国的茶叶产量总体上已经供大于求，但是口感好、质量过硬、安全可靠的茶叶还不能满足人们美好生活的需求。价廉物美将不再是中国老百姓购买茶叶的主要依据，高品质甚至是完美品质逐渐成为人们的追求。茶叶消费是健康品质生活的象征，在中国更是被赋予文化和艺术的内涵。根据中国农科院茶叶质量与风险评估创新团队的调查研究，发现消费者对于茶叶中农药残留的容忍度几乎为零，不是超不超标的问题，而是不允许有。

调查显示，根据消费者对茶叶质量安全的担心程度，将其分为非常担心、担心、基本放心、放心和无所谓 5 个类别，约有 57％的被调查者对目前市场上的茶叶质量安全是基本放心或放心，约有 42％的被调查者对茶叶质量安全存在担心或非常担心，这说明消费者对茶叶质量安全问题存在一定

的敏感度。更进一步调查发现，消费者购买茶叶时非常关注茶叶质量安全，具体来看，购买茶叶时"非常关注"和"比较关注"茶叶质量安全的消费者分别达到 44.92％和 27.52％，而"不太关注"和"完全不关注"者所占比例分别仅为 6.12％和 0.88％。在比较或非常关注茶叶质量安全的这部分消费者中约有 46.77％的人群担心或非常担心茶叶存在质量安全问题，占比略高于整体样本，说明消费者对茶叶质量安全风险敏感度较高。

消费者担心的问题主要有：有害物质超标、假冒伪劣和感官品质不合格。导致消费者对质量安全担忧的主要风险来源，排名前 3 位的依次是农药残留超标、重金属污染、非法使用添加剂，85％的消费者担心农药残留超标，对后两者表示担忧的消费者占比分别达到了 65％和 62％。另外，生产及加工者缺乏诚信、茶叶品质低劣、监管部门执法不力等也是导致消费者对茶叶质量安全存疑的重要因素。总之，以农药为代表的外源性物质的使用是消费者感知到的最主要的质量安全风险，而生产者诚信不足及茶叶品质低劣次之。

第二章

茶叶质量安全因素

第一节　农药残留

一、农药残留概述

在 20 世纪 30 年代之前，我国茶树病虫害防治长期采用硫酸铜、除虫菊、鱼藤等天然产物进行防治。从 20 世纪 30 年代开始，六六六、滴滴涕在我国茶园中推广使用。然而，由于六六六、滴滴涕等有机氯农药使得茶园害虫天敌种群数量大大减少，导致茶园生态系统失衡，某些害虫猖獗。同时，六六六、滴滴涕等高毒性问题引起广泛关注。因此，有机氯农药逐渐被有机磷农药替代，直到 2002 年，我国才禁止六六六、滴滴涕等高毒农药在茶园中使用。早期使用的有机磷农药具有高毒、高效等特性，如对硫磷、甲基对硫磷等，后期采用敌敌畏、美曲膦酯、马拉硫磷、乐果、喹硫磷等低毒、低残留等农药替代高毒的有机磷农药。拟除虫菊酯农药是继有机磷农药之后在我国茶园中使用最广泛的一类农药，包括联苯菊酯、氯氰菊酯、溴氰菊酯、甲氰菊酯等。目前，拟除虫菊酯类农药仍是我国茶园病虫害防治的化学农药之一。氨基甲酸酯类农药在我国茶园中使用相对较少，灭多威、克百威、3-羟基克百威、异丙威、抗蚜威等氨基甲酸酯农药在我国茶园中使用，但远低于有机磷、拟除虫菊酯类农药的应用。在 21 世纪初，新烟碱类农药在我国茶园中广泛使用，尤其是吡虫啉、啶虫脒的使用一度跃居茶园病虫害化学防治农药的前列。然而，吡虫啉、啶虫脒等新烟碱类农药在茶园中的使用备受争议，现阶段逐渐减少使用。我国茶树病虫害的防治策略逐步由化学防治向绿色环保物理防治，由高毒、高残留农药向低毒、低残留农药发展。

茶叶农药残留是农药使用后一个时期内没有被分解而残留于茶树鲜叶、茶叶的微量农药原体、有毒代谢物、降解物和杂质的总称。施用于茶树鲜叶的农药，其中一部分附着于鲜叶上，一部分散落在土壤、大气和水等环境中，环境残存的农药中的一部分又会被茶树吸收。残留在茶树鲜叶中的农药，经过茶叶加工后，残留在茶叶中，并通过茶汤被人体吸收，危害人体健康。

农药残留期的长短一般用降解半衰期或消解半衰期表示。农药在某种条件下降解一半所需的时间，称为农药半衰期或农药残留半衰期。半衰期的长短不仅与农药的物理化学稳定性有关，还与施药方式和环境条件（包括日光、降水量、温湿度、土壤类型和土壤微生物、pH、气流、作物）等有关。同一种农药在不同条件下使用后，半衰期变化幅度很大。半衰期是农药在自然界中稳定性和持久性的标志，通常以农药在土壤中和作物上的半衰期来衡量它在环境中的持久性。一般情况下，化学性质稳定的农药，其半衰期长，如滴滴涕、六六六为2~4年，砷和汞类农药为10~30年，而有机磷农药只有一周至两三个月。农药在土壤中半衰期长短，直接影响土壤中微生物和动物的生长，还影响作物从土壤中吸收农药及对河流和地下水的污染。农药在作物上的半衰期，直接影响收获农产品中的农药残留量。各种农药的持久性是有差别的，同为有机磷杀虫剂的辛硫磷和敌敌畏半衰期最短，仅0.20天；乐果中等，为0.60天。农药半衰期的长短，与农药的持久毒害关系很大。半衰期长的，在农畜产品和环境中残留量大、残留时间长，给人类带来直接或间接的危害，因而必须逐步被替代或淘汰。

风险评估是茶叶中农药残留对人体安全性的科学评价。风险评估的原则就是风险是毒性和暴露的函数，毒性高不等于高风险，高暴露量也并不等于高风险，只有综合考虑毒性和暴露量两个因素才能对农药的风险有一个正确的评价。对于食品农药残留的风险而言，其基本原则就是在食品农药残留风险评估过程中，应综合考虑农药本身的毒性、食品中农药的含量和食品消费量等多项风险因子。

二、农药在茶树鲜叶中的降解规律及其影响因素

农药在茶树上的使用时间、使用剂量、喷施次数和安全间隔期是影响茶叶农药残留关键因素。安全间隔期是指最后一次施药至茶树鲜叶采摘的时期，自喷药后到残留量降到最大允许残留量所需间隔时间。在茶树中用药，最后一次喷药与采摘时间必须大于安全间隔期，以防茶叶中农药残留危害人体健康。

茶树适生于热带、亚热带和暖温带地区，温暖潮湿的生态条件和郁密常绿的茶园环境造成了病虫杂草的生长和繁殖。目前，化学防治仍是茶树病虫害防治的重要技术措施之一，化学农药的使用必然会带来农药残留等问题。首先，茶叶中的农药残留来源于茶园直接喷施农药，喷施在茶树叶片上的农药，其中部分残留于叶片表面，部分渐渐渗入茶树组织内部在日光、雨露、湿度、茶树体内酶类等因素的影响下，逐渐分解和转变成其他无毒物质，如果在这些农药还没有完全降解时便采收下来，这种鲜叶经加工后制成的成叶中便会含有农药残留。其次，空气漂移是茶树芽梢中农药残留的另一个来源，农药在喷施叶片表面或土壤表面后可以通过挥发进入大气中，或吸附在大气中的尘粒上，或是成气态随风转移，这些被吸附在尘粒上或直接随气流转移的农药会在一定距离外直接沉降或由雨水淋降，构成茶叶芽梢中的农药残留。此外，由土壤吸收或由水携带，也可能造成茶树芽梢中少量的农药残留。

不同性质的农药在相同的条件下呈现出不同的消解规律；同一农药在不同的环境中也存在差异。农药在茶园中的残留情况与农药的理化性质、外界条件等关系密切（图2-1）。

农药本身的理化性质是影响其消解的内在因素。对于光稳定性较好的农药而言，蒸气压较低的农药，其在茶树鲜叶的消解主要是由茶芽的生长稀释引起的，而蒸气压较高的农药，以热消解为主；另外光分解在光敏性强的农

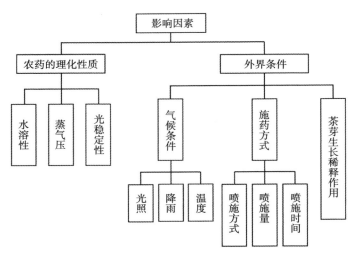

图 2-1　影响农药降解的因素

药的消解中起主导作用，雨水冲刷对高水溶性的农药具有较强的淋溶效果。农药的极性强弱影响其在茶树叶表面的分布情况。极性较强的农药能够逐渐渗透进入叶片角质层，降低其在叶表的比率，从而减小了外界对其消解的影响，而极性较弱的农药难以通过角质层进入叶片内部，基本残留在叶片表面，易在外界条件下发生变化。

外界条件对农药消解快慢的影响主要包括三个方面：

（1）气候环境　光照是主要的影响因素，其能够直接或间接地引起农药分子的异构化或使其发生裂解。其中，多数农药不吸收 300 纳米以上的光波，而到达地面上的太阳光波长在 290 纳米以上，农药能够利用的波长范围很窄，并且有些农药不能吸收 290 纳米以上的波长。因此，农药在环境中的光解主要是通过自然中的一些光敏物质将光能转移至农药分子而发生的间接光解。光照强度及时间决定了农药分子能够吸收的光子数量，从而影响该农药的光解效率。其次为降雨，降雨可以冲洗掉茶叶表面 22%～49% 的农药残留。再次为温度，其对农药消解的影响相对较小。

（2）茶芽的生长稀释作用　农药的残留量是以茶树嫩梢的重量为基础的，茶树新梢的生长速率较快，从萌芽期至一芽三叶，叶片的质量与体积都迅速增长，涨幅可达 2 倍以上，这在农药不发生任何物理化学变化的情况下，其残留量至少降低了 2 倍。

(3) 施药方式 喷施量越大，农药在茶叶上的残留期越长。喷施时间的选择决定了农药消解时的环境条件、茶芽生长状况，也会影响农药的消解速率。

三、茶叶加工工艺对化学农药消解的影响

1. 工艺参数与农药消解的关系

茶叶在加工前后，含水率变化显著，由 75%～78% 降低至 3%～8%，然而农药残留量的增加比例远不及含水率的变化，因此可知化学农药在茶叶加工时发生了消解。消解率的大小与农药的理化性质（如稳定性、水溶性、蒸气压等）关系密切。杀青（220～230℃）、干燥（80～120℃）过程的高温作用，可使农药分子挥发或分解。一些农药可直接挥发进入大气，一些水溶性好的农药可随叶片中的水分发生共馏，此外结构不稳定的农药分子则易受热分解；在萎凋的日光作用下，残留于鲜叶上的农药分子一方面可直接或间接吸收光能，发生能级跃迁，降解成其他产物，此时的消解率与光照强度、光照时间等呈正比，另一方面可通过挥发或共馏进入外界环境；发酵中活性酶，如磷酸酶、对硫磷水解酶等，以裂解 P-O 键、C-P 键、P-S 键等形式促进农药分子的降解。酶的活性越高，与农药分子的接触越密切，降解越快。

2. 不同工艺对农药消解的影响

制茶工艺过程对农残消解规律研究相对较为缺乏，现有研究主要以红茶、绿茶为主，少数基于乌龙茶工艺及花茶的窨制。总体来说，化学农药经过茶叶加工后，降解率通常为 20%～80%。不同性质的农药在相同的加工条件下，消解率有所差异；同一农药在不同的制茶工艺中亦表现出不同的消解规律。图 2-2 说明了几种传统制茶工艺对化学农药消解的影响。

多数研究认为干燥工艺对农药消解具有重要的作用。干燥过程中，水分逐渐蒸发促进农药分子共馏，高温作用可使农药分子受热分解。

绿茶杀青过程中的高温高湿条件能够促进农药在茶叶中的消解。微波能

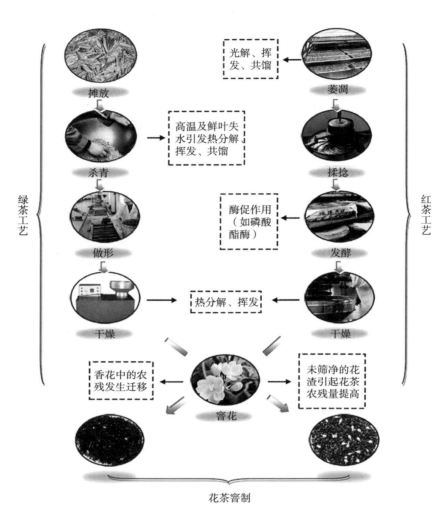

绿茶工艺

摊放

杀青

做形

干燥

红茶工艺

萎凋

揉捻

发酵

干燥

光解、挥
发、共馏

高温及鲜叶失
水引发热分解
挥发、共馏

酶促作用
（如磷酸
酯酶）

热分解、挥发

香花中的农
残发生迁移

窖花

未筛净的花
渣引起花茶
农残量提高

花茶窖制

图 2-2　茶叶加工工艺与化学农药消解的关系

够引发植物组织内部的热运动，使得农药分子的释放，从而导致红、绿茶加工后的农药残留量有所差异。

　　红茶萎凋、绿茶摊放对农药的消解具有较大的影响。萎凋与摊放的作用机理相似，但前者的作用时间更长，消解率越高。萎凋能够促进吡虫啉等烟碱类农药分子的光解及共馏。

　　发酵对于农药残留的消解影响极小，但有少数报道表明酶促作用可以有效降低茶叶中的农药残留量。

窨花时，香花中含有的农药残留在窨制过程中会对花茶的农药残留量有所影响。研究表明导致花茶农残超标的主要因素有：①未筛净的花渣残留于花茶干茶中，直接增加了干茶中的农药残留量；②香花中的农药能够部分转移至茶坯中，其中水溶性农药的迁移率较高。残留于茉莉花上的农药通过接触而转移，窨花次数越多，转移率越高，其转移机理与花茶窨制中"吸香先吸湿"的吸香机理关系密切。

3. 化学农药在茶汤中的迁移规律

残留在干茶中的化学农药在茶叶冲泡过程中，可以迁移进入茶汤，研究表明，其在茶汤中的浸出率与茶叶的冲泡方式（如冲泡温度、时间）、茶叶的整碎程度等存在一定联系。化学农药的浸出率取决于其本身的理化性质。研究表明水溶性（W_s）和辛醇—水分配系数（K_{ow}）是最为主要的影响因素。通常情况下，W_s 与浸出率呈正比，农药的水溶性越好，其浸出率越高；而 K_{ow} 则与浸出率呈反比，浸出率随着 K_{ow} 的增加而降低。

四、茶叶中农药残留危害与风险评估

风险评估是对人体接触食源性危害而产生的已知或潜在的对健康的不良作用的科学评价。风险评估由以下步骤组成：危害识别、危害特征描述、暴露评估、风险特征描述。风险评估的原则就是风险是毒性和暴露的函数，毒性高不等于高风险，高暴露量也并不等于高风险，只有综合考虑毒性和暴露量两个因素才能对农药的风险有一个正确的评价。对于食品中农药残留的风险而言，其基本原则就是在食品中农药残留风险评估过程中，应综合考虑农药本身的毒性、食品中农药的含量和食品消费量等多项风险因子。

1. 农药残留危害识别

根据目前农业生产上常用农药（原药）的毒性综合评价（急性口服、经皮毒性、慢性毒性等），分为高毒、中等毒、低毒 3 类。高毒农药（$LD_{50} <$

50 毫克/千克）有：3911、苏化 203、1605、甲基 1605、1059、杀螟威、久效磷、磷胺、甲胺磷、异丙磷、三硫磷、氧化乐果、磷化锌、磷化铝、氰化物、呋喃丹、氟乙酰胺、砒霜、杀虫脒、西力生、赛力散、溃疡净、氯化苦、五氯酚、二溴氯丙烷、401 等。中等毒农药（LD_{50} 在 50～500 毫克/千克）有：杀螟松、乐果、稻丰散、乙硫磷、亚胺硫磷、皮蝇磷、六六六、高丙体六六六、毒杀芬、氯丹、滴滴涕、西维因、害扑威、叶蝉散、速灭威、混灭威、抗蚜威、倍硫磷、敌敌畏、拟除虫菊酯类、克瘟散、稻瘟净、敌克松、402、福美砷、稻脚青、退菌特、代森胺、代森环、2，4-D、燕麦敌、毒草胺等。低毒农药（$LD_{50}>500$ 毫克/千克）有：美曲膦酯、马拉松、乙酰甲胺磷、辛硫磷、三氯杀螨醇、多菌灵、托布津、克菌丹、代森锌、福美双、萎锈灵、异草瘟净、乙膦铝、百菌清、除草醚、敌稗、阿特拉津、去草胺、拉索、杀草丹、二甲四氯、绿麦隆、敌草隆、氟乐灵、苯达松、茅草枯、草甘膦等。残留在食品中的农药母体、衍生物、代谢物、降解物都能对人体产生危害。农药残留物的种类与数量与农药的化学性质、结构等特点有关。

农药的残留性越大，在食品中的残留量越多，对人体的危害也越大。食用少量的残留农药，人体自身会降解，不会突然引起急性中毒，但长期食用没有清洗干净带有残留农药的农产品，必然会对人体健康带来极大的危害，如导致身体免疫力下降、致癌、加重肝脏负担、导致胃肠道病等。

2. 农药残留危害的描述

对于农药残留采用一个比较切合实际的固定的风险水平，如果预期的风险超过了可接受的风险水平，这种物质就可以被禁止使用。但对于已成为环境污染的禁止使用的农药，很容易超过规定的可接受水平。

3. 农药暴露评估

暴露评估是指对通过食物或其他渠道来源的生物性、化学性和物理性因子的摄入量定性和定量的评估。膳食暴露是指通过食物被摄取化学物质的量。

膳食中农药残留总摄入量的估计需要食品消费量和相应农药残留浓度。一般有三种方式：①总膳食研究法；②单一食品的选择研究法；③双份膳食研究法。有关化学物质的膳食摄入量研究的一般指南可从世界卫生组织（WHO）获得。这三种方法各有优缺点，总膳食研究法和双份膳食研究法得到的数据更适合于膳食中农药残留对人体的风险评估，但由于这两种方法没有具体的某种食品的消费量和残留的数据，不能很好地判断农药残留的来源，而有时农药残留可能仅仅来自某一种食品。单一食品的选择研究法可避免上述遗漏，但由于食品在加工、烹饪过程中某些农药可能有损失。因此，在进行农药暴露评估时应尽可能利用三种方法的数据，避免以偏概全。近年来，通过直接测定人体组织和体液中污染物的浓度来评估污染物的暴露水平呈增加的趋势。

茶叶中农药残留暴露评估不仅与茶叶中农药残留量和膳食消费量有关，同时还与农药在茶汤中的浸出率呈正相关。因此，茶叶中农药残留暴露评估需考虑农药在茶汤中的浸出率。

4. 农药残留风险特征描述

农药残留的风险描述应当遵守以下两个重要原则：农药残留的结果不应高于"良好农业操作规范"的结果；日摄入食品总的农药残留量（如膳食摄入量）不应超过可以接受的摄入量。农药残留风险的定性估计，是根据危害识别、危害描述以及暴露评估的结果给予高、中、低的定性估计。农药残留风险的定量估计可分为有阈值的农药危害物和无阈值的农药危害物的估计。对于农药残留的风险评估，如果是有阈值的化学物，则对人群风险可以摄入量与 ADI 值（或其他测量值）比较作为风险描述。如果所评价物质的摄入量比 ADI 值小，则对人体健康产生不良作用的可能性为零。即安全限值（MOS）MOS≤1 时，该危害物对食品安全影响的风险是可以接受的；MOS>1，则该危害物对食品安全影响的风险超过了可以接受的限度，应当采取适当的风险管理措施。如果所评价的化学物质没有阈值，对人群的风险是摄入量和危害程度的综合结果。即食品安全风险＝摄入量×危害程度。

五、茶叶中有机氯农药残留

有机氯农药是指在农业上用作杀虫剂、杀螨剂和杀菌剂的各种有机氯化合物的总称。属于高效广谱农药，包括脂肪族、芳香族氯代烃，主要分为以苯为原料和以环戊二烯为原料的两大类。前者包括杀虫剂 DDT 和六六六，以及杀螨剂三氯杀螨砜、三氯杀螨醇等，杀菌剂五氯硝基苯、百菌清、稻丰宁等；后者如作为杀虫剂的氯丹、七氯、艾氏剂等。

有机氯农药对虫类都有胃毒和触杀作用，如当昆虫爬行或停息在 DDT 或六六六喷洒处，药物即可被昆虫表皮吸收，然后渗透到昆虫体内而将其毒死。20 世纪 40 年代，因 DDT 和六六六杀虫广，药效比其他农药都好，而残留问题在当时尚未发现，所以广泛用于防治农作物、森林和牲畜害虫。环戊烯类杀虫剂发现较迟，但药效稳定持久，防治面也较广，在很多国家得到广泛应用。后来，人们逐渐意识到这些有机氯农药的危害，并针对这些做了大量的研究。如 1969 年，美国癌症研究所用 140 种有机氯农药对鼠类进行了试验，证明这类农药对鼠类致癌率很高，因此发达国家在 20 世纪 70 年代开始禁止使用这种高残留的农药。

1. 有机氯农药对茶叶害虫的防治作用

有机氯农药，如滴滴涕、六六六等农药对茶毛虫、茶尺蠖、刺蛾类、茶叶象甲和小绿叶蝉等害虫均具有较好的防治效果，20 世纪 60～70 年代在我国茶园中广泛使用，由于六六六、滴滴涕等农药具有高度性、长期残留性和生物蓄积性等特点，对环境和人体构成极大危害。因此，从 2002 年 6 月 15 日起，我国禁止了有机氯农药（除杀菌清）六六六、滴滴涕等在茶园中使用。有机氯农药三氯杀螨醇曾经在我国茶园中广泛使用，主要用来防治茶橙瘿螨、茶叶瘿螨、茶短须螨等螨虫。由于三氯杀螨醇生产工艺中，容易引入滴滴涕杂质，导致喷施三氯杀螨醇农药时引起茶叶中滴滴涕污染。因此，在 20 世纪 90 年代后期，三氯杀螨醇在茶叶中使用备受争议。2002 年，农业部颁发第 199 号公告，禁止三氯杀螨醇农药在茶园中使用。有机氯农药硫丹在茶园中的使用主要防治茶尺蠖、小绿叶蝉等茶园中主要害虫，曾经在我国茶园中广泛使用。2005 年，欧盟提出茶叶中禁止使用硫丹，并将采用严格限量标准（一律标准）要求茶叶中硫丹的残留限量低于 10 微克/千克，但设定一定缓冲周期。我国 2011 年 6 月 15 日颁发了农业部公告第 1586 号，禁止硫丹在茶树上使用。

2. 茶叶中有机氯农药残留的种类

有机氯农药的历史可以追溯到 1938 年，瑞士科学家 Muller 发现了滴滴涕的杀虫作用，并把它成功运用到杀灭马铃薯甲虫上，从那时起，有机氯农药开始被使用。有机氯农药具有高效、低毒、低成本、杀虫谱广、使用方便等特点，在有机氯农药被相继发明的几十年里，有机氯农药被大范围的运用。但随之而来，有机氯农药的负面影响和作用也逐渐地显现出来，由于有机氯农药非常难于降解，在土壤中可以残留 10 年甚至更长时间，且容易溶解在脂肪中。而且由于有机氯农药具有一系列的危害性，对人类会造成一定的危害。有机氯农药在给人类造福的同时，也给人类的生存及生命质量带来了不良影响。1970 年，瑞典、美国等国先后停止生产和使用滴滴涕，之后的几年里，其他发达国家也陆续停止了生产。但作为亚洲的农业大国，中国和印度分别于 1983 年和 1989 年才禁止滴滴涕在农田中使用。

我国茶园中使用的有机氯农药是从 20 世纪 50 年代开始的，主要包括六六六、滴滴涕、三氯杀螨醇、六氯苯、氯丹、硫丹、艾氏剂、狄氏剂、异狄氏剂、七氯。

3. 有机氯农药残留特点与毒性

有机氯农药具有典型持久性污染物特征，包括长期残留性、生物蓄积性和高毒性。①长期残留性。有机氯农药具有长期持久性长期残留性，在大气、土壤和水中都难以降解，其中在水中的半衰期可以达到几十天到 20 年之久，个别甚至可以达到 100 年；在土壤中半衰期大多为 1~12 年，个别甚至可以达到 600 年。这主要是由于有机氯农药对于自然条件下的生物代谢、光降解、化学分解等具有很强的抵抗能力。所以一旦排放到环境中，它们很难被分解，因此可以在水体、土壤和底泥等环境介质中存留数年甚至数十年或更长时间。②生物蓄积性。有机氯农药是亲脂憎水性化合物，具有低水溶性、高脂溶性的特征，因而能够在脂肪组织中发生生物蓄积。在水和土壤系统中，有机氯农药会转移到固相或有机组织的脂质，代谢缓慢而在食物链中蓄积并逐级放大，最终影响到人类健康。③半挥发性和长距离迁移性。在环境温度下，有机氯农药能够从水体或土壤中以蒸汽形式进入大气环境或者吸附在大气颗粒物上，并随着温度的变化而发生界面交换，在大气环境中长距离迁移后重新沉降到地面上。④高毒性。有机氯农药大多是对人类和动物有较高毒性的物质。近年来的实验室研究和流行病学调查都表明，有机氯农药能导致生物体的内分泌紊乱、生殖及免疫机能失调、神经行为和发育紊乱以及癌症等严重疾病。

4. 茶叶中有机氯农药残留的来源

茶叶中有机氯农药残留主要来源包括施药后对作物直接污染、间接污染、交叉污染等。茶树直接施用农药制剂后，渗透性农药主要黏附在茶树鲜叶表面，而内吸性农药则可进入鲜叶体内。这些农药虽然可受到外界环境条件的影响或活体内酶系的作用逐渐被降解消失，但降解速度差别很大。性质稳定的农药降解消失是缓慢的。这样使鲜叶采摘时往往还带有微量的农药残留。茶树从污染环境中对农药的吸收。茶园施用农药时，大部分农药散落在土壤中，有些性质稳定的农药在土壤中可残留数十年。一部分农药随空气漂移至很远地方，或被冲刷至水体中污染水源。在有农药污染的土壤中种植茶树时，残存的农药又可能被茶树根系吸收，这也是造成茶叶农药残留原因之一。

目前，由于高毒性有机氯农药，如六六六、滴滴涕、艾氏剂、狄氏剂、硫丹、三氯杀螨醇等高毒或高残留农药禁止在我国茶树上使用，茶叶中有机氯农药残留处于极低痕量水平，茶树从污染环境中对农药的吸收是茶叶中有机氯农药残留主要的来源。

5. 茶叶中有机氯农药残留检测

茶叶中有机氯农药主要采用气相色谱法测定。茶叶样品采用有机溶剂提取，并经液液萃取、固相萃取或固相微萃取等手段，去除茶叶中干扰物质，并富集浓缩农药，采用气相色谱或气相色谱-质谱法测定农药残留量。我国国家标准 GB 23204—2008 提供了茶叶中 519 种农药残留检测方法，涵盖了所有有机氯农药参数，方法最低检出限为 5～60 微克/千克，为茶叶中有机氯农药残留检测提供高灵敏度、高选择性检测方法。

6. 茶叶中有机氯农药残留控制

由于有机氯农药具有长期残留性、生物蓄积性、长距离运输性和高毒性等特点，我国于 2002 年 6 月 5 日颁发并实行农业部第 199 号公告，禁止六六六、滴滴涕、毒杀芬、艾氏剂、狄氏剂、三氯杀螨醇等有机氯农药在茶叶上使用，2011 年 6 月 15 日颁发了农业部公告第 1586 号，禁止硫丹在茶树上使用。因此，自 2011 年 6 月 5 日起，我国茶树上禁止使用高毒的有机氯农药，目前在茶树上登记使用的有机氯农药只有百菌清杀菌剂。随着我国茶叶质量安全水平稳步提升，茶叶中有机氯农药残留基本处于极低检出、痕量残留水平，对人体健康不构成危害。

六、茶叶中有机磷农药残留

1943 年，施拉德的第一个有机磷杀虫剂进入德国市场，然后这一领域便有了突飞猛进的发展。迄今为止，有机磷农药超过了 300 个品种。商品化有机磷杀虫剂开发的鼎盛时期是 1950—1965 年。1930—1985 年有 147 个有机磷化合物被发现，并由 29 个公司开发，其中 35％的化合物都由拜耳公司开发。我国于 1957 年在天津农药厂建成投产第一个有机磷杀虫剂对硫磷。此后，相继投产其他有机磷杀虫剂产品。特别是 1983 年国务院决定在全国范围内停止生产六六六和滴滴涕以后，一批有机磷农药如甲胺磷、对硫磷、甲基对硫磷、久效磷、磷胺等生产能力和产量迅速增长。1983—2002 年为我国有机磷农药工业发展的黄金时代，约有 30 种以上的有机磷农药化学品在我国生产，并广泛应用于农业生产。

1. 有机磷农药对茶叶害虫的防治作用

有机磷农药在茶园中主要用于防治小绿叶蝉、鳞翅目食叶类幼虫、蚧类、茶蚜、茶叶象甲等。我国茶园中最早使用的有机磷农药主要包括对硫磷、甲基对硫磷、甲胺磷、磷胺等高毒农药，主要用于防治小绿叶蝉、茶毛虫、茶尺蠖、茶毒蛾、茶刺蛾等鳞翅目害虫。2002年，农业部第199号公告命令禁止不得使用和限制使用的农药甲胺磷、甲基对硫磷、对硫磷、久效磷、磷胺、甲拌磷、甲基异柳磷、特丁硫磷、甲基硫环磷、治螟磷、内吸磷、灭线磷、硫环磷、蝇毒磷、地虫硫磷、氯唑磷、苯线磷17种高毒有机磷农药不得用于茶叶上。随着一批高毒高残留有机磷农药禁止在茶叶中使用，低毒低残留的有机磷农药相继开发并应用与茶叶中，如敌敌畏、美曲膦酯、杀螟硫磷、喹硫磷、乙硫磷、杀扑磷、马拉硫磷、辛硫磷等。目前在我国茶树上登记使用的有机磷农药有5种，分别是敌敌畏、美曲膦酯、杀螟硫磷、马拉硫磷和辛硫磷。

2. 茶叶中有机磷农药残留的种类

茶树鲜叶喷施有机磷农药后，农药残留在叶表面或被吸附、转移至组织内，并发生物理消解（如挥发等）或化学降解（如光解、水解或氧化还原反应等）。农药蒸汽压越高，则挥发性更好，消解速率更快，如杀螟硫磷的蒸汽压为0.80帕/20℃，在茶树鲜叶中的半衰期为0.5天；马拉硫磷的蒸汽压为5.33帕/20℃，半衰期为0.22天。有机磷农药化学降解后可能形成毒性更高的代谢产物，如乙酰甲胺磷在茶叶中降解形成高毒性的甲胺磷，乐果则氧化后形成氧乐果，还有马拉硫磷与马拉氧磷等。有机磷农药在茶叶中降解快、残留量低。从目前监测数据来看，我国茶叶中有机磷农药检出率极低、残留量处于痕量水平，极少部分样品中检出乐果、毒死蜱、三唑磷和水胺硫磷，而其他有机磷农药均未检出。

3. 有机磷农药残留特点与毒性

有机磷农药从消化道、呼吸道和皮肤进入机体，经血液和淋巴液循环分布到全身各器官和组织产生毒性作用，主要是抑制胆碱酯酶的活性。人体的胆碱能神经包括运动神经、交感神经节前纤维和部分节后纤维以及副交感神经节后纤维，这些神经受刺激后，在其末梢与细胞连接处释放乙酰胆碱支配器官的运动。在生理情况下释放出的乙酰胆碱在胆碱酯酶的作用下迅速被水解而失去活力，当有机磷进入机体后与胆碱酯酶结合使其失去水解乙酰胆碱的能力，造成体内大量乙酰胆碱蓄积，从而引起生理功能紊乱。

有机磷农药种类很多，根据其毒性强弱分为高毒、中毒、低毒三类。高毒类有机磷农药少量接触即可中毒，低毒类大量进入体内亦可发生危害。甲胺磷大白鼠急性经皮毒性 LD_{50} 为 50～110 毫克/千克，毒死蜱大鼠经口 LD_{50} 为 135～163 毫克/千克，辛硫磷大鼠急性经口 LD_{50} 为 1 976～2 170 毫克/千克。由于茶叶中已禁止使用高毒有机磷农药，并且有机磷农药在茶叶中降解快、残留短等特点，我国茶叶中有机磷农药残留对人体危害非常低，至今从未出现茶叶中有机磷农药急性中毒或慢性中毒事件。

4. 茶叶中有机磷农药残留的来源

茶叶中有机磷农药残留的主要来源是直接喷施农药后，在农药未完全消解前进行采摘，导致茶叶中有机磷农药残留。有机磷农药在茶叶中降解快，大部分有机磷农药在茶树鲜叶上的半衰期低于 1.5 天，且在茶叶加工中有机磷农药进一步降解。因此，茶叶中有机磷农药残留甚少。然而，由于茶叶有机磷喷施剂量过大、或喷施次数较多、或采摘期过短，导致茶树鲜叶中农药残留。内吸磷等有机磷农药具有内吸性强的特点，喷施在茶树后，通过吸附、转移作用，累积与茶树鲜叶组织内，因此消解速率慢，容易导致茶叶中内吸性有机磷农药残留。空气漂移也是茶叶中有机磷农药残留的原因，但概率极低。

5. 茶叶中有机磷农药残留检测

茶叶中有机磷农药一般采用气相色谱法、气相色谱-质谱法和液相色谱-串联质谱法有机磷农药含有 P＝O 基团，在高温燃烧时，形成激发态分子，当它们回到基态时，发射出 526 纳米的光。此光强度与被侧组分量成正比。

利用这一特征，采用气相色谱-火焰光度检测，高灵敏高选择性测定茶叶中有机磷农药。与气相色谱-火焰光度法相比，气相色谱-质谱法和液相色谱质谱具有多残留检测、定性更准确的特点。我国国家标准GB/T 23204—2008和GB 23200.13分别提供茶叶中有机磷农药残留气相色谱-质谱检测方法和液相色谱-串联质谱检测方法，具有准确、精密度高和灵敏度高等特点，为我国茶叶中有机磷农药残留检测提供了检测依据，保障我国茶叶质量安全。

6. 茶叶中有机磷农药残留控制

茶园中有机磷农药的发展趋势由高毒、高残留向低毒、低残留发展，并随着色板、杀虫灯等物理防治和生物农药在茶园中使用，我国茶园中有机磷农药残留得到有效控制。同时，我国GB 2763规定了茶叶13种有机磷农药最大允许残留量，分别是美曲膦酯2毫克/千克、甲胺磷0.05毫克/千克、甲拌磷（含代谢物亚砜和砜）0.01毫克/千克、甲基对硫磷0.02毫克/千克、硫环磷0.03毫克/千克、氯唑磷0.01毫克/千克、灭线磷0.05毫克/千克、内吸磷0.05毫克/千克、杀螟硫磷0.5毫克/千克、水胺硫磷0.05毫克/千克、特丁硫磷（及其氧类似物亚砜、砜之和）0.010毫克/千克、氧乐果0.05毫克/千克、乙酰甲胺磷0.1毫克/千克。

七、茶叶中拟除虫菊酯农药残留

拟除虫菊酯类农药是模拟天然除虫菊素由人工合成的一类杀虫剂，有效成分是天然菊素。拟除虫菊酯类杀虫剂（pyrethroid insecticides）是一种高效、低毒、低残留、易于降解的杀虫剂，广泛应用于农业害虫、卫生害虫防治及粮食贮藏等。近几年，拟除虫菊酯类杀虫剂在三大类杀虫剂中的全球销售额位列第二、三位，是杀虫剂市场中的重要类别。拟除虫菊酯类杀虫剂的作用机理是干扰神经膜中钠离子通道，导致该通道打开时间过长，从而阻碍神经信号的传输，最终导致虫螨死亡。目前全球各公司研制开发的拟除虫菊酯类杀虫剂有近80个品种。我国拟除虫菊酯的开发始于1973年，前30年主要是仿制专利到期的拟除虫菊酯品种，重点解决了打通合成工艺，提高产品质量的问题；攻克了菊酸顺反全分离，左右旋全拆分、差向异构化等关键技术；实现了丙烯菊酯、胺菊酯、苯醚菊酯、氯氰菊酯、高效氟氯氰菊酯、溴氰菊酯在国内的工业化生产。

1. 拟除虫菊酯农药对茶叶害虫的防治作用

拟除虫菊酯类农药对小绿叶蝉、黑刺粉虱、茶蚜等同翅目害虫，茶毛虫、茶尺蠖等鳞翅目食叶幼虫和茶叶象甲和螨类都具有很好的防治效果。联苯菊酯主要用于防治茶蚜、茶尺蠖、茶虫白蚧、龟蚧、茶小绿叶蝉、粉虱、蓟马等；氯氰菊酯防治对象为茶尺蠖、小绿叶蝉；溴氰菊酯主要防治对象为茶尺蠖、小绿叶蝉、茶细蛾、茶毛虫等。

2. 茶叶中拟除虫菊酯农药残留的种类

20 世纪 80 年代，拟除虫菊酯农药在我国茶园广泛使用，成为茶树虫害防治的主要化学农药之一。前期使用的拟除虫菊酯农药包括联苯菊酯、甲氰菊酯、氯氰菊酯、溴氰菊酯、氰戊菊酯、三氟氯氰菊酯。目前，氰戊菊酯禁止在我国茶园中使用，联苯菊酯、甲氰菊酯、氯氰菊酯、溴氰菊酯、氰戊菊酯、三氟氯氰菊酯等菊酯农药在我国茶树上登记使用。由于拟除虫菊酯农药具有高效、光谱和安全等特性，拟除虫菊酯农药在我国茶园中广泛使用。拟除虫菊酯农药光学稳定性和热稳定性显著高于有机磷农药、氨基甲酸酯类等农药，且蒸汽压低。因此，拟除虫菊酯农药在茶树鲜叶和茶叶加工过程中的消解速率低于有机磷农药、氨基甲酸酯农药。茶叶喷施拟除虫菊酯农药后，即使按照农药使用规则，在安全间隔期外采摘鲜叶并制备成干茶，也可能导致茶叶中拟除虫菊酯农药残留。目前，我国茶叶中拟除虫菊酯农药残留主要包括联苯菊酯、三氟氯氰菊酯、氯氰菊酯和甲氰菊酯等，而溴氰菊酯、氯菊酯等农药在我国茶园中广泛使用，但残留水平均处于极低水平。

3. 拟除虫菊酯农药残留特点与毒性

拟除虫菊酯农药通过影响神经轴突的传导而导致肌肉痉挛等。按中毒途径不同潜伏期可数十分钟至数十小时。主要表现：①局部刺激表现：接触部位潮红、肿胀、疼痛、皮疹。②消化道表现：流涎、恶心呕吐、腹痛、腹泻、便血。③神经系统：头痛、头昏、乏力、麻木、烦躁、肌颤、抽搐、瞳孔缩小、昏迷。④呼吸系统：呼吸困难、肺水肿等。⑤心血管系统：心率增快、心律失常、血压升高等。联苯菊酯、氯氰菊酯、甲氰菊酯、溴氰菊酯、氯菊酯对大鼠急性经口毒性 LD_{50} 为 54.5、57.5、164、27～42、1 200～2 000 毫克/千克。

4. 茶叶中拟除虫菊酯农药残留的来源

茶叶中拟除虫菊酯农药残留主要来源于茶树喷施农药后，即使是遵循农药使用规则和安全间隔期，茶树鲜叶中可能残留有痕量的农药。茶叶中农药残留量与喷药剂量、喷药时间、喷药次数和采摘期呈正相关。剂量越大、次数越多、采摘越短，则农药残留量越大。空气漂移和土壤吸收是茶叶中拟除虫菊酯农药残留的途径之一，但概率较低。

5. 茶叶中拟除虫菊酯农药残留检测

拟除虫菊酯农药是挥发性、热稳定性的有机化合物，主要采用气相色谱法、气相色谱-质谱法测定。气相色谱配制电子俘获检测器，具有灵敏度极高的特点，最低检出限达到纳克水平，满足茶叶中拟除虫菊酯农药检测要求。气相色谱法-质谱利用拟除虫菊酯农药分子结构信息，提高了检测方法的选择性，避免假阳性误判。我国国家标准 GB/T 23204—2008 提供了茶叶中菊酯类农药残留检测方法。

6. 茶叶中拟除虫菊酯农药残留控制

拟除虫菊酯农药是目前我国茶园中主要使用的化学农药之一，由于其高效低毒特性，低残留下对人体健康危害较小，目前我国无公害茶园建议使用拟除虫菊酯农药（除氰戊菊酯外），其安全性的控制主要制定茶树上拟除虫菊酯农药用药规范、最大残留限量等标准、技术法规和操作规程，保障茶叶中拟除虫菊酯农药残留对人体不构成危害。我国 GB 2763 规定了茶叶 13 种有机磷农药最大允许残留量，分别是氟氯氰菊酯（异构体之和）1 毫克/千克、氟氰戊菊酯 20 毫克/千克、甲氰菊酯 5 毫克/千克、联苯菊酯 5 毫克/千克、氯氟氰菊酯（异构体之和）15 毫克/千克、氯菊酯（异构体之和）20 毫克/千克、氯氰菊酯（异构体之和）20 毫克/千克、氰戊菊酯（异构体之和）0.1 毫克/千克、溴氰菊酯（异构体之和）10 毫克/千克。

八、茶叶中新烟碱农药残留

20 世纪 80 年代中期，由德国拜耳公司成功开发出第一个烟碱类农药——吡虫啉，其新颖的作用方式、选择毒性强、高效、广谱和对环境相容性好等特点，立即引起了人们的注意，国外一些大的农药公司相继进入了烟碱类似物研究领域，参与了此类化合物的合成研究，从而使其成为杀虫剂研究开发的一大热点。新烟碱类杀虫剂主要品种有：吡虫啉、啶虫脒、烯啶虫胺、氯噻啉、噻虫啉、噻虫嗪、噻虫胺、呋虫胺等。

1. 新烟碱农药对茶叶害虫的防治作用

新烟碱类杀虫剂的作用机制主要是通过选择性控制昆虫神经系统烟碱型乙酰胆碱酯酶受体，阻断昆虫中暑神经系统的正常传导，从而导致害虫出现麻痹进而死亡。由于该类杀虫剂具有独特的作用机制，与常规杀虫剂没有交互抗性，其不仅具有高效、广谱及良好的根部内吸性、触杀和胃毒作用，而且对哺乳动物毒性低，可有效防治同翅目、鞘翅目、双翅目和鳞翅目等害虫，对用传统杀虫剂防治产生抗药性的害虫也有良好的活性。新烟碱类农药主要防治茶叶害虫小绿叶蝉、黑刺粉虱、茶蚜、螨类等。

2. 茶叶中新烟碱农药残留的种类

21 世纪初，吡虫啉、啶虫脒在我国茶园中推广使用，替代高毒农药甲胺磷。随着新烟碱类农药的发展，噻虫嗪、烯啶虫胺、呋虫胺等新烟碱类农药逐渐在我国茶园中使用。目前，在我国茶树上登记使用的新烟碱类农药包括：吡虫啉、啶虫脒、噻虫嗪、噻虫啉、烯啶虫胺、氯噻啉。近年来，由于吡虫啉、啶虫脒等水溶解度高的农药在茶园中的使用备受争议，逐渐被低毒、水溶解度低的农药替代。由于新烟碱类农药是当前我国茶园主要虫害化学防治重要措施，因此我国茶叶中新烟碱类农药主要检出农药包括吡虫啉、啶虫脒、噻虫嗪，但噻虫啉、氯噻啉、烯啶虫胺检出率极低。

3. 新烟碱农药残留特点与毒性

新烟碱农药属于低毒农药，吡虫啉对大鼠急性经口 LD_{50} 为 450 毫克/千克，大鼠急性经口 LD_{50} 为 146～217 毫克/千克，大鼠急性经口 LD_{50} 为 1 563 毫克/千克。尽管新烟碱类农药对人体的毒性低于有机磷、有机氯和拟除虫菊酯农药，但由于对蜜蜂具有急性致死作用。因此，近年来新烟碱类农药逐渐被限制或禁止在农作物中使用。

4. 茶叶中新烟碱农药残留的来源

茶树直接喷施新烟碱农药是茶叶中新烟碱农药残留的主要原因。吡虫啉在茶树鲜叶中的半衰期为 2 天左右，残留期大于 14 天；啶虫脒在茶树鲜叶中半衰期为 1.8～2.3 天，残留期超过 15 天。茶树新梢生长 10 天左右即可采摘。茶树新梢喷施新烟碱类农药，由于残留期大于 14 天，所以不可避免导致茶叶中农药残留。由于新烟碱农药是我国农作物虫害防治的主要化学农药之一，因此大气漂移和土壤污染也是我国茶叶中新烟碱农药重要来源之一。

5. 茶叶中新烟碱农药残留检测

茶叶中新烟碱类农药主要采用液相色谱-串联质谱法测定。我国国家标准 GB 23200.13 提供茶叶中新烟碱农药检测方法，方法检出限分别为：啶虫脒 1.44 微克/千克、噻虫嗪 33 微克/千克、噻虫胺 63 微克/千克、吡虫啉 22 微克/千克、噻虫啉 0.38 微克/千克。

6. 茶叶中新烟碱农药残留控制

新烟碱类农药是我国茶园主要虫害防治的化学农药之一，自进入 21 世纪以来，在我国茶园中广泛使用，尤其是吡虫啉、啶虫脒两种农药的使用位于新烟碱农药前列。然而，由于新烟碱类农药对蜜蜂的急性致死性，以及吡虫啉、啶虫脒的水溶解度高的特性，新烟碱农药逐渐被低毒、低残留、溶解度低的农药替代。我国国家标准 GB 2763 规定了茶叶中吡虫啉、啶虫脒、噻虫嗪的最大残留限量分别为 0.5 毫克/千克、10 毫克/千克、10 毫克/千克。

第二节　有益和有害元素

一、有益元素

1. 铁

铁是人体中必需的微量元素，体内铁缺乏时会出现缺铁症或缺铁性贫血。资料显示，国内新生儿缺铁性贫血发病率为 49.6%，孕妇为 35%，65岁以上人群发病率大于 30%，全国总人口平均发病率为 12.12%。防治缺铁性贫血最主要方法是给肌体补充足够的铁，补充铁最常用、最方便、最重要的方法是口服。

茶叶是全球三大天然饮料之一，具有药理和保健功能。铁是茶树必需的营养元素，是许多酶的组成成分，参与 RNA 代谢与叶绿素合成。茶叶中铁含量较为丰富，鲜叶中三氧化二铁的含量为 0.01%~0.02%，烘干茶叶中的铁含量一般为 70~210 微克/千克。茶叶中铁多以二价铁和有机物结合形式存在，对人体有很重要的营养价值，人体对其利用率较高，饮茶是补充人体铁的途径之一。

2. 锰

锰是人体内多种酶的激活剂，是人体必需的微量元素之一。锰缺乏会导致生长发育迟缓，中枢神经系统异常，而锰摄入量过多则可导致中枢神经障碍、运动失调。

茶是我国的传统饮料，受到多数人的喜爱。茶叶中含有丰富的微量元素，具有医疗和保健作用。茶叶中锰的含量较为丰富，锰是人体必需的微量元素，具有重要的生理功能，如能激活大量的酶类，参与多种物质代谢，清除自由基，抑制脂质过氧化等。

锰是人体必需的微量元素，大脑皮层、肾、胰、乳腺都含有锰，对人体的生理作用主要为：①激活大量的酶类，参与多种物质代谢，例如促进肽水解为氨基酸的肽酶就是如此；在复杂的酶分子中锰起着把组成酶的各种成分结合起来的作用，例如：锰（Mn^{2+}）是精氨酸酶及其酶原的激活剂；②锰可催化皮脂代谢，促进皮肤有害物质的排泄，防止皮肤干燥，促进维生素 B_6 在肝脏的积蓄，从而增强人体抗炎症的能力；③儿童缺锰可导致生长停滞，骨骼畸形；成人缺锰，可导致食欲不振，生殖功能下降，甚至出现中枢神经症状；④另据调查，百岁老人头发中的锰含量高，镉含量低，从而得出高锰低镉有助于长寿的结论。

3. 锌

锌是人体内仅次于铁而位居第二的必需微量元素，对人体健康有着重要的营养保健价值。茶叶中锌的含量一般为 48～126 毫克/千克且有 60％～80％可溶于热水中。如果每日饮茶 10 克，锌的摄入为 0.48～1.2 毫克，占成人日需量的 4.8％～12.6％（10～15 毫克/人），所以饮茶对补充锌营养具有一定的价值。

作为茶叶的组成成分，锌元素在茶叶中的含量一般为 48～126 微克/克，而且主要是以有机化合态的形式存在。这样既有利于人体对锌元素吸收又安全。茶叶中锌的含量虽小却易溶入热水中，据有关的研究文献报道，锌元素有 80％溶于茶水中，因此，作为日常饮用品的茶叶，可以起到补充人体锌元素需要的作用，而且如果茶叶中锌的含量能提高到 200～300 微克/克，那么这种富锌茶可作为人体补锌的一种食物来源。饮茶能利尿，增强肾脏的排泄功能，这主要决定于茶叶生物碱和 Mn、Zn 等元素的作用，人称 Mn、Zn 是泌尿系统主要器官肾的主要物质基础，可见茶叶具有的"消食利尿"作用与 Mn、Zn 的特殊作用有关。在茶叶中，Mn、Zn 与咖啡碱、茶叶碱呈络合状态存在，增加了茶叶的免疫功能。在人体内，Mn^{2+}、Zn^{2+} 离子既和氨基酸、肽、蛋白质又和核酸结合成配合物或螯合物。例如：蛋白质分子以两个咪啶基因和一个羟基与 Zn^{2+} 配位生成配合物羟肽酶 A；Zn 在稳定核酸和蛋白质分子的三级结构中显示重要作用。这样的结构既保证了 Zn 在茶叶和人体内的稳定存在，自然也易于发挥其药效和彼此间的协同作用。缺 Zn 会导致 DNA 聚合酶活性降低和 DNA 转录、RNA 转译失常。另外，饮茶有"明目益思"的作用，这主要与茶叶富含胡萝卜素（维生素 A 原）和 Zn 元素有关。眼睛是 Zn 元素在人体中的主要蓄积部位之一。病因研究表明，白内障的发病率与 Zn 有关。而茶叶中含 Zn 量较高，故茶叶能防治目疾，有"明目益思"作用。其次，Zn 对高血压有好处，因茶叶的锌镉比高于咖啡，故预防高血压以饮茶为好。再者，锌与机体发育、骨骼生长、免疫机能、性发育及其功能、蛋白质和核酸代谢、酶的活性等关系密切，并与多种疾病有关。缺乏锌可导致侏儒症、男性不育症、免疫功能降低、白血病、急性心肌梗死、低蛋白症等；锌还具有保护肝脏、增强 NK 细胞活性、提高机体抗肿瘤因子能力、抗感染能力的作用，可促进伤口愈合，保持正常味觉和食欲。

4. 硒

目前的研究结果表明，硒在人的疾病预防方面具有重要作用，硒的缺乏会引起一系列疾病，如心脏病、癌症、肝病和免疫系统功能紊乱等。此外，由于硒是谷胱甘肽过氧化物酶的组成成分，有抗氧化作用，适量补充能起到防止器官老化与病变、延缓衰老、增强免疫、抵御疾病、抵抗有毒害重金属、减轻放化疗副作用、防癌抗癌的作用。具体表现为：①硒是构成含硒蛋白 P 与含硒酶（如 cGPx 等）的成分；②硒是碘甲腺原氨酸脱碘酶的组成部分，对甲状腺激素具有调节作用；③哺乳动物和高等真核细胞的硫氧还蛋白还原酶（TrxR）是一种含硒酶，能催化 Trx 和 TrxR，这两者是生物体中最重要的氧化还原和信号调节系统；④适宜的硒水平对于保持细胞免疫和体液免疫是必需的；⑤预防与硒缺乏相关的地方病，如克山病、克汀病、大骨节病等，克山病是一种以心肌损伤为主要病变的地方性心肌病，大面积服用亚硒酸钠可有效预防克山病的急性发作；⑥抗癌作用，研究表明硒摄入量与乳腺癌、直肠痛、血癌等都有一定的相关性；⑦抗艾滋病作用：补硒可减缓艾滋病进程和死亡的机制大致有三方面；抗氧化作用，控制 HIV 病毒出现和演变、调节细胞和体液免疫以增加抵抗感染能力；⑧维持正常生育功能，影响精子活力；⑨对白内障的形成有一定影响等。

硒是人体必需的微量元素，2011年2月21日卫生部宣布，根据《食品安全法》和《食品安全国家标准管理办法》的规定，经食品安全国家标准审评委员会审查通过，决定取消《食品中污染物限量》（GB 2762—2005）中有关硒的指标。但这并不表示可毫无限制的摄入含硒食物，过量食用硒或含硒食物仍可引起急性或慢性中毒。目前中国营养学会及 FAO、WHO、IAEA 正式确定膳食硒每天的最高安全剂量为 400 微克。

人的硒中毒可分为职业性硒中毒和地方性硒中毒，职业性硒中毒是由于职业关系长期接触过多的硒化合物而引起，典型症状是中毒者呼出大蒜味气息；地方性硒中毒是指自然环境中的硒中毒，是由于某些地区的土壤、饮水和食物中硒含量过高而引起，伴随症状有毛发脱落、指甲损害、皮肤损害、神经系统损害等。

我国是个缺硒国家，河南省绝大部分地区属于低硒区，而黑龙江、内蒙古、甘肃、青海、四川等地都曾因缺硒大面积暴发克山病和大骨节病。中国农业科学院组织进行的大陆各省区的作物、土壤含硒量采样普查说明，我国是缺硒较严重的国家，全国约有 2/3 的地区属于缺硒地区，其中将近 1/3 为严重缺硒地区，硒含量正常的只占采样县的 9%。因此宣传硒元素的功能，引导科学健康的补硒方式，开发具有针对性的富硒食品有着十分重要的意义。海产品、肉类、禽蛋、西兰花、紫蓍、大蒜等被证实是含硒量较高的食品。富硒大米、富硒蘑菇、富硒茶叶、富硒酵母等一些人工加工的富硒食品也进入市场，富硒食品的开发越来越多。食品中的有机硒主要以硒代蛋氨酸、硒代半脱氨酸等形式存在。

茶树是富硒植物，同时茶叶作为国饮，也是安全有效的硒源。中国茶几乎都含有硒，含量变幅为 0.017～6.590 毫克/千克。一般茶叶含硒量不高，高硒地区茶叶含硒量平均最高为 6.5 毫克/千克。

硒在茶树中的分布从整株茶树而言，老叶、老枝、果壳的含硒量较高；嫩叶、嫩枝、根系、种子含硒量较低；含硒量叶片高于枝干、果壳高于种子、地上部高于地下部。由此可见，茶树含硒量因器官和树龄有一定的关系，表明茶叶中的含硒量会随新梢的老化而增加。同时，研究发现同一品种、同一块地，春茶、秋茶、暑茶、夏茶，各采茶季节茶树鲜叶含硒量之间差异显著。

茶叶中的硒近80％上是有机硒，这部分有机硒主要与蛋白质结合，占有机硒79.56％～88.70％。茶叶中蛋白质硒占79.25％，其中水溶性蛋白质硒占2.59％，茶多酚、多糖及果胶组分硒含量分别1.22％和0.88％，占总硒量18.65％。

硒物质是水溶性硒的主要来源。不同茶叶硒浸出率为12％～30％，茶叶硒的浸出量为茶叶中硒总量的1/3以下，茶叶中大多数硒以化合物或络合状态存在而难于浸提出来。有研究表明，红茶硒浸出率高于绿茶，当冲泡水温95℃左右时茶叶中硒的浸出率较好。饮茶时茶叶不宜反复冲泡，第1次冲泡的茶水中的硒含量是第2次冲泡的茶水中的硒含量的4～7倍。

人体通过饮茶获取的硒主要是能溶解于热水中的硒，冲泡茶叶时浸出的硒基本上都是有机硒。有研究表明，对人和动物来讲，有机硒比无机硒更安全有效，人体对无机硒的吸收能力很低，而且容易发生中毒，相反对有机硒的吸收和利用率就高得多。茶叶中天然的有机硒易被人体协调利用，且无生理毒性反应。

二、有害元素

1. 铜

铜是茶树正常生长发育过程中必需的微量元素之一，它是茶树体内多种酶，如氨基酸酶、抗坏血酸酶、多酚氧化酶等的组分成分，参与体内氧化还原反应，影响茶树的呼吸作用、光合作用。铜可提高茶叶叶绿素的稳定性，促进光反应的进行。铜对碳水化合物和蛋白质的合成有一定影响，有利于茶叶产量和品质的提高。铜在茶叶加工中与发酵有密切关系，因此还可影响茶叶加工品质。但茶叶中铜元素含量不能过高，多则对茶树有毒，影响茶树正常生长，一般茶树新梢中含量为15～59毫克/千克。茶叶鲜叶含铜量过高还会影响成品茶的卫生品质。根据我国茶叶卫生标准规定，茶叶的含铜量应控制在 60 毫克/千克以下，而对有机茶的要求更高，必须控制在 30 毫克/千克以下。

铜是一种人体必需元素，铜在人体内缺乏或过量时都会引起疾病。铜缺乏时，人体内的需铜酶的活性降低，就会引起多种生理疾病，如贫血、骨骼异常等。而铜过量会造成肝、肾损伤，导致溶血性贫血以及高铁血红蛋白血症。

铜是人体必需的微量元素，对于造血、细胞生长、某些酶的活性（如细胞色素氧化酶、多巴氧化酶）及内分泌腺功能均具有重要作用。成人正常日摄入量为 2～2.5 毫克，但摄入过多也会对人体有害，如口服 100 毫克/日就能引起恶心、腹痛等症状，长期连用可致肝硬化。茶叶中铜的含量，鲜叶中约为 15～20 毫克/千克，绿茶中铜含量在 10～70 毫克/千克，我国绿茶中铜含量一般为 12～40 毫克/千克，印度、斯里兰卡红茶中铜的含量稍高，平均为 29.5 毫克/千克，这可能和这些地区茶园中常应用铜剂防治茶饼病有关。

我国曾规定，茶叶中铜的最高允许含量分别为 2 毫克/千克和 60 毫克/千克。虽然，国家标准于 2005 年作了修订，取消了铜的强制标准，但近年来，茶叶重金属含量逐渐升高的趋势仍是茶叶卫生质量安全的焦点之一。茶叶铜的整体含量不高，但个别茶样高达 447.5 毫克/千克。是什么原因导致茶叶重金属含量依然很高，众多的学者众说纷纭，但从加工角度探讨茶叶铜含量变化的文章不多，且系统性不强。为此，韩文炎等对茶叶初制加工全过程，包括茶类、工序和机具等变化对茶叶铜含量的影响展开了系统的研究。结果显示，初制加工是茶叶铜污染的重要途径之一，但污染程度因工序、作业方式和机具的金属组分等不同而异；铜的污染来源也有显著的区别。茶叶初制加工的各个工序，包括摊放（或萎凋）、杀青、揉捻（或揉切）、发酵、干燥都有可能使茶叶铜含量提高，其中铜提高幅度最大的工序是揉捻，加工场所卫生状况较差时铅增幅最大的工序是摊放；随着揉捻压力的增大、时间的延长，茶叶铜含量不断提高。由于加工方式，特别是揉捻的时间和压力不同，导致不同茶类具有明显的区别，烘青和炒青的污染程度较重，红碎茶和工夫红茶次之，龙井茶铜含量加工前后几乎没有变化。茶叶加工中铜污染主要来自铜质揉捻机，该工序污染的铜约占茶叶加工铜污染总量的 90% 以上。

因此，保持加工场地的清洁卫生和调整揉捻机揉筒和揉盘的金属组成是降低茶叶加工过程中铜污染的重要途径。另外，对初制加工后的茶叶，清除其中的黄片和茶末对于降低茶叶铅含量也具有重要的作用。

黄苹等研究表明，茶树从土壤中吸收铜元素主要是根据自身生长发育或生理代谢所需而定的，当吸收到足以满足生育所需的量后，并不因为土壤中有较高的铜含量而继续被动吸收。说明茶树对铜元素的吸收规律是"主动有效式"吸收，也表明茶树对铜的富集力量弱。茶叶中铜的含量与土壤铜的含量呈弱负相关，茶树对铜的富集力量弱。

李晓林等通过土壤盆栽试验和水培试验，研究茶树受铜毒害的表观症状，铜对茶树生长的影响以及铜在茶树中的分布与吸收积累特性表明，土壤添加 25～300 毫克/千克铜处理 16 个月，茶树地上部的生长量及净光合速率均降低，表明茶树对铜较敏感，铜污染对茶树生长有明显抑制作用，使茶树长势减缓。这与刘春生对小麦和刘登义等对苹果的研究结果相似。铜污染对茶树光合作用的抑制，可能是由于过量的铜抑制光合链中的电子传递，尤其是光合系统Ⅱ（PSⅡ），同时铜参与茶树摄取铁过程的竞争，使铁缺乏而引起叶绿素合成受阻，从而提高 PSⅡ 对光的敏感性，阻碍光合作用中的 CO_2 固定。水培试验结果则表明，铜处理浓度≥3 毫克/升时，茶树不仅出现严重的毒害症状，甚至死亡。据李晓林等研究，当铅处理浓度≥240 毫克/升、铬处理浓度≥20 毫克/升时，水培茶树才出现严重的毒害症状，由此表明水培条件下，铜对茶树的毒害作用强于铅、铬重金属。试验结果显示，土壤中添加铜，茶树各部位的铜含量随铜处理浓度的升高而增加，且根部铜含量及增幅远大于地上部，茶树体内的铜含量由高到低的分布次序为：吸收根＞主根＞枝条＞主茎＞新梢＞老叶。水培试验结果则表明茶树各部位对水培溶液中铜具有更强的吸收富集能力，且吸收根的铜含量比茎、枝条和叶高十几至几百倍。这些结果都表明当茶树受到铜污染时，大部分铜被吸收根及主根固定，向地上部迁移比例较低，根系对阻止铜向地上部特别是新梢迁移发挥了重要的缓冲及屏障作用，从而减少其毒害效应。土壤作为茶树生长的基质，其中的铜含量状况直接影响到茶树各部位中铜含量的多少。本试验是在品种、树龄、气候、土壤和栽培管理条件一致的可控条件下进行，结果表明，盆栽茶树各部位的铜含量与土壤外源铜添加量呈极显著正相关关系，而水培试验结果也表明根和叶片的铜含量与铜处理浓度也呈极显著正相关。但李海生、黄苹等的研究则认为茶树各部位的铜含量与土壤中铜含量呈弱负相关，其原因是他们的研究是在品种、树龄、气候和土壤条件等不同的生产茶园中取样，因而研究结果与本试验结果有差异。由此也表明茶树对土壤铜的吸收具有复杂性，受品种、树龄和土壤等诸多因素的影响，特别是土壤因子的影响，有必要深入探讨茶树各部位铜含量与各土壤因子相关性，以便采取相应的管理措施加以调控。

（1）茶叶铜含量的研究　黄财标对福建1991年、1992年各茶区的3个厂家共53个品种花色的茶叶产品进行了抽样检验，包括乌龙茶类的铁观音、佛手、黄旦、色种、闽北水仙、闽北乌龙、闽南水仙、茉莉花茶三级以上的产品，共检测86个样品，结果为不同产地成品茶铜含量，闽南较低，闽东、福州地区较高；不同品种花色成品茶铜含量，闽南的黄旦较低，佛手较高，闽北乌龙茶较高；茉莉花茶不同档次有明显差异；高档特种茶较低，特级以上呈下降趋势，一级至三级也呈明显下降趋势。周成富等采用示波极谱法，对成都市茶叶门市部经销的成都茶厂及蒙山名茶共32件茶进行随机抽样检验，不同品种花色铜含量，鲜叶51.9毫克/千克，炒青绿茶54.06毫克/千克，烘青绿茶63.26毫克/千克，花茶47.58毫克/千克；不同加工方法，手工茶48.44毫克/千克，机器茶60.24毫克/千克。烘青绿茶与机器茶铜含量较高，推测可能是接触含铜金属机械设备与器具的磨损，导致的铜污染。

（2）茶树铜含量分布及施肥影响的研究　韩文炎采用火焰原子吸收分光光度法，研究了铜在茶树体内的分布以及不同品种、土壤与施肥对茶树鲜叶铜含量的影响。7年生龙井43茶树体内铜含量以吸收根最高，达27.1毫克/千克，其次是新梢幼嫩茎叶（一芽二叶）、嫩茎和生产枝，第三是茶籽，成熟叶、主根、主轴、主干、二级侧根和一级侧根的含量较低，不到吸收根的1/3。新梢叶片的铜含量随叶位的下降降低，降低幅度以一芽一叶和第二叶较大，达24.93%，第五叶和第六叶已基本相同，茎的含量在第三、四叶之间。成熟叶铜含量随老化程度的提高不断降低，春茶成熟叶片的铜含量为秋茶成熟叶的52.94%。结果表明，茶树体内铜的生物学分布为茶树不同部位的铜含量主要集中于生命活动旺盛的部位如吸收根等，成熟的组织和器官含量较低，新梢不同叶位的铜含量随嫩度的提高而增加；成熟叶老化过程中铜具有一定的移动性，铜能重复利用。土壤对茶树铜含量的影响为，新梢和吸收根铜含量对土壤差异较敏感，吸收根和新梢铜含量以栽培于溪流冲击物形成的砂土上的最高，其次是石英砂岩形成的白砂土和石灰岩形成的红黏土、板岩形成的黄泥（砂）土上的较低。其差异与土壤有效铜含量有密切关系，吸收根和新梢铜含量在一定程度上可以衡量土壤有效铜的含量高低。施肥对茶树铜含量的影响为氮肥施用量较低时，茶叶铜含量随施用量的增加而提高，亩施氮肥超过 26.25 千克时，茶树铜含量下降，升降幅度在不同品种间有明显差异。磷肥对茶叶铜含量的影响与氮肥有相同的趋势，钾肥对茶叶铜含量随施钾量的增加而不断提高。刘训健等采用吸附伏安法，研究了在茶叶采摘前，对茶树施用微量元素肥料铜后，茶叶中铜含量的变化。结果表明，在茶叶采摘前，施用微肥铜后，茶叶中铜含量明显提高，提出了可通过施用微肥无机铜使其转化为有机铜，用于满足低铜或缺铜需要。彭继光等采用日本岛津 AA-630-12 分析仪，研究了储叶齐、湘波绿、福鼎大白茶三个无性系良种茶树根系铜含量，71.9% 的铜集中在吸收根系中，侧根占 18.7%，主根最少，只占 9.4%；三个品种根系铜含量，以湘波绿最高，福鼎大白次之，储叶齐最低，但吸收根＞侧根＞主根的分布趋势是相同的；茶树根系铜含量的季节性差异为吸收根的高峰是 9 月和 7 月，4 月明显较低，而主根为 4 月较多，侧根则以 3 月略高于 4 月，茶树根系铜含量随茶树树龄增加而增加；茶园土壤有效态铜含量随茶园种茶时间的延长而呈上升趋势。

(3) 铜对茶树生育特性及生理代谢影响的研究 韩文炎等测定了大田和盆栽试验茶树铜的含量，研究了茶树生育特性。多酚氧化酶和硝酸还原酶活性、碳氮代谢的变化等。大田试验结果表明，叶面喷施低浓度铜（0.05%）时，能促进茶芽早发、多发，提高产量，但浓度略高时（＞0.1%），对茶芽萌发则有明显的抑制作用，新梢生长速度和产量均下降；盆栽试验结果表明，适宜的施铜量能促进茶树生长，树高、茎叶、输导根和吸收根的重量比均有增加，其中对吸收根的刺激作用最大，但过量施铜，茶树生长受到明显抑制，受害最严重的也是吸收根。茶树叶面喷铜，对一芽一叶新梢 PPO 活性具有明显的促进作用，以 0.1% 处理促进作用最大。铜对新梢 NR 活性也有一定影响，在 0.1% 铜浓度范围内，NR 活性提高，超过这一浓度后则下降，其变化趋势与茶叶产量的变化基本相同。不管是叶面喷施，还是盆栽土施，茶树叶片叶绿素含量均提高，适量施铜对茶树的碳素代谢具有明显的促进作用；过量施铜，对叶绿素含量、茶多酚和百叶重影响不大，但整株茶树干物质积累量显著减少。叶面适量喷铜，有利于新梢蛋白质的合成，而对游离氨基酸和咖啡碱的影响不大，过量喷铜，新梢蛋白质含量明显减少，而游离氨基酸则有积累。土施铜肥对新梢含氮化合物的影响为：低用量时，游离氨基酸和咖啡碱略有增加，高用量时则显著降低。韩文炎等采用叶面喷施和土施的方法，研究了茶树对铜及铜对其他矿质元素吸收的影响。结果表明，土施 $CuSO_4$ 能明显提高土壤有效铜含量。茶树主根和吸收根对土壤有效铜含量的反应较敏感，可作为茶园铜缺乏或污染诊断时植物分析的适宜部位。施铜能明显提高茶树体内的铜含量，但铜的移动性较差，叶面喷施主要积累于成熟叶、生产枝和新梢中；土施则集中于吸收根和主根中。施铜对茶树磷、锌吸收有不利影响，但能提高锰含量。铜对钾、钙、镁、钠和铁含量的影响，因施肥方式不同而有异，叶面喷施能提高钾、钙、镁、钠的浓度，降低铁的含量。土施则抑制钾、钙、镁和钠的吸收，促进铁在成熟叶和吸收根内积累，降低新梢铁含量。王常红等采用叶面喷施的方法，针对幼龄茶园局部出现缺绿症状，研究了不同营养元素对缺绿植株叶片叶绿素含量和新梢生长的影响，结果表明，硫酸镁和硫酸铜对改善缺绿状况有明显效果。

（4）展望　铜既是人体必需的微量元素，也是茶树正常生长发育的必需微量元素，同时还是某些茶类加工过程中酶必需的微量元素。无论是茶树的正常生长发育、茶叶的加工，还是维持人体的正常功能，都离不开铜。因此，今后一是研究茶叶中铜的适当含量，以确保饮茶的安全；二是研究为获得较高的茶叶产量、较优的茶叶品质，正确适量的补充茶树所需的铜含量；三是研究如何适当提高茶树体内的铜含量，以满足人体对铜的需求；四是研究茶树体内应维持的最佳铜含量，以利于茶树栽培技术的革新，实施现代化的如温室、大棚、水培等新的栽培技术措施。

2. 铅

铅是一种对植物体和人体无益的环境污染物质，在元素周期表中为 42 号元素，是所有稳定的化学元素中原子序数最高的。环境中的无机铅及其化合物十分稳定，不易代谢和降解，也不可能以固体铅存在于土壤中，而是形成二价或四价的矿物质及其络合物。植物可以通过根系从土壤中吸收铅或通过叶片从大气中吸收铅，两种方式中以第一种为最重要。土壤作为茶树系统中铅的主要来源，铅含量的多少以及铅元素的存在形态都影响着茶树的生长发育及其生态环境效应。铅进入土壤后经过沉降、富集，并迁移进入植物系统中，从而可能随食物链进入人体，对身体健康造成极大危害，严重时还会出现中毒甚至死亡，因而土壤中铅的行为以及土壤-茶树系统间铅的迁移、转化成为人们研究的重点。

（1）铅的毒副作用　铅对植物生长发育的影响通常认为根系是生长在铅污染土壤上植物的直接受害器官，表现为随着铅浓度的增大侧根数目减少，根系生物量和体积下降。不同浓度的铅处理对植物根系的生长均有抑制作用，而且浓度越高对根生长的抑制作用越强。培养介质中 $Pb \geqslant 10^{-4}$ 摩尔/升时，就会对植物根系的生长造成明显抑制。有学者认为铅胁迫下的根系细胞质膜外表面结合位点上的可能被取代，从而阻断了有丝分裂的进行，最终表现为根系生长受抑，植物对其他营养成分的吸收减少，进而影响了整个植物的生长发育。

植物受铅的危害主要在种子萌发期和幼苗期，水稻、白菜、萝卜种子的萌发率随着铅供应浓度的增高而有所下降。低浓度的铅对植物生长有刺激作用，这已被许多试验所证明，但其机制尚不清楚。而对不同作物种类其刺激作用的铅浓度范围是不同的。实际上低浓度铅对作物生长产生的危害影响是弱的。从水稻盆栽试验可以看出，采用含铅 1～20 毫克/千克的溶液灌溉水培水稻，可对水稻生长发育产生轻度危害。高浓度的铅对植物生长有害，但在不同的土壤和作物上的毒害程度不一。小麦在土壤含铅量为 300 毫克/千克时生长减产 30％。用 150 毫克/千克铅溶液灌溉水稻，减产 24％；50 毫克/千克铅溶液灌溉使水稻减产 22％；有研究认为水稻在土壤中投加 250 毫克/千克、萝卜在投加量大于 300 毫克/千克的铅可导致减产 20％，大豆在土壤中投加 237 毫克/千克，白菜在土壤中投加 50～2 000 毫克/千克、水稻在土壤中投加 700 毫克/千克的铅，减产 10％。石元值等研究认为，40 毫克/千克和 100 毫克/千克铅的加入对茶树的生物量没有受到显著性影响，百芽重、吸收根的重量等反而呈现出略有增加。

(2) 铅对人体和生物体的影响　铅是人体和生物体的非必需元素，也是微量毒性元素。铅能影响大脑发育过程中必需的调节因子如激素、氨基酸、微量元素、生物因子等的释放、合成或摄入，具有较强的神经发育毒性。低水平铅暴露会影响大脑神经细胞黏附分子（NCAM）的黏附功能，从而损害大脑的学习和行为。当人暴露于高浓度的铅时，最明显的临床病症是脑部疾病，表现为易怒、注意力不集中、头痛、肌肉发抖、失忆以及产生幻觉，严重的将导致死亡，通常在血铅水平超过 100 微克/100 毫升时还观察到其他一些针对中枢神经系统的间歇作用。此外，铅可导致肝硬化，甚至急性坏死。对心、肾、肺、生殖系统及内、外分泌，甚至免疫系统均有损害。铅可透过胎盘，损害胎儿。铅对儿童危害很大，影响其智力发育，严重的造成高度的脑障碍。铅在人体内能和蛋白质及各种酶发生强烈的相互作用，使它们失去活性，也可能在人体的某些器官中累积，如果超过人体所能耐受的限度，会造成人体急性中毒、亚急性中毒、慢性中毒等危害。

国家制定了铅的食品卫生标准。对于粮食、蔬菜和水果等可食用部分的铅含量不允许超过 0.4 毫克/千克。对于茶叶和饲料类则必须低于 5.0 毫克/千克。由于铅的污染和危害日趋严重，作物铅含量与土壤铅含量密切相关，故我国制定了铅的土壤环境质量标准，规定第一级（为保护区域自然生态，维护自然背景的土壤环境质量的限制值）：35 毫克/千克；第二级（为保障农业生产，维护人体健康的土壤限制值）：pH＜6.5，250 毫克/千克；pH＜6.5～7.5，300 毫克/千克；pH＞7.5，350 毫克/千克；第三级（为保障农林生产和植物正常生长的土壤临界值）：pH＞6.5，500 毫克/千克。商务部 2005 年发布的药用植物及制剂外经贸绿色行业标准中也规定限量指标为 Pb≤5 微克/克。

(3) 铅的分析技术　对土壤和茶叶样品中铅的分析方法主要有：原子吸

收光谱法、原子荧光光谱法、原子发射光谱法、电感耦合等离子体发射光谱法（ICP-AES）、电感耦合等离子体质谱法（ICP-MS）、紫外-可见分光光度法等。

（4）茶叶中铅含量现状　目前，我国茶叶铅含量超标的问题已受到人们的极大关注。20世纪90年代初以前茶叶铅含量较低。据相关学者的测定表明，1949年参加我国第一届农业博览会的名优茶样品，铅含量在痕量－4.1毫克/千克左右，平均值和中值分别为70毫克/千克和0.44毫克/千克，超过原国家标准2毫克/千克的茶样为4.4％。斯里兰卡有学者曾于20世纪40年代初测定了4个产自中国的茶叶样品，铅含量仅为0.29～0.31毫克/千克。据中国农业科学院茶叶研究所在1999—2001年对来自全国17个产茶省包括绿茶、红茶、乌龙茶、紧压茶等在内共1 225只茶样的测定表明，茶叶铅含量在痕量－97.9毫克/千克左右，平均值和中值分别为2.7毫克/千克和1.4毫克/千克，超过2毫克/千克的茶样高达32％，其中超过现行国家标准5毫克/千克的茶样占12％。茶叶铅含量平均为2.2毫克/千克，超过2毫克/千克和5毫克/千克的茶叶分别占样品总数的27.0％和46％。

但是近年来由于三废（汽车尾气、工业废水和废渣）排放量的日益增加和乡村城市化进程的加快，茶叶重金属元素含量有不同程度提高。

1）相关检测机构于2012—2014年，连续抽样检测铅含量的结果表明，所检市售茶叶产品中铅含量总体符合国家标准，低于标准所规定最大限制量（MRL）。三年市售茶叶铅检出率为98.72％～99.74％，含量范围为0.50～7.90毫克/千克，中位值分别为1.60毫克/千克、2.00毫克/千克和1.90毫克/千克，平均值分别为1.84毫克/千克、2.21毫克/千克和2.27毫克/千克，合格率均在96％以上。三年2 402份茶样中，50％的茶样铅含量分布于≤2.0毫克/千克的较低范围，超标率仅1.49％。

2）因制茶选料的差异，不同茶类茶样铅含量值差异较大，为0.50～6.00毫克/千克。黑茶铅含量的中位值和平均值相对最高（＞2毫克/千克），其次是红茶＞乌龙茶＞类茶＞花茶＞绿茶，黄茶相对最低。绿茶、黄茶、乌龙茶、红茶和花茶类茶样的铅含量大体分布于＜2.0毫克/千克范围（构成比大于55％），未出现超标（GB≤5毫克/千克）茶样；黑茶类茶样的铅含量多分布于2~5毫克/千克范围（构成比为93%），超标率为3.99%。研究表明，茶叶种类是影响茶叶铅含量的影响因子之一。

3）包装材料及形式不同会显著影响茶样铅含量高低。盒装和罐装包装形式优于散装和袋装包装；盒装（构成比95.24%）和罐装（构成比65.85%）的茶叶铅含量多分布于≤2.0毫克/千克的范围内；且盒装和罐装茶样的铅含量中位值和平均值均显著低于散装和袋装茶样。研究表明，无铅包装材料安全性较高，高档包装一般包装高档茶叶，其质量安全性优于普通包装的中低档茶叶。

4）相同品类不同等级茶叶铅含量差异显著，为0.50~4.80毫克/千克。一般等级较高的茶样铅含量相对较低，为0.50~3.22毫克/千克。试验结果表明，特级毛峰茶受铅污染的程度比一级毛峰茶相对较低；特级毛峰茶铅含量多分布于<2.0毫克/千克的范围内（构成比87.04%），且其铅含量的中位值（1.54毫克/千克）和平均值（1.61毫克/千克）均显著低于一级毛峰茶。

（5）植物对铅的吸收与富集机制　面对日益严峻的茶叶铅污染形势，深入探讨茶树对铅的吸收和富集机理，对寻求控制茶叶铅超标的有效途径尤为重要。然而目前对于铅在茶树体内分布和运移规律的研究尚不深入，相关研究主要集中在对茶树嫩叶与土壤中的铅含量相关性的分析方面，限于局部规律的探索而缺乏整体性研究。为了深入探索茶树对重金属铅的吸收特性以及铅从土壤向茶树中运移的机理，有学者以一代表性茶场为例进行野外试验，通过测定铅在茶树各部位的分布状况，分析茶树各部位与土壤中铅含量的相关性，研究茶树生长发育过程中对铅的吸收和积累规律。

植物在生长、发育过程中所必需的一切营养均来自土壤，铅对植物的危害也是通过土壤进入植物的。土壤中铅与呈无机态、有机态的其他组分间不断地发生相互作用，进行空间位置的迁移和存在形态的转化，其间包括多种多样复杂的、综合的过程。铅在土壤中的迁移转化可以归纳为沉淀-溶解、离子交换和吸附、络合作用和氧化还原作用等。其中络合作用对土壤中重金属的环境化学行为的影响主要在于影响溶解度，从而影响其生物的可给性，而且这种作用是双向的，影响的方向与土壤的理化性质、配体类型及金属离子的种类都有密切关系。从土壤-植物系统来看，根系分泌的大量有机酸能络合溶解含铅的固体成分，当植物根系周围元素因植物吸收而浓度降低时，金属有机络合物可以离解，在溶液中形成浓度梯度，促进难溶元素的移动，增强它们对植物的有效性。土壤在还原的条件下铅可能会形成难溶性硫化物，导致它们的迁移性和生物可利用性比在氧化条件下低。

植物利用根系吸收土壤中的铅，吸收的铅向地上部输送比较困难，以上的仍旧残留在根系，有学者等研究认为，根吸收的铅在向地上部各器官运输过程中，前一器官对铅的富集能力强，则减少后一器官对铅的富集，其原因是植物根、茎、叶中的铅绝大部分结合于细胞壁或储存于液泡，导致组织中的铅主要以活性低的磷酸氢铅、磷酸铅等难溶于水的磷酸盐和草酸铅等存在，移动性很差，而且铅在根、茎、叶中以相似的形态转移和富集。

除植物根部吸收铅外，还可以通过树皮或叶片进入植物体内。有学者在白菜、萝卜、莴苣、山芋和茄子的研究结果上均证明了这一点。植物叶片可通过张开的气孔吸收一些液态或气态的铅，铅也会从叶表面裂口、表皮裂缝、因病虫害而产生的叶片伤口进入叶内，报道称，来自靠近冶炼厂的植物叶片中，在气孔下腔和毗连的表皮细胞附近，可以见到密集的颗粒铅存在。但应指出，大气中以固体颗粒形态存在的铅大部分仅沉降在叶的表面，而叶表面角质层是铅进入叶内的障碍，它们大多不能透过蜡质层和角质层而进入叶片内部，这些铅粒如果用清水冲洗可除去。

铅进入植物体可能是主动吸收，也可能是被动吸收。铅进入植物的过程，主要是非代谢性的被动进入植物根内，主要沉积于导管壁及木质部细胞壁中。玉米幼根对铅的吸收有两条途径，一是非代谢的自由空间通道，可以从分生区、伸长区细胞的细胞壁中看到铅沉积，特别是成熟区铅主要沉积在导管壁即质外体途径。二是代谢性的共质体途径，铅在所有活细胞中的沉积以及通道细胞及与之相应的木薄壁细胞中铅的累积，可以看到铅是经过共质体逐步向导管移动的，同时，这些部位的酶及酸性磷酸酶活性的增加，说明这种迁移是需要能量的，是一种代谢性的主动吸收过程。

(6) 过程控制 要控制茶叶铅含量，必须从内外两方面入手，加强茶叶质量管理体系建设，建立茶叶生产企业的准入制度，可把茶叶质量控制在安全、健康范围。目前，关于茶叶铅含量超标的控制对策已有较多研究，总的来说，主要应把握好以下几个方面。

首先，需弄清楚不同地区茶叶中铅的主要来源，根据不同的来源采取不同的应对措施。概括茶叶重金属污染的主要来源包括，茶园土壤母质、大气沉降、雨水等环境污染，农药、化肥、灌溉水、生活垃圾等人为污染，加工技术、加工器械、包装材料与技术等加工环节的污染，以及茶树本身的吸收累积重金属的特性等。查找茶叶重金属污染的主要原因，并对症采取对策。

其次，采用无公害茶叶种植管理措施。茶园用地应符合远离公路、城市和工业区、生态气候环境较好、土壤肥沃且无污染等条件，最好是海拔较高、植被丰富、水质和空气无污染的高山地区。在种植过程中，选用重金属富集能力较小的优良茶树品种，同时采用无污染的有机肥、复合肥、生物防治等栽培管理技术措施。对已种植的茶园，应尽力改善茶园周边的环境，采用无公害茶叶栽培技术。例如，在公路边的茶园周围种植防护林，同时保持茶区公路的清洁卫生，以减少公路灰尘及汽车尾气对茶园的污染；在严重酸化土壤施用白云石粉，以提高土壤 pH，降低土壤中铅的生物有效性。

再次，保证茶叶的清洁化生产。在加工过程中，采用安全的加工技术、加工机械、包装材料及包装技术，避免人为污染、接触性污染及粉尘污染。同时，采取措施降低茶叶铅含量。例如，提高茶叶鲜叶采摘和精制的质量，不采用含茶树梗、鳞片、鱼叶和老叶等铅含量较高的鲜叶原料，精制过程将铅含量较高的黄片、茶末等筛净。加工前对粉尘污染严重的茶鲜叶进行清洗；有研究表明，清洗能显著降低茶叶铅含量，对成熟度较高的茶鲜叶或采自公路附近尤其有效，其铅含量可降低 23%。调整各加工设备的金属组成，避免茶叶与带有铅等重金属污染的机械直接接触。加快茶叶机械向加工清洁化、装备配套规范化与智能化的发展速度改善茶叶加工条件，尽量避免茶叶与地面接触，同时保持厂房和设备的清洁卫生。

第四，保障茶叶流通过程中的安全性。选用安全性高的茶叶包装材料，采用严密性好的包装技术，避免茶叶在流通过程中与外界环境的接触；同时，保障茶叶胆藏室及茶叶运输车的清洁卫生。

最后，健全茶叶质量监管体系。目前，我国茶叶质量安全体系的发展已取得一些成效，但仍存在质量标准体系不系统、认证体系不健全、检验检测体系不成熟、质量安全监管资金投入不足等问题。为此，还应进一步加强我国茶叶质量安全的有关法规体系、监管体系、检验检测体系、标准体系、产品与质量认证体系、科技支撑体系、信息沟通体系等内容。

3. 铬

铬为常见环境污染元素，属于对人体有害重金属离子常见类型。这两种重金属离子通过工业污染源进入土壤、水体，此后，被植物吸收累积，再通过食物链为人体被动摄入体内，成为重要防控的食品安全危害因素。

人体过多摄入铬（chromium，Cr）（≥0.36毫克/千克）会危害人体健康，引起过敏性皮炎、湿疹、咽炎、鼻炎、支气管炎等疾病；同时铬离子还有较强的致突变、致畸、致癌作用。目前，尚未有组织规定人体 Cr 的最大允许摄入量，但美国国家食品营养委员会给出的估计安全适宜饮食推荐量为 50～200 微克/天。

造成茶叶 Cr、Cd 污染的来源复杂、途径多样，总体可分为三种可能来源。

其一是土壤：茶园土壤铬污染严重，是导致茶树生理胁迫的主要来源之一。据调查，土壤中铬含量一般为 100～500 毫克/千克和 0.01～7.00 毫克/千克，而四川东部地区的土壤 Cr 含量超标率高达 11.59% 和 85.51%。

其二是工业污染：近年来，各国工业迅速发展，工业"废水、废气和固体废弃物"大量产生，其中含有大量铬，污染了土壤、水源和空气。据统计，全世界每年向环境中排放大量铬，其中，向水体中铬排放量约 142 节，大气中铬排放量约 30 节，土壤中铬排放量约 896 节。这说明环境中铬污染可导致茶树受铬毒害，并危害茶叶质量安全。

其三是施用污染肥料和农药，包括含重金属的有机肥、化肥、农药及废弃物等；研究认为，用城市污泥改良土壤，可使土壤有机质含量增多，但同时也导致土壤中有毒重金属含量上升，茶树种植过程中常用的化肥，也含有一定量的铬等重金属离子，可对茶树造成污染。

4. 镉

随着现代工业的迅猛发展，镉污染的问题已日益严重化。20世纪50年代日本爆发了由镉引起的"骨痛病"事件，此后，诸如此类的事件时有发生，并引起世界各国的共同关注。

镉的半衰期最长可达3 000年，在人体内的半衰期也可长达6.2~18年，为最易在人体内蓄积的毒性物质。1972年，FAO/WHO把镉列为第三位优先研究的食品污染物，1974年联合国环境规划局将其定为重点污染物，后美国毒物管理委员会（ATSDR）将其列为第六位危及人类健康的有毒物质。

镉是一种稀有的分散元素，属于d原子轨道被完全填充的非典型过渡金属。镉的存在形式有硝酸镉、硫化镉、氯化镉、乙酸镉、半胱胺酸-镉络合物、硫酸镉和碳酸镉。不同形式的镉的毒性是不同的。硝酸镉和氯化镉易溶于水，故对动植物和人体的毒性较高。环境中镉主要来源于空气沉积、施用磷肥、施用污泥和其他有机物；电镀、印刷、塑料、电池、电学测量仪器、半导体元件、陶器、焊料和合金等制造工业的废水和尘烟也有一定的影响，但面源（全球性）污染较轻，而点源（区域性）污染很严重。空气中镉的平均浓度为0.001微克/立方米，大城市0.03微克/立方米。空气中镉的平均沉积率为0.06~44.9克/公顷，但随区域性工业活动强度的不同而差异很大，冶金厂附近甚至可高达135.6克/公顷。

镉通过消化道和呼吸道进入动物和人体内，消化道的吸收率一般在10%以下，呼吸道的吸收率为10%~40%。动物体内的镉含量，主要受摄入饲料中镉含量的影响。饲料中镉含量在非污染条件下一般是比较低的，但在镉污染区饲养畜禽或给畜禽饲喂高镉量的饲料时，可导致动物体内及畜产品中高镉量的残留。对于大多数人来说，食物是镉的主要来源；通过食物摄取的镉量随食物性质不同而异，如日本牡蛎和墨鱼中含镉高达100毫克/千克，1987—1988年9个国家（中国、日本、韩国、印度尼西亚、马来西亚、尼泊尔、菲律宾、新加坡以及泰国）大米中含镉平均值为0.027毫克/千克。通常情况下，一个成年人以饮水摄入0~20微克镉/日，从大气中吸入0~

1.5 微克镉/日，经食物可获得 50～100 微克镉/日。烟草中含镉量较高，每支烟含镉量在 1 微克以上，烟瘾大的人每天吸入的镉量很高，显著增加了镉在体内的负荷量。

1972 年，FAO 和 WHO 暂时规定容许摄镉量为 400～500 微克/（人·周），一般相当于 57～71 微克镉/日。1988 年，FAO 和 WHO 推荐镉的允许摄入量为 48～60 微克镉/日。如果依据以上允许量，那么人们日常生活中摄入的镉量已经超出这一水平。

目前，镉污染土壤在世界范围内广泛存在并日趋严重。镉被植物根系吸收，通过食物链放大，对人类健康造成威胁。植物镉中毒一般会诱发生产活性氧（ROS），可能会导致细胞膜的裂解或者破坏细胞器官和生物分子。同时镉还会与铁、锰、锌和钙等的运输相竞争，减少植物对这些微量元素的吸收。钙是植物必需的营养元素，对于植物细胞壁和细胞膜的稳定、体内酶的调控和阴阳离子的平衡等具有十分重要的作用。学者发现了钙是植物新陈代谢和生长发育的主要调控者，钙离子能通过镶嵌在细胞壁双脂质层的闸门，调节细胞内外的钙离子浓度，完成生理功能。它可与镉竞争植物根系上的吸收位点，增施钙可减弱植物受镉胁迫的程度。20 世纪 80 年代，研究发现，钙能增强植物的抗旱及其他抗逆性，该研究对于外源钙缓解镉毒害有着基础性指导价值。学者提出了外源钙对镉胁迫下苎麻生长及生理代谢的影响，细致地阐述了不同钙浓度对镉毒害的缓解效果，为植物在重金属胁迫下外源钙对植物的解毒机理提供依据。学者从基因多态性和基因模版稳定性角度探究施钙对镉胁迫下蚕豆幼苗的影响，并表明添加钙离子后能缓解蚕豆幼苗镉胁迫，基因多态性值下降，基因模板稳定性、总蛋白量和总叶绿素含量上升，是对于增施钙可减弱植物受镉胁迫程度的有力证明。茶叶是国内外极受欢迎的饮品之一，茶园土壤镉污染问题也日益引起人们的关注。我国农业标准 NY 659—2003规定茶叶中铬≤5 毫克/千克，镉≤1 毫克/千克，砷≤2 毫克/千克，汞≤0.3 毫克/千克。土壤中积累的镉及施肥的影响是重要因素，我国磷肥中重金属镉元素含量为 0.98%，相对还比较低。镉含量过高，在一定程度上增加了土壤环境中重金属镉的含量。

研究表明，茶树各部位中的镉含量随土壤镉离子添加量的增加而呈现出升高的趋势。茶树受到不同浓度镉污染后，吸收根的累积量最大，新梢的累积量最小。茶树各部位的镉累积量顺序：吸收根＞嫩茎＞成熟叶片＞新梢（一芽二叶）。这可能因为镉是强累积性元素，茶树根系分泌物以及通过根系分泌物诱导的一系列变化（如 pH 的变化）有助于根对镉的吸收，且植物螯合剂刺激根部液泡贮藏镉并防止根部吸收的镉向外运输。相关研究也表明，细胞壁的束缚和植物胺合肽对镉的钝化是解释重金属镉向外运输差异的重要方面。镉元素在茶树体内活性较低，到达根部的大部分能被根部所固定，向地上部运输的较少，且茶树自下而上各部位对阻止土壤中的镉向茶树新梢中转移发挥了重要的缓冲及屏障作用。整个茶树体自下而上累积量明显减少。同时也说明茶树根部最易受镉毒害，这与对一些一年生作物的研究结果相一致，但有关小麦、玉米及水稻的研究结果表明，一年生根系更易受镉等的污染。在试验浓度范围内，茶树根部镉含量随添加浓度的增加快速地升高，在镉浓度达到 10 毫克/千克时，根部镉含量增幅趋于平缓，当镉浓度达到 60 毫克/千克时，夏茶植株已中毒致死，说明镉浓度达到 10 毫克/千克时，茶树根部已受到毒害，根部已不能大量的吸收更多的镉，从而影响了镉向上的迁移转化。

5. 砷

砷是一种类金属元素，以化合物形式广泛存在于地表、土壤、水、大气、食物及生物体内。饮用水含砷量过高、食物收到砷的污染、燃烧含砷量高的煤，容易导致地方性砷中毒；砷矿开采和冶炼、含砷农药的使用、砷元素及化合物的生产，是职业性砷中毒的主要途径。无论是环境污染还是职业接触，砷对人类都造成严重影响。许多学者对砷中毒的损害以及排砷治疗做了大量的研究。

砷的毒性与其化学形态密切相关，无机砷在自然界及机体内发生氧化、还原、甲基化、糖基化等一系列变化，形成不同形态的有机砷。有机砷无毒或毒性较小，无机砷毒性较强。砷的毒性研究主要针对无机砷。砷化合物对生物体的致毒机制目前尚未完全阐明，作为一种外源性物质，砷进入生物体后随血液循环参与到生命活动中，通过对代谢酶、脂质过氧化、基因损伤、基因表达等方面的影响而发挥其毒性作用。

砷可经污水灌溉、大气污染物的沉降、农药和肥料的施用等途径进入土壤，且易于累积，难以去除。土壤中的砷可经过土壤—茶园系统对人类的健康造成威胁。

中国农业科学院茶叶研究所对全国主要茶区茶园土壤的砷含量抽样调查结果表明，319 个样品的含量范围为未检出～379.8 毫克/千克，变幅极大，均值为 35.57 毫克/千克。又据报道，近 10 年来茶叶中的砷含量升高了近 1 倍，因此，茶叶的砷污染应受到广泛重视。实验表明，茶树受砷胁迫后，茎、叶和根系对砷的吸收累积量有较大的差异。各品种的茶树茎、叶和根的砷含量顺序都表现为：细根＞主根＞主茎＞嫩茎＞叶片。细根中砷含量最高，约为主根的 4～5 倍，为主茎的 18～195 倍，为嫩茎的 81～236 倍，为叶片的 361～528 倍。其次主根中也累积较多的砷，而叶片的累积量最小。同时，地下部的砷累积量远远超过地上部的砷累积量。

(1) 我国有关砷含量的标准　砷是一种变价的非金属元素，它的化合物多数对人、畜、禽有很强的毒性，可致病、致畸、致突变和致肿瘤等。因此，我国政府和有关部门十分重视环境的砷污染，制定了许多有关砷的环境质量安全标准，如我国规定居民住宅区大气中砷的最高含量为 3 微克/立方米（日平均），地面水中砷的最高允许浓度为 40 微克/升，生活用水中砷的含量不得超过 40 微克/升，粮食中砷的最高含量为 0.7 毫克/千克（中国食品卫生法），蔬菜中砷的含量不得超过 0.5 毫克/千克（GB 1496—94），城镇农用垃圾中砷的含量不得超过 30 毫克/千克（GB 1872—87）等。对茶叶生产中的砷含量也做了规定，无公害茶生产基地和茶园土壤中当阳离子交换量＞5 厘摩（＋）/千克时，砷浓度不得超过 40 毫克/千克，当阳离子交换量≤5 厘摩（＋）/千克时，其最高允许量为 20 毫克/千克（NY 5020—2001），用于无公害茶园的商品有机肥中砷的含量不得超过 30 毫克/千克（NY 5018—2001），无公害茶园中灌溉用水中砷的含量不得超过 0.1 毫克/升（NY 5020—2001），有机茶生产中的灌溉水的砷含量不得超过 0.05 毫克/升（NY 5199—2002）。过去对茶叶中砷的含量没有作强制性的规定，但由于茶区环境污染加重和人们对茶叶卫生质量要求的提高，农业部于 2003 年制定了茶叶中砷含量的限制标准，我国范围内生产和销售作饮料用的茶叶砷含量不得超过2毫克/千克，并发布了农业部261公告，定于2003年5月15日开始实施。由此，茶叶中砷含量成为强制性的执行指标之一。

（2）茶叶中的砷含量现状　由于茶叶中砷的含量成为茶叶质量安全指标之一，因此，目前茶叶中的砷含量状况将为人们所关注。但是，目前对茶叶中砷含量的研究很少，就一般而言，茶树嫩叶中的砷含量高于成熟叶和老叶，因此，一般高档名优茶的砷含量高于大宗茶的低档茶和老茶。但是具体含量具有明显的地域性，这些地域性常常与土壤中砷含量有关。尽管如此，据中国农业科学院茶叶研究所采用电感耦合等离子体光谱仪对浙江、贵州、江西、河南等地不同茶类茶样的测定结果，茶叶中砷的含量并不高，为0.01～1.60毫克/千克，都没有超过部颁标准，应该说是很安全的。但据西南大学食品学院姚立虎等对部分地区茶叶中砷含量的测定结果，其含量比较高，变幅也很大。因此，当前茶叶中砷的含量状况也不容乐观。今后按行业标准规定的统一方法加强对各类茶叶中砷含量的研究和监控是十分必要的。

（3）茶园土壤中的砷含量现状　据国家土壤环境质量标准（GB 15618—2018），土壤砷含量的自然背景（一级和二级土壤）值为40毫克/千克以下，三级土壤旱地砷含量为30毫克/千克（因pH不同而异）。有学者在20世纪90年代曾对我国海南、广东、福建、江西、浙江等地茶园土壤的砷含量进行研究，总砷量为2.29～91.67毫克/千克，平均值为18.72毫克/千克。对照无公害茶园土壤砷含量要求，很明显当前茶园土壤砷含量从总体上讲不容乐观。不过一些生态条件好的地方茶园土壤砷含量都很低，如据学者对福建10个生产乌龙茶的茶场（厂）土壤进行质量监测的结果，其砷含量都很低，只有0.50～18.20毫克/千克，平均只有5.60毫克/千克；又如四川农业环境保护监测站对四川邓睐市夹关镇无公害茶叶生产基地土壤砷的测定结果为6.1～25.0毫克/千克，也不高。很显然，茶园土壤砷含量具有明显的地域性，因此，加强对不同茶园和茶叶生产基地土壤砷含量的检测和污染的监控是十分必要的。

（4）施肥对茶园土壤砷的污染　引起茶园土壤砷污染的途径很多，如尾矿物的扩散、生活垃圾的增加、大气污染物的沉降和肥料的施用等，其中肥料的施用是当前引起土壤砷污染的重要原因之一。目前茶园中无论是普遍施用的化肥或是有机肥中都含有一定数量的砷，有的还很高。如磷肥中的砷含量一般达 6～90 毫克/千克，禽畜粪便中的砷含量一般达 4～120 毫克/千克，商品有机肥中的砷含量为 15～123 毫克/千克。可见当前许多肥料，尤其是一些商品性有机肥中砷含量超标的现象还是相当严重的，在施肥时要十分谨慎。在当前全面实施无公害茶生产的行动计划中，加强对茶园肥料中砷的检测和监控也同样十分重要。

（5）大气沉降对茶园土壤砷的污染　　大气中砷化物的沉降也可能造成土壤砷污染，大气污染越严重，砷化物含量越高，茶园土壤砷污染的程度也就越严重。砷化物是易挥发性物质，可从高温源（如煤燃烧、植物燃烧、火山喷发、石化燃烧、矿物冶炼等）中释放到大气中。据估计，全球因石化燃料引起的砷化物释放量每年达 7.8×10^7 千克，因火山活动而引起的砷释放每年可达 2.8×10^6 千克，而矿物自然风化也能引起矿物中的砷向大气中释放。据第二次浙江土壤普查资料，1985 年某市 1 313 个企业全年排放废气物共72 217 吨，其中砷化物达 7.10 吨，这些砷化物随风到处漂移扩散，就可能污染大田和茶园，一些近城市、近矿山、近工厂的茶园受污染程度会更加严重。

（6）防治茶园土壤砷污染的途径　　茶园砷污染的防治要坚持以防为主，一旦土壤受到砷污染后再进行治理难度就很大。防止茶园土壤砷污染的途径很多，主要是要控制砷的污染源，要从源头着手。具体途径有以下几个方面。

1）提高茶叶质量安全意识。随着消费者对茶叶质量安全意识的不断增强，人们不但对茶叶中农药残留提心吊胆，而且对茶叶中有害元素含量也开始注意了。在以往生产过程中，茶叶生产者往往只注意茶叶中的农药残留量，在农药使用方面从过去的"十分随意"逐步向"十分注意"转变，但是对茶叶有害元素的含量却十分疏忽，从农业部 261 公告发布之后，茶叶中铬、镉、汞、砷、氟 5 种有害元素如同铅和铜一样成为茶叶质量安全的重要指标。因此，生产者必须从思想和观念上提高对茶叶质量安全的认识，对茶叶中有害元素问题从"十分忽视"向"十分重视"转化，在生产过程中提高警惕，加强对每个环节的监控，防止污染。

2）加强对茶园土壤中砷的检测和监控。茶园土壤砷污染是导致茶叶砷污染的重要原因之一，为了防止茶园土壤砷污染必须加强对茶园土壤中砷的检测和监控，按行业标准规定的测定方法，采取多点定位定期测定。由于砷是变价元素，在土壤中的形态很多，不仅要测定全砷量，还要测定水溶性砷、铝型砷（Al-As）、铁型砷（Fe-As）、钙型砷（Ca-As）和闭蓄型砷（O-As）等，并建立田间测试档案，以便及时了解砷在土壤中的变化动态，为防治砷污染提供第一手资料。

3）植树造林改善茶园生态条件。茶园周边大力植树造林，茶园中种植行道树，在不同方位营造防风林、隔离林带等，不但可以改善茶园生态条件，而且可以防止污浊的空气向茶园中漂移，净化空气，减少茶园的砷污染，尤其是一些离城市、工厂、矿山等比较近的茶园，植树造林对防止废气物的污染效果是十分明显的。这些地方的茶园必须把植树造林放在茶园基本建设的首位，另外还要充分利用一些地边、路边、沟边及一些零星的土地种植多年生的豆科作物，既可改善生态、净化空气、防止茶园受废气物的污染，又可作肥料，一举多得。

4）加强对肥料的检测，卫生施肥。当前肥料生产厂家多，市场复杂，商品性的单体化肥、复合肥、有机肥、复混肥等成分各不相同，今后对茶园中施用的肥料要加强检测，杜绝那些无证肥料、低质肥料和重金属含量超标的肥料进入茶园。生产单位要培养良好的卫生施肥意识，在购买一些商品性有机肥、有机无机复混肥和一些不同品种磷肥时，要请商家出示产品的检验单，否则不予采购。对一些农家肥一定要经无害化处理，并定期取样化验，检查其卫生质量，要做到心中有数，卫生施肥。

（7）被污染茶园土壤的改良

1）农艺改良。由于砷是变价元素，在氧化条件下呈 As^{5+}，在还原条件下呈 As^{3+}，As^{3+} 比 As^{5+} 更易被茶树吸收，而且毒性更大。因此，被砷污染的茶园土壤要加强耕作，改善土壤通气条件，土壤经暴晒后，使 3 价砷氧化转变为 5 价砷，降低茶树对它的吸收，减少砷的毒性。另外，在茶树营养中磷和砷是相互拮抗的元素，被砷污染的茶园要增施优质无砷磷肥，如磷铵等，增加土壤磷砷比，可以提高磷对砷的拮抗能力，减少茶树对砷的吸收。

2）生物改良。土壤中的许多真菌、酵母二菌和细菌等可以使土壤各种砷化物甲基化形成二甲基砷〔(CH$_3$) AsH〕和三甲基砷〔(CH$_3$)$_3$As〕而从土壤中呈气体逸出。砷污染的茶园要多施菌肥，尤其是一些含有砷霉菌的腐生菌种，它对砷的气化能力很强，可以经培养放大作菌肥施入茶园。另外，沼气水中的一些菌种对砷也有气化能力，被砷污染的茶园要多施沼气水肥。许多有机肥中也有能使砷气化的微生物，受砷污染的茶园更要增施低砷的有机肥，加强砷的甲基化进程。

3）化学改良。由于砷在土壤中有多种形态，如水溶性砷（H$_2$O-As）、与钙结合的砷（Ca-As）、与铝结合的砷（Al-As）、与铁结合的砷（Fe-As）及被氢氧化物包闭的闭蓄态砷（O-As）等。其中（Fe-As）最易转化成茶树无法吸收利用的（O-As），因此，被砷污染的茶园可以适量地施一些硫酸亚铁、硫酸铁等，使有效砷转变成无效砷，降低茶树对砷的吸收，使之得到改良。

4）工程改良。受砷污染严重的茶园土壤要采取换土法加以改良，就是把茶园中受砷污染的土壤挖走并填入新土。这种方法对受尾矿物影响的茶园适用，一般砷污染茶园不宜采用。

6. 铝

铝是地壳中含量最丰富的金属元素，是一种低毒非必需性的微量元素。铝在人体内是慢慢蓄积起来的，其引起的毒性缓慢且不易察觉，一旦发生代谢紊乱的毒性反应，后果将非常严重。它与阿尔兹海默病的发生有密切关系，还可以引起骨软化症和小细胞性贫血，世界卫生组织于1989年正式将铝确定为食品污染物加以控制。天然食品中以茶叶含铝最高，茶叶制成茶包后究竟铝含量如何，通过饮茶进入人体的铝究竟有多少，越来越多地引起了人们的关注。

铝主要存在于土壤的固相部分，以硅酸盐、铝氧化物和铝的氢氧化物等形态存在，按照传统分类，土壤固相铝可以分为交换性铝、有机络合态铝、无定形铝和游离氧化铝。

交换性铝是指土壤黏粒表面以静电引力吸附又能被中性盐（如 KCl 或者 $BaCl_2$）提取的铝。交换性铝是酸性土壤中常见的交换性阳离子，是土壤交换性酸度和土壤 pH 的决定性因素，也是土壤各种形态铝转化的重要环节。交换性铝是对作物有害的一种土壤酸度形态，与土壤溶液或者天然水体中的可溶性铝密切相关，在当前酸沉降日益严重和酸性土壤持续退化的情况下，交换性铝的数量和形态组成引起了人们的广泛关注。

溶液中铝离子容易发生水解反应，因为铝离子可以与土壤溶液中的多种有机和无机配体形成络合物，土壤溶液中铝离子可以以多种形态存在。土壤溶液和天然水体中铝离子形态为总酸溶性铝，总酸溶性铝又可以分成总单核形态铝和酸溶性铝两部分。总单核铝又可以分为有机络合态铝和无机单核铝两种形态。无机单核铝可进一步区分为 Al^{3+}、Al-F 络合物、Al-OH 和 $AlSO_4$ 络合物。

大多数植物在含铝量较高的土壤中都会生长受阻，但茶树是典型的聚铝型植物，茶园土壤中的铝含量普遍高于非茶园土壤，且形态存在差异。

在环境中，铝的存在形式及化学形态而非铝的总量决定其迁移转化规律，可利用性或者是生物毒性。有研究表明，土壤中溶出的无机单聚体铝，如 Al^{3+}、Al（OH）$^{2+}$ 等对生物有较大毒性。茶园土壤中的铝主要是以无定形铝和层间铝形式存在，茶园土壤的水溶性、交换性和有机结合态铝、无定形铝高于自然土，而羟基铝和层间铝要比自然土中的低一些。

采用不同的浸提液连续浸提溶出土壤中铝的形态分别为交换态铝，单聚体羟基铝和腐殖酸铝。黄衍初等研究认为铝的溶出量与土壤酸度，土壤中有机质含量和总铝等因素有关。

交换性铝是土壤交换性酸度和土壤 pH 的决定性因素，并且大致可以代表植物可有效利用的那部分铝，吴洵等（2005）人的研究表明，高产茶园土壤中最合适的交换性铝浓度为 3～5 厘摩（＋）/千克。阮建云等（2003）人的研究表明，茶园土壤中交换铝含量随土壤 pH 的增加而显著降低，随土壤交换性钙含量的升高而显著下降；施用氮肥可以显著增加土壤中交换性铝的含量。谢忠雷等（2001）人的研究认为土壤中交换态铝含量与土壤过程中茶叶的铝有流失，而在黑茶中铝的含量又会增加，因为黑茶加工过程中茶叶的组分要发生很大的变化去获得相应的颜色和滋味，因此发酵的黑茶中铝含量大于未发酵的绿茶，所以不适宜长期饮用黑茶。另一方面，年限越长的茶树体内累积的铝含量越高，并且铝在体内的分布是叶＞根＞茎。老叶和落叶不应该被用来制茶，尤其是铝含量高的小叶种。

施肥也是影响茶叶中铝含量的重要因素。Owuor（1990）的研究报道，黑茶中的铝含量可以通过增加氮肥施入频度来降低，并且也可以通过改变氮、磷、钾的配比来降低茶叶中的铝，认为 N∶P∶K＝20∶10∶10 可以降低茶叶中的铝含量，而非 N∶P∶K∶S＝25∶5∶5∶5；但是蔡新等（1998）人的研究表明茶园大量铵态氮肥的施用，会导致茶园土壤中活性铝的增加，从而使茶叶中的铝含量增加。

（1）铝对茶树生长的影响　大量试验研究已表明铝对茶树生长发育具有积极的促进作用。Chenery（1955）在大田研究中发现铝对茶树的生长有促进作用。阮宇成等（1986）人的研究表明，6—9 月茶树生长的时候，施铝与不施铝对茶树的生长影响差异微小，但是进入越冬期至第二年春茶期，铝对茶树生长的影响却越来越渐明显，茶苗鲜重表现为施用了铝的要明显大于不施用铝的。小西茂毅（1995）水培研究表明，施铝的茶苗对$^{14}CO_2$的同化能力显著加强，根和茎对^{14}C的转运的同化产物的量比不施铝的茶苗要提高150％。梁月荣等（1993）人的研究也表明茶树在铝处理条件下，对二氧化碳的同化能力提高了 8％～34％，光和效率提高，同化产物在根系中的转运配置提高 1.5 倍，并且根系的活力也提高了。大量研究已经证明了铝能增进茶树的光合作用效率。用^{14}C-乙胺饲喂萌发 18 天后的茶苗，产生^{14}C茶氨酸后，加铝水培植株中^{14}C-茶氨酸转化成^{14}C-儿茶素转化率则比对照明显提高，尤其是在茶苗的新梢中的差别更大，这揭示在茶氨酸向茶多酚的代谢中，铝具有一定的促进作用，有利于茶叶品质提高。另外，还有人通过水培实验和细胞离体培养实验证明了铝诱导增加了过氧化物歧化酶等抗氧化系统的活力，减少了细胞膜上脂类的氧化还有木质素和细胞壁上过氧化物和多酚的含量是铝可以在一定程度上促进茶树生长的主要原因。Ghanati 等（2005）人的研究证明和对照的不加铝的试验组相比，过氧化物歧化酶（SOD）、过氧化氢酶（CAT）和抗坏血酸氧化物酶（APX）在完整茶苗的根部还有培养的茶细胞中都有所提高，而膜脂过氧化水平，木质素和多酚类物质却有所减少。铝可以诱导抗氧化酶活性，以致保持细胞膜的完整性并且推迟植物的木质化和老化。

小西茂毅（1995）的研究表明，施铝后茶树的茎秆和叶子中磷的含量明显的增加，铝在茶树吸收和利用磷的过程中起调节作用。在低磷条件下，铝促进茶树对磷的吸收，但是在高磷条件下，铝可以减轻磷毒害，增加磷的吸收，促进茶树的生长。他的研究还表明，在低钾条件下，施铝可以促进钾在根中的积累并且促进茶树对铝的吸收。

还有人研究表明铝还可以影响茶树的耐镁性，在水培试验中，添加铝可以抑制过量镁对茶树危害。在镁浓度为 0～120 毫克/升中加铝水培（除镁不足时以外）处理的茶苗新梢和根的生长都显著要强于没有加铝培养的，可是当镁浓度≥40 毫克/升时，就抑制了茶树的生长，这个时候铝可减轻过量镁对茶树的毒害。茶树水培试验还证实，铝对茶树根生长的刺激作用并不明显，仅仅表现在低硼胁迫时，可以部分代替硼的生理作用。还有其他学者研究认为铝能够促进茶树对养分的吸收，如氮、钾、锰和硼等元素，在一定的铝浓度范围内随铝浓度的升高，这些元素在茶树体内的吸收积累也提高；而磷和铜只在较低的铝浓度时，铝的加入才会利于它们的吸收和利用。向勤锃等研究还表明水培条件下铝可以抑制过量锰的危害，提高茶树的耐锰性。Fung（2003）的研究证明铝可以促进钙在茶树体内的转运，提高茶树地上部分钙的含量，降低根系中钙的含量。

茶树体内可以累积大量的铝，但是因为铝具有相对活跃的化学性质，铝在植物体内可以与植物体内的 DNA 结合，从而阻止 DNA 的复制；另外还可以和植物细胞壁的果胶结合，强化果胶的交联结构，以至于抑制了细胞的生长；再者铝还可以与细胞质膜的脂质及膜蛋白结合，影响膜的结构和功能。由于以上的原因茶树体内过量的铝就会对茶树产生毒害，已经有大量研究证明茶树在高浓度的铝处理下生长会受到抑制。方兴汉等（1989）在研究中表明高浓度的铝会抑制钙的吸收，而低浓度的铝促进钙的吸收，这就从侧面反映了高浓度的铝对茶树的养分吸收时有抑制作用，也就是说高浓度的铝可以对茶树产生毒害作用。吴琼嵩等（2005）研究不同浓度的铝处理对茶树根系生理的影响，发现相对低的浓度下，即 10 毫克/升和 50 毫克/升的铝浓度处理时对茶树根系生理具有良好的促进作用，而在高铝浓度（100 毫克/升）处理下，不仅茶树根系生长受到抑制，甚至根系基本死亡。

（2）茶树的耐铝机制　在自然界中，有很多植物不仅在根部有高浓度的铝，在地上部分也有相对高浓度的铝被检测出来，但是却不会表现出受到铝毒害的症状，这是因为植物有一定的耐铝能力。植物的耐铝机制可以分为内部忍耐机制和外部排斥机制两种。

内部忍耐机制是指在铝通过质外体进入到植物的细胞后，在植物细胞内尽可能地通过一系列措施减低铝与代谢敏感位点的结合使其不受到铝的毒害而忍受高浓度铝在体内的累积的耐铝措施。耐铝植物的铝累积能力可以分为以下三种：在根水平上就阻止铝吸收的铝排斥植物；在根中累积但是在地上部分却不累积的铝排斥植物；被称为铝累积植物的地上部分也可以累积高浓度铝的植物。山茶科、野牡丹科、茜草科、蜡烛树科等 30 多个科的 100 多种植物属于铝累积植物。植物中累积铝的量除了与植物种类相关外，还与土壤中活性铝含量、土壤 pH 性质、植物种植年限有关。植物耐铝的内部忍耐机制主要包括铝在运输和贮存过程中与有机酸和酚类物质等络合、将铝分室在液泡和表皮等代谢相对薄弱的部位以期降低高浓度的铝对植物产生的毒害，另外，还可以诱导产生一些蛋白或者改变相关酶活来适应铝胁迫的环境。

外部排斥机制是在细胞外就对铝进行螯合，使其无法进入细胞内部，也就无法对植物产生毒害。铝的外部排斥机制主要包括：有机酸或者磷酸盐的分泌、通过细胞壁对铝的固定来减轻毒害、诱导产生的根际 pH 屏障和铝离子被主动输出细胞外等。

（3）有机酸的分泌　在铝排斥机理中，有机酸的分泌被认为是植物耐铝机理中最重要的一项。三价铝离子与小分子有机物能够形成螯合物，具有螯合铝的物质最有可能的是有机酸如柠檬酸、苹果酸、草酸等。茶树是草酸积累性植物，能积累大量的草酸，茶树的根系也可以为了提高其抗铝性分泌大量如柠檬酸、苹果酸等的有机酸。Morita（2001）通过铝处理对茶树根系的有机酸分泌物影响的研究表明，草酸是茶树根系中分泌的主要有机酸，并且铝处理后的草酸分泌量要更高。苹果酸、柠檬酸的分泌量较少。在铝处理过的茶树根系中，水溶性草酸的含量要比对照组高出大约5倍。结果表明草酸的代谢和茶树根系中铝的积累、茶树对铝的解毒和磷的溶解密切相关。

（4）细胞质内的螯合与液泡内的分室作用　Al^{3+}对大多数植物都会产生毒害，但有些像茶树、绣球花、荞麦等这样的植物体内能够积累大量的铝而不表现出毒害症状，茶树的一种解毒机制是细胞溶质中螯合剂对铝的螯合作用，从而有效地降低铝的活性以达到降低对自身的毒害作用。

茶树还可以通过铝在细胞中的分室作用，使铝远离代谢中心，以便于减轻铝对茶树对植物产生的毒害作用。植物细胞的最外层是细胞壁，存在着很多的果胶残基和蛋白质，这些物质很容易和铝结合，从而阻止铝进入细胞。潘根生等的研究表明细胞中各个细胞器中的铝含量从大到小依次为细胞壁、细胞质、细胞核、线粒体。不同的处理中，细胞壁的含量变化最大，这表明细胞壁在茶树耐铝机制上起着重要的作用。而Fung（2003）的研究表明，在茶树的根尖细胞细胞壁中铝的含量并不多，而且在一定铝浓度变化范围内，根尖细胞壁中铝含量变化并不大，这表明根尖细胞壁能够很快地转移铝。Matsumoto（1976）的研究表明在茶树地上部分，铝主要存在于茶树叶片细胞的细胞壁中，远离代谢细胞的代谢中心。

（5）茶树根际耐铝微生物的作用　茶树根际能够分泌大量的有机物质，这些有机物质不仅能够明显地影响到茶树根际土壤的理化性质，而且为根际微生物的生长提供了能源。根际微生物的数量大、活性强，但是种类较少，主要有真菌、细菌和放线菌等。小西茂毅等（1995）从酸性土壤中分离出一种能够在高铝离子浓度下生长的微生物ST-3991，这种微生物在培养10天后，可以将介质中的铝浓度减少50％。Kawai等（2001）从茶树土壤中分离了6个种类的酵母和耐酸铝真菌，这些真菌都可以忍受高铝浓度并且在低pH（2.5～2.2）下生长。在pH为3.5的葡萄糖培养基中，菌株培养后培养基pH降到3.0以下。培养基中有毒性的无机单核铝在三个菌株中降低了，但是所有菌株中铝总量保持不变。在pH3.5的土壤浸出液培养基中，所有菌株培养后培养基的pH都上升到6.0～7.2，并且总铝量由于pH的升高而减少。因此，葡萄糖培养基和土壤浸出液培养基中铝的耐性机制是不一样的。

茶树根际耐铝微生物的发现，为铝毒害的研究提供了更多的材料，也为研究茶树耐铝机制提供了更多的思路。虽然关于茶树根际耐铝微生物对茶树耐铝机制的作用已经有很多的研究，但是还有很多不明确的地方。这些耐铝微生物不仅存在于茶园土壤中，还存在于热带温泉和热带雨林中，一些藻类也是耐铝的。由于微生物容易生长、繁殖快、容易变异等特点，它们为研究植物的耐铝机制提供了良好的实验材料；并且运用一些模式微生物开展基因组学和蛋白质组学的研究也将是未来研究揭示铝毒害和耐铝机制的重要手段。

（6）遗传作用　通过对茶树一些生理特性的基本了解，研究认为茶树可以不同于其他作物表现出较强的耐铝特性，是由于受到其遗传因素的影响。一般来说，作物原初 SOD 活力高、MDA 含量低的物种耐铝性就强一些。茶树虽然可以吸收大量的铝，可是其中的大部分会通过木质部维管束运输并且积累在茶树老叶的表皮细胞中。而根系中较低的铝浓度不足以对茶树造成危害，而且叶中的铝也可以与细胞壁相结合，使铝远离茶树的代谢中心。

（7）茶叶中水浸出物中的铝　铝被认为是一种毒害神经元素，大量证据表明，铝与阿尔兹海默氏症、帕金森氏症、糖尿病等疾病有关，关于饮茶中的铝会不会危害人体健康一直很受关注。大量研究表明，虽然茶叶水浸出物中铝的含量较高，但大多以生物毒性较小的有机络合物等形式存在，可是究竟是以哪种具体的有机络合物形式存在学术界还没有确定的答案。WHO 规定，一个正常成年人每日摄入的铝许可量是 5 毫克，虽然一直有研究证明茶中的铝含量不足以危害人的身体健康，但对大多数重饮茶者来说，饮茶仍然是铝摄入的主要方式，也没有足够的证据证明饮茶与老年痴呆症没有关系，比如铝麦芽酚这种有生物可给性的物质就没有排除是存在于茶水中的。所以研究茶叶水浸出物中铝的存在形式以及茶叶中铝的生物可给性和铝在人体中的代谢很有必要。茶叶中的水浸出铝的量受很多因素影响，比如茶叶的采集年龄、茶园土壤的理化性质和茶叶的品质等。Trond（2002）的研究表明茶叶水浸出物中铝含量分布在 1～6 毫克/升。French 等（1989）人认为茶叶水浸出物中含有非常多的有机酸和多酚类物质，这些物质都具有很强的与金属离子螯合的能力，形成较强的络合物。Alberti 等（2003）通过树脂吸收试验和热力学计算发现，虽然茶叶水浸出物中铝的总浓度还是偏大的，但是这些铝多数是与一些络合物形成了非常稳定的复合物。所以可以得知茶叶水浸出物中铝主要存在形式是各种有机络合物。Qi 等（1995）通过^{27}Al 核磁共振技术检测了来自中国各地的多种茶叶样品（包括绿茶、黑茶和乌龙茶）的水浸出物，结果没有检测出铝离子，只有铝离子和多酚络合的复合物存在。

Erdemoglu 等（2000）通过离子交换树脂法试图分离可溶解的铝和多酚结合态铝和铝离子以确定在茶水浸出物中它们的聚合物，研究结果表明，黑茶中 30％的铝转移到铝浓度为 11～12 毫克/升茶水中，茶水中 10％～19％的铝以离子形态存在，28％～33％的铝以可水解的铝的多酚结合态存在。Hortie（1994）也通过^{27}Al 核磁共振技术在茶水中没有发现铝和多酚络合物的存在，而是发现了铝-草酸的峰。大量的研究发现，在茶水中，铝的存在状态和分布是不定的，除了铝的酚类配合物和铝-草酸盐外，还有铝的氟化物，铝离子和它的水解物等形式存在。虽然饮茶可以增加人们尿液中的铝含量，可是没有足够的证据显示茶叶水浸出物中的铝比其他食物来源中的铝含量更具生物可给性。

（8）施铝对茶树及茶叶品质的影响　茶的质量一般用茶叶品质来表示，茶叶品质的评价方法一般可以通过感官审评或者测定茶叶叶片中的化学成分来进行鉴定。一般情况下，鉴定茶叶品质都是应用直接鉴定法，就是把采回的鲜叶制成成茶后由专人进行感官审评，即依靠人们的嗅觉、味觉、视觉和触觉等来鉴定茶叶的香气、滋味、汤色和外形等。可是这个方法容易受到品茶鉴定人员的诸如经验和爱好等主观因素的影响，所以不同的人对同一茶叶的品评结果却存在差异。所以分析茶叶的化学成分来确定茶叶品质就显得更加客观和可行。成叶茶的质量主要取决于茶叶中内含化学成分的组成和数量。从茶叶叶片主要化学成分即茶多酚、咖啡碱、氨基酸、可溶性糖等的质量分数来鉴定茶叶品质，既具有客观性又具有科学性，所以在评价茶叶品质时是具有较大的推广意义的。有研究结果表明，在水培条件下，当三价铝离子的质量浓度为 10～50 毫克/升时可以提高茶叶中茶多酚、咖啡碱、氨基酸和可溶性糖等与茶叶品质密切相关的化学物质的含量，但是过高质量浓度的铝（如 100 毫克/升）却会降低这些内含成分的含量。

已经有大量研究证明，施用铝肥对茶叶品质以及茶树的抗性等方面有着积极的正面作用。有研究表明茶树在施铝的条件下，茶树的 SOD 活性要显著低于不施铝处理的；相比之下 CAT、APX、POD 等活性却显著高于不施铝处理的。这就说明如果不施铝，茶树体内由于活性氧的生成和清除，都处于不平衡状态，这就导致了茶树细胞的损伤，如果细胞内活性氧急剧积累那么细胞就会受到氧化胁迫。而在施铝处理中，随着铝浓度的增加茶树叶片超氧化物歧化酶 SOD、CAT、抗坏血酸氧化酶 APX、POD 都没有出现显著的变化，这就说明在提供铝的条件下，茶树体内的活性氧的生成或者清除，就达到了基本处于平衡的状态，茶树就不会受到损伤，可以正常的生长。杨凌云等（2007）人的研究表明施用铝肥可以对茶叶中氨基酸、咖啡碱、茶多酚和可溶性糖含量有较显著影响；施用适量的铝肥对茶叶中氨基酸、咖啡碱、茶多酚和可溶性糖含量具有显著促进作用，这样就有利于提高和改善茶叶品质，但是如果施用过量的铝肥则会减少茶叶中氨基酸、咖啡碱、茶多酚和可溶性糖含量。因此适量施用铝肥很重要。

农业生产中要综合考虑铝肥的施用量对茶叶品质指标的影响，还有茶叶品质指标和茶叶品质的关系等，研究表明如果从提高和改善茶叶品质角度出发，土壤施用铝肥的量要以 0.67 克/千克左右为宜，而叶面喷施铝肥的浓度要以 2 500 毫克/升左右为宜。

土壤中的铝元素对茶树的生长发育具有特殊的生物学效应，而硅也是一种对许多植物生长发育都有益的一种元素。杨凌云等研究了硅铝配施对茶叶品质的影响，结果表明，当铝肥和硅肥施用的浓度为 1.34 克/千克和 0.10 克/千克时，茶叶中茶多酚和咖啡碱含量交互效应最高，这时茶多酚和咖啡碱的平均含量可以分别达到 25.50％和 3.18％；而当铝肥的施用浓度为 1.34 克/千克并且施用硅肥的浓度为 0.40 克/千克的时候，茶叶中氨基酸和可溶性糖含量交互效应最高，并且达到了理论的最高值，平均含量分别可以达到 2.46％和 2.79％。

对于铝含量低的茶园土壤施肥时，不仅可以有一定的增产效果，还可以一定程度上提高茶叶品质。施肥以根部施肥为主，因为茶树的根系发达，吸收能力强。但是，茶树的叶子除了可以进行正常的光合作用之外，还可以吸收养分，并且通过叶面施肥可以提高促进根部吸收养分的能力。所以在茶园根部施肥的同时，配合以叶面施肥，增产和改善品质的效果会更好。但是叶面施肥主要是起到辅助作用，不能代替根部施肥。叶面施肥的时间通常选在下午，避开早晨的露水和中午强光照引起的浓度变化，并且施用在叶子的背面，这样更有利于茶叶吸收养分。

茶树是典型的耐铝和聚铝型植物，铝对茶树生长有很多有益的作用。交换态的铝是土壤中铝的活性部分，并且是茶树可以利用的那部分铝。

通过茶水中铝的形态进行分离测定发现，茶水中铝的形态，主要以氟化铝络合物、有机络合物和聚合羟基铝络合物形式存在，且认为单体羟基铝，如 Al^{3+}、$Al(OH)^{2+}$、$Al(OH)^{+2}$ 是目前已确认的制毒形态。茶水中含有一定量的氟离子，而氟离子是铝最强的络合阴离子可形成六种稳定的氟铝络离子 AlF^{2+}、AlF_2^+、AlF^3、AlF_4^-、AlF_5^{2-}、AlF_6^{3-}，其稳定常数高达 $1 \times 10^6 \sim 1 \times 10^{11}$。Nagata 等用 ^{27}Al-NMR（核磁共振）光谱法测定完整茶叶中铝的形态时，在一个单一成熟茶叶光谱中发现了氟化铝络合物的存在。从这些实验结果看，茶叶不但是富铝植物而且还是一种富氟植物，其氟的含量一般高达 100 微克/克，因而茶水中氟浓度也有几毫克/升。研究结果表明，茶水中铝的形态是不断变化的，虽然没有固定的存在形式，但也证明了茶水中可能存在的主要铝形态有铝的多元酚配合物、铝与草酸盐、氟化物的配合物以及 Al^{3+} 和它的水解产物等。

研究表明，不同品种茶叶中铝元素含量不同。乌龙茶、红茶的铝含量相对较高，一方面是由于茶叶中铝含量的分布在成熟叶和老叶中居多，而嫩叶中相对含量较少。而乌龙茶、红茶是用成熟叶和老叶制成，因此含量相对较高。另一方面，可能与其生长土壤及加工工艺有关。通过冲泡时间及次数的测试发现：泡茶用的茶叶量不宜过大，少饮浓茶，泡茶时间不宜过长。冲泡次数增加，茶汤中铝元素含量降低，洗茶的习惯可以适当降低茶叶浸出液中铝元素。

7. 汞

20 世纪 80 年代以来，汞作为全球性污染物已受到全世界的关注。汞对动植物和人类的毒害都非常大。受汞污染的土壤通过食物链正在向人畜体内传递，这是陆生生态系统的一大隐患。近年许多研究显示：一些地区的农作物中汞含量已有超标现象。在酸尘降地区，即使大气汞含量甚低的情况下，农田蔬菜可食部分的汞也可与标准值持平，甚至超标，说明土壤汞是陆生生态系统中的重要汞污染源，其危害程度正逐渐严重，对人类健康已构成威胁。所以，当务之急是对土壤汞进入陆生生态系统加以控制，防止土壤汞污染食物链。

（1）土壤中各种汞形态的生物有效性及其影响因素

1）土壤中各种汞形态的生物有效性。土壤中的汞容易与土壤矿物胶体和土壤有机质结合，形成结合态物质。一般而言，土壤中的汞如果按化学浸提法可分为 5 级：水溶交换态汞、酸溶态汞、有机态结合汞、元素汞以及以硫化汞为主的惰性汞，其中水溶交换态汞的生物活性最高，最易被植物吸收利用。

2）影响土壤汞生物有效性的主要因素。pH。土壤溶液的 pH 不仅决定了各种土壤矿物的溶解度，而且影响着土壤溶液中各种离子在固相上的吸附程度。一般来说，在土壤 pH 较低，即酸度较高的土壤，有利于汞化合物的溶解，因而土壤汞的生物有效性较高。随着土壤 pH 的增高，汞在土壤固相上的吸附量和吸附能力加强，最终生成沉淀，使汞的生物有效性降低，如土壤中加入 $CaCO_3$ 和石灰，可抑制植物对汞的吸收。但当 pH＞8 时，由于 Hg^+ 离子可与 OH^- 离子形成络合物而提高溶解度，又使其活性增大。另外，在一定 pH 范围内，汞与腐殖质的络合作用受土壤 pH 的影响，由于腐殖质主要的功能团在与金属离子结合时释放 H^+，环境条件酸性越大越利于腐殖酸结合汞的解吸释放，增高 pH 可提高腐殖质对汞的吸附容量，有利于腐殖质对土壤中汞的络合，促进络合物的稳定性。

有机质。在一定的土壤条件和时间限制下，土壤有机质增加 1％，汞的固定率可提高 30％。同时还能改变土壤汞的形态分布。在土壤有机质组成中，能与汞发生结合的主要是腐殖质，尽管土壤中腐殖质含量很低，但其含有大量的功能机团，能与汞发生物理化学吸附，通过络合或螯合作用生成稳定的腐殖质汞盐。由于腐殖质与金属的配位或螯合不仅发生在腐殖质表面的功能团上，而且能作用于球体内部的功能团上，使腐殖质结合汞的植物有效性比水溶交换态汞、元素汞低。研究表明，腐殖质一方面有利于 $HgCl_2$ 转化为有机结合汞，另一方面也能对大气汞起着固定作用并能吸收汞蒸气形成有机结合汞，而有机结合汞可成为微生物活动中不可利用的形态，减少了微生物把离子态汞还原为元素汞的机会，阻止土壤汞的挥发。

Eh 值。土壤中重金属的形态、化合价和离子浓度都会随土壤氧化还原状况的变化而变化。进入土壤环境中的重金属，开始可能以可溶态存在于土壤溶液中，在还原条件下，S^{2-} 可使重金属以难熔硫化物的形式沉积，或者使难熔的重金属氢氧化物转化为更难溶的硫化物；相反，在氧化条件下，铁离子和锰离子则以氧化难溶物的形式沉积。当土壤氧化还原电位 Eh 值较低时，由于有 S^{2-} 离子的产生，Hg^{2+} 与之形成难溶的 HgS 而降低其有效性。

根际环境。根际环境由于根分泌物作用的存在，致使其 pH、Eh 值、养分状况、微生物等有异于土体，因而重金属在根际环境中有其特殊的化学行为。大量研究表明，根际活动能活化根际中的重金属，促进其生物有效性，根系分泌物能降低根际 pH，增强土壤微生物的活性，改变根际重金属的生物有效性，另外金属在根际环境和非根际环境中的主要形态不同，在非根际中以几种可迁移的化学形态存在，而在根际沉积物中，它们主要分布于残渣态中。

(2) 植物对土壤汞的吸收　土壤中汞含量非常微量时，汞对植物产生刺激作用使得生物量增加，生长加快。然而超过土壤临界值就会抑制和破坏微生物的生命活动，使土壤的理化性质变差，肥力降低，对植物产生毒性，妨碍植物生长，导致农作物产量下降。在农田环境中，汞主要与土壤中多种无机和有机配位体生成络合物，在作物体内积累并通过食物链进入人体中。

一般情况下，植物主要是通过根系从土壤中吸收汞，但也可以通过叶、茎的表面直接吸收大气中的汞。刘德绍等研究发现，在正常的环境中，蔬菜作物对环境汞的吸收总量中，来自大气的占 70%～90%，而来自土壤的仅有 10％～30％。当植物汞源于气汞时，其地上部汞含量高于根部，源于土壤汞时，则根汞高于地上部汞。其中不同种类的植物及同一种植物的不同器官、生长阶段对汞的吸收、积累不一样。粮食作物中，水稻＞玉米＞高粱＞小麦；蔬菜作物中，叶菜类＞根菜类。水稻和小麦体内汞的分布情况类似：汞在根部含量最高，叶片次之，茎中汞含量比叶片要低得多，而在营养贮存部位——籽粒中汞含量最低。总汞在蔬菜各部位的分布量以可食部分为主，蔬菜根和叶的含汞浓度高于茎和果，但自然条件下，蔬菜所吸收的汞 60％以上分布于地上部的可食部分。这是由于蔬菜根系从土壤中吸收的汞有部分向地上部传输，从而导致地上部叶片和茎的含汞浓度也有相应增加，又由于地上部生物量较大，因而积累了大部分的汞。但总的说来，土壤加汞后，主要引起根部汞浓度升高，因此土壤被污染后容易引起根菜类蔬菜的含汞浓度超过食品卫生标准。

（3）**茶叶中汞含量现状** 宁蓬勃等通过对云南省所取样品的分析中发现，云南省西双版纳傣族自治州、思茅区、临沧市、保山市、大理白族自治州 5 个地区纵向贯通整个云南省，覆盖了云南省的普洱茶产地的大部分地域面积，产地环境条件符合生产普洱茶的特殊要求。样品采自云南省 5 个地区普洱茶主要的 13 个生产基地，代表了云南省普洱茶整体的质量现况。所测全部集样品中砷的含量为 0.026～0.37 毫克/千克，平均值为 0.107 毫克/千克。全部样品中 85.9％的样品未检出汞含量，其余样品的汞含量为 0.001 4～0.020 毫克/千克。按照我国农业部 2003 年制定的茶叶砷限量标准 2 毫克/千克和汞限量标准 0.3 毫克/千克分别进行考核，本次云南省普洱茶砷和汞含量均远低于该质量标准。研究结果说明我国云南地区具有生产普洱茶的独特环境优势，普洱茶整体砷和汞含量控制在很理想的水平。

21 例汞检出样品中有 17 例来自熟茶样品；全部熟茶样品中汞的检出率为 22.7％；全部生茶样品中汞的检出率为 5.4％，普洱熟茶样品汞检出率显著性高于普洱生茶（$P<0.05$）。分别考察 5 个主产区，大理州和保山地区普洱熟茶和生茶汞检出率在同一水平，而西双版纳州、临沧市、思茅 3 个地区的普洱熟茶汞检出率均高于生茶。

本研究中熟茶和生茶原料来源相同，每组熟茶和对应的生茶均来自相同的产地，普洱熟茶和普洱生茶主要区别在于生产加工工艺及采用设备的不同。研究结果表明，云南省主产区的普洱熟茶和普洱生茶的不同加工工艺和生产过程可影响产品砷和汞的残留量。但以农业部在 2003 年制定的砷和汞的砷限量标准进行考核，熟茶和生茶样品中的砷和汞的总体平均值和各地区平均值均远低于该标准，说明现阶段这种工艺的影响尚未形成砷汞危害性的污染。

对云南省西双版纳州、思茅区、临沧市、保山市、大理州 5 个地区之间的砷和汞含量分别进行平行比较，结果表明大理州的普洱茶砷含量显著性高于（$P<0.05$）西双版纳州、临沧市、思茅区和保山市 4 个地区的普洱茶砷含量。大理州样品的汞检出率为 23.3%，也在 5 个地区中最高。对云南省 5 个主产区的普洱熟茶和生茶砷含量分别进行比较，单因素方差分析结果表明大理州的普洱熟茶砷含量显著性高于其他 4 个地区的普洱熟茶砷含量（$P<0.05$）；5 个地区之间普洱生茶砷含量的比较也有同样结果，大理州的普洱生茶砷含量显著性高于其他 4 个地区（$P<0.05$）。在汞含量的分析中，5 个主产地区除保山市外，普洱熟茶汞检出率均在同一水平；但对普洱生茶的比较中，大理州普洱生茶汞检出率最高为 20%，保山市次之为 7.1%，而西双版纳州、临沧市和思茅区生茶样品均未有汞检出。

植物生长的地理位置和环境的不同，所在地区的重金属在植物中的富集程度也不同。研究结果表明，云南省 5 个普洱茶主产地区的砷汞富集程度存在地区性的差异，其中大理州的砷、汞富集现况需引起关注。目前，国家对茶叶中的砷和汞含量尚无卫生标准，但这 5 个地区的熟茶和生茶样品的砷和汞的个值及平均值均在我国农业部 2003 年制定的砷、汞限量标准内。目前虽存在地区性的砷、汞富集差异，但尚未影响各地区的普洱茶质量安全。

我国国家标准 GB 2762—2005《食品中污染物限量》中虽然对蔬菜、水果等食品中砷和汞的限量指标做了明确规定，但在其食品分类中，没有规定茶叶砷、汞限量的专项数据。我国仅农业部在 2003 年颁布的限量标准中明确茶叶中砷限量标准为 2 毫克/千克和汞限量标准为 0.3 毫克/千克。如今我国普洱茶产业快速发展，普洱茶综合标准已由云南省地方标准升级为国家标准，在普洱茶安全性指标中科学制定砷和汞的限量标准尤为重要。根据普洱茶作为一种饮品需浸泡饮用的特点，再根据研究中 150 份样品的砷的平均值 0.107 2毫克/千克加上标准差 0.059 2的 5 倍，得出 0.403 2毫克/千克的数值，建议将普洱茶中砷的限量值定为 0.4 毫克/千克。汞的限量值则根据本次普洱茶中汞的检出情况和 2003 年农业部制定的茶叶汞的限量标准，建议将普洱茶中汞的限量值定为 0.1 毫克/千克。普洱茶作为云南特有的地理标志性产品，本次研究样品采集量大、选样有代表性，样品采自云南省 5 个地区 13 个有代表性的普洱茶生产基地，样品中生茶熟茶各半，采集点覆盖云南普洱茶主要生产区域，所以该限量值也可供我国修订国家普洱茶专项质量标准时进行参考。

茶叶作为世界上最大众化的饮品，与人类健康息息相关，不同的茶系存在不同的重金属质量安全状况。针对云南地区普洱茶的砷、汞质量安全研究结果表明，所有样品中的砷和汞含量均未超出农业部 2003 年制定的茶叶砷汞限量标准，我国云南地区普洱茶的质量安全控制在很理想的水平。有研究表明茶叶的生产过程是产生茶叶污染的重要环节，存在重金属的污染。本研究对相同来源的普洱生茶和熟茶进行对比研究，得出普洱茶生产工艺的确会对砷、汞残留存在影响，但现阶段尚未影响普洱茶质量安全。我国云南位于地质富砷和富汞地带，土壤中砷和汞的本底值较高。在研究中虽然 5 个普洱茶主产地区的砷、汞富集存在地区性差异，但均在农业部 2003 年制定的茶叶砷、汞限量标准内，但其中大理州砷、汞富集现况需在今后研究中引起关注。

我国自 2003 年农业部制定茶叶中砷和汞含量的限量标准以后，国家未有新的质量标准颁布，国家食品限量标准中也未纳入茶叶中的砷和汞专项。为促进该普洱茶行业标准化、安全化、国际化的快速发展。本研究针对普洱茶作为云南特有的地理性标志产品的特点，有代表性的采集覆盖云南普洱茶主产区的大样本数样品，根据普洱茶及砷和汞的特点，结合实际现况，参订出砷不高于 0.4 毫克/千克、汞不高于 0.1 毫克/千克的限量标准，供国家相关主管部门制定国家或行业标准时参考。

李海蓉等通过分析在内蒙古、甘肃、新疆、青海、四川、西藏和云南等习惯饮用砖茶的地区砖茶中的汞（Hg）元素含量，并评估长期饮用砖茶人群 Hg 元素的暴露水平发现，砖茶中 Hg 的含量均值为0.021 5毫克/千克，Hg 含量均符合 NY 659—2003 中规定的限量标准。采用联合国粮农组织和世界卫生组织食品添加剂联合专家委员会（JECFA）暂定的每周污染物耐受摄入量（PTWI）评价表明，长期饮用砖茶人群通过砖茶平均摄入的 Hg 对 PTWI 的贡献率为 0.29％，在安全范围之内。

（4）控制土壤汞进入陆生生态系统的调控措施　要抑制土壤中的汞进入植物体内，进入陆生食物链，首先要从根本上解决土壤汞污染问题；其次，是从土壤中除去汞或是改变汞在土壤中存在的形态，使其固定和吸附，降低其在环境中的迁移和生物的可利用性。另外，由于植物可以从大气中吸收汞，其对植物中汞积累的影响甚至大于土壤汞，而土壤汞的一个重要来源也是大气汞的干湿沉降，因此要想抑制汞在植物中的积累，还得抑制土壤中汞向大气的挥发。总的说来，其调控措施包括以下几个方面：

1）物理、化学调控。利用一些物理方法来去除土壤中的汞，如客土法、填埋法、淋滤法、洗土法、热处理法等，可以使治理后的土壤汞浓度达到背景值。但采用这些方法耗资大，而且可能引起土壤营养元素流失，土壤肥力减退，发生二次污染和拮抗离子的复合污染，处理能力有限，仅适合小面积的污染土壤。

2）生物调控。生物调控包括植物修复和微生物修复。有许多植物能吸收大量的汞贮存在体内，可有效地净化土壤中的汞。例如，在汞污染的地区种植苎麻，土壤汞的年净化率高达 41％，利用植物治理土壤汞污染不仅可以大量去除土壤汞，还可美化环境，并且还能带来一定的经济效益。此外，由于汞在微生物的作用下可烷基化或脱烷基及还原挥发，同时也存在着一些耐汞微生物，因此通过生物作用去除汞污染是可能的。目前，对汞污染地区的生物修复方面的研究较多，也被认为是一种比较有前景的汞污染土壤治理技术，但也存在其局限性，生物修复往往受土壤条件、气候条件以及生物个体差异的影响很大，治理周期较长。

3）固汞法调控。施加有机质。这里所说的有机质主要是指腐殖酸。增施腐殖酸可提高土壤的环境容量和自净能力，而且腐殖质对土壤中的汞表现出极大的亲和性，可以通过对汞的络合作用来影响土壤中汞的存在形态和生物活性，研究表明腐殖酸结合汞的植物有效性低于土壤中水溶交换态汞。但是腐殖酸对植物吸收土壤汞的抑制效果并非随腐殖酸添加量的增多而增强。腐殖酸与土壤汞结合的稳定性同腐殖质的组分密不可分。其中富里酸有很强的络合和吸附汞的能力，在土壤中以其有较大吸附量为优势与土壤黏土矿物争夺汞，但与汞的络合物稳定性较差，结合的汞易溶于水；然而胡敏酸却能与汞形成难溶的螯合物，在土壤中相对稳定，不易迁移。

　　研究表明，胡敏酸不仅能增进土壤对汞的吸附数量，而且还能使被吸附的汞更稳定地保持而不致重新释放。富里酸则不然，它虽然略有提高土壤对汞的吸附量的能力，但吸附强度不大。在土壤对离子汞的吸附初期，富里酸比胡敏酸更快地帮助土壤吸持离子汞，但胡敏酸能有力地、持续地促进土壤对汞的吸附与固定。

　　此外，腐殖酸还可以影响土壤挥发汞的植物活性，抑制土壤汞向大气中释放，其影响表现在三方面：首先腐殖酸提高土壤对汞的固定能力；其次能俘获大气环境中的气态汞；第三可帮助植物提高抵御汞污染的能力。如果对植物喷施腐殖酸还可增大植物气孔阻力，减小气孔开张度，有效地阻止气态汞的进入。

　　增施有机质不仅对改良土壤汞的污染有良好的效果，而且有助于提高土壤肥力和生产潜力，是一种很好的抑制汞进入陆生食物链的方法，但是也不能忽视了腐殖酸结合汞的生物有效性和活性，它可能成为汞进入陆生食物链的一个隐患。

　　施用吸附剂。膨润土是一种很好的抑制植物对汞吸收的吸附剂，它可使Hg^{2+}迅速地向残留态转化，降低植物对汞的吸收。研究表明，膨润土可有力地改变土壤的 pH、蒙脱石和＜1 微米粘粒含量、交换量、盐基饱和度和有机质含量，随着膨润土的增量，水溶态、交换态和腐殖质态汞含量减少，而残留态汞含量增加。但田间施用膨润土的效果与土壤性质密切相关，同时土壤中有 90％以上的汞为矿粒固定，如果通过改变土壤粘粒组成而增加土壤对汞的固定能力，有可能出现其作用效果不明显，此点必须注意。

　　施用改良剂。石灰是一种很好的改良剂，它可以提高土壤的 pH，抑制汞的活性，在 Hg^+ 向各种较强的结合态转化时有一定的促进作用。但其处理效果不稳定，它对水溶、交换态汞的活性抑制短暂且有条件，而不像腐殖酸和膨润土那样强大有力，其原因与土壤盐基饱和度有关，只有当土壤钙饱和度达 50％～80％时效果较好。若土壤呈酸性且受汞污染，考虑使用 Ca(NO₃)₂，硝酸钙属生理弱碱性，它对土壤酸化影响较小，Ca^{2+} 可与微量汞离子争夺植物根际表面的交换位，NO^{3-} 可使土壤内汞化合物的甲基化过程减弱，而减轻汞的危害。对长期渍水汞污染的稻田，都可在插秧前 5 周左右施用 (NH₄)₂SO₄，因为在土壤还原条件下，会发生 $SO_4^{2-} + 8e^- + 8H^+ = S^{2-} + 4H_2O$。土壤汞离子能迅速结合成难溶的硫化物，避免土壤重金属向植物转移。过磷酸钙能减少土壤汞在糙米中的积累，降低汞量 30.4％。因此，应该针对土壤的性质和类型选用不同的改良剂来有效地抑制土壤汞的活性。

配合施用腐殖酸、膨润土及石灰。有研究表明，配合施用腐殖酸、膨润土及石灰修复 Hg 污染的土壤，既可保证作物不减产，又能大幅度降低蔬菜可食部分重金属 Hg 的含量。石灰、膨润土按 1∶10 配比施于污染黄壤上，可使莴笋生物量增产 22.8％，同时其可食部分 Hg 含量降低达 25.0％～27.0％；紫色土上蔬菜中 Hg 含量降低了 14％～34％。按 1∶5∶5 配施腐殖酸、膨润土和石灰，仍可保持蔬菜产量不减，同时，莴笋中 Hg 含量在紫色土和黄壤上分别降低 21％～28％和 31％～38％。此外，硫化钠在高用量时也可以抑制汞向植物迁移，降低植物体内的汞质量分数。而针对植物体内很大一部分汞来源于大气，因此在植物表面覆盖农膜可以有效地抑制植物对大气汞的吸收。

8. 稀土

稀土元素（rare earth element，REE）是镧系元素及与其性质相近的钪（Sc）和钇（Y），共有 17 个元素组成，由于钷（Pm）是人工放射性元素，因此，常说的稀土就是指镧（La）、铈（Ce）、镨（Pr）、钕（Nd）、钐（Sm）、铕（Eu）、钆（Gd）、铽（Tb）、镝（Dy）、钬（Ho）、铒（Er）、铥（Tm）、镱（Yb）、镥（Lu）、钇（Y）和钪（Sc）这 16 种元素（图 2-3）。

关于茶叶中的稀土标准的提出。1991 年我国制定了《植物性食品中稀

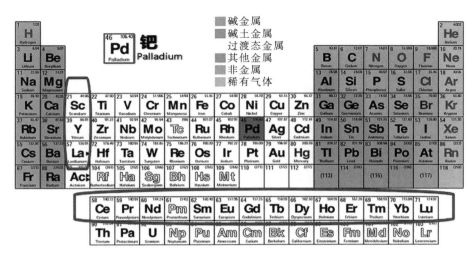

图 2-3　元素周期表中的稀土元素

土限量卫生标准》，当时只分析测定了 1 904 份样品（其中茶叶样品仅 3 份，含量为 1.50～1.90 毫克/千克），2005 年制定《食品中污染物限量》标准时，茶叶中稀土限量为 2 毫克/千克，该标准发布前未对我国茶叶产品进行分析，对配套的分光光度法检测方法未进行验证，导致检测茶叶中的 5 种稀土氧化物十分困难。为了方便检测茶叶中的稀土，福建中心检验所等单位于 2008 年制订了《茶叶中稀土的测定　电感耦合等离子体质谱法》，该方法要求使用电感耦合等离子体质谱（inductively coupled plasma mass spectrometry，ICP-MS），检测茶叶中 16 种稀土元素氧化物含量来替代原来 5 种，国内只有少数检测机构拥有此设备，进行稀土元素的检测。

　　茶叶中稀土元素的普查。2005 版食品中污染物限量发布后，特别是电感耦合等离子光谱法发布后，检测茶叶中的稀土变得更加方便，超标样品不断上升，为了全面摸清我国茶叶中的稀土现状，农业部茶叶质检中心 2008 年采购了电感耦合等离子体质谱仪，对全国茶叶中的稀土进行普查，经过对全国主要产茶区和主要的茶类进行普查，发现我国茶叶中的稀土以黑茶中最高，其次为乌龙茶，这两大茶类中有大量的样品稀土超标，给整个茶产业带来较大的负面影响。

　　开展茶叶稀土的来源研究。为了摸清我国茶叶中稀土的来源，国家茶叶产业技术体系 2009 年在乌龙茶、黑茶、红茶和绿茶产区选 5 个试验点，观测不同季节、不同嫩度，以及稀土微肥对茶叶稀土的影响。我国是富稀土国家，土壤背景中含有稀土，查阅文献发现，其含量范围为 76～629 毫克/千克，均值为 176.8 毫克/千克，绝大部分是以难溶态形式存在。从各试验点取得的研究数据表明，茶鲜叶中稀土含量随采摘时间的延后而升高，其中乌龙茶区和普洱茶区茶试验点的鲜叶中稀土比另外两个绿茶试验点要高，从另一角度来看，茶叶采摘嫩度越高，稀土含量水平越低。

在 2011 年媒体报道有关乌龙茶稀土超标时，农业部茶叶质量监督检验测试中心常务副主任刘新研究员接受了新华网记者的采访，并作出了相关解释。研究表明，茶叶的稀土含量主要来自生长鲜叶的自然积累，也就是说，如果采摘的茶叶是嫩的，含量就比较低一些，如果采摘稍粗一些，含量就会高起来，跟茶叶的生长期是有关系的，这并非是人为添加的结果；稀土本身具有刺激茶叶生长的作用，但是农业部门并没有批准稀土作为肥料用于茶叶种植中。关于茶叶中稀土限量标准，缺乏科学的风险评估，在全世界也是没有先例的。访谈内容于 2011 年 11 月 11 日刊登，中国经济网等权威媒体也转载了相关内容，科学地解答了茶叶中稀土的来源，消除了消费者的顾虑。

茶叶稀土问题被高度关注，评估工作开始。经过 3 年的普查和研究，农业部茶叶质量监督检验测试中心积累了全国主要产茶省和主要茶类的稀土数据，着手进行风险评估。中国工程院院士、中国农业科学院茶叶研究所研究员陈宗懋认为，稀土标准的制定必须经过充分的调查研究，保障人民健康而又促进产业发展。茶叶稀土限量标准发布实施以来，一直受到业界关注。相关科研机构从茶叶稀土测定方法、含量水平、来源途径等方面开展了调查研究，证实茶叶稀土限量标准存在一定程度的不合理性（人民网 2013 年 01 月 28 日）。

在陈宗懋院士的大力推动下，风险评估工作启动，农业部茶叶质量监督检验测试中心将积累的稀土数据写成报告，通过院士送卫生部有关部门进行研究，其间茶叶稀土标准多次在委员会主任会议中讨论。由于一些专家坚持要科学评估，2013 年国家食品安全风险评估中心在陈宗懋院士的强烈建议下，优先启动《中国居民膳食稀土元素暴露风险评估》。从此，农业部茶叶质量安全风险评估实验室与国家食品风险评估中心通力合作，陈宗懋院士和刘新研究员作为项目专家，刘新和章剑扬直接参与项目研究，主要负责在福建安溪的茶叶稀土试验，根据不同稀土含量背景条件下，研究茶叶稀土的规律。农业部茶叶产品质量安全风险评估实验室（杭州）研究发现，在不同稀土背景条件下，尽管含量有所差异，但稀土元素确有着含量相同的分布规律。茶叶中的稀土含量与土壤的背景相关，并按轻稀土和重稀土进行分项研究。为评估人体摄入的稀土，其项目组还进行了模拟泡茶测定稀土在茶汤中的浸出率，试验表明，茶叶中的稀土随着冲泡次数的增加，浸出率呈逐渐降低趋势；多次冲泡的结果统计，总溶出率在40%以内。

2015年两家实验室开展了项目交流，对取得的结果进行了会商和评价，本实验室取得的数据准确可靠，为稀土评估奠定了基础，在军事科学院毒理实验室取得毒理报告后，农业部茶叶质量安全风险评估实验室再次向国家食品安全风险评估实验室提供了2 000个茶叶样品的稀土数据，为顺利完成茶叶中稀土的风险评估工作做出了重要贡献。随后，在国家食品安全风险评估委员会陈君石院士的组织领导下，完成了《中国居民膳食稀土元素暴露风险评估》报告。

2015年12月28日，第一届食品安全国家标准审评委员会污染物分委员会第七次会议在北京召开，会议听取了稀土的评估报告后，决定取消《食品安全国家标准 食品中污染物限量》中稀土限量。

至此，一场长达十多年的"稀土限量去留"争论终于有了定论。农业部为此投入大量的资金购置仪器设备，开展稀土的普查和评估，中国农科院研究茶叶投入大量的科研力量进行稀土来源等研究，陈宗懋院士在国家食品安全风险评估委员会上起到关键作用，经过各方的努力和合作，最终通过风险评估的方式取消了限量，为茶叶产业的持续发展搬掉了绊脚石。

第三节　有益和有害微生物

微生物在茶叶生产过程中具有重要的作用，从栽培到加工，再到储藏均存在微生物。茶叶中的微生物既有有益的也有有害的，有益微生物对改善茶叶质量和促进人体健康都有很积极的作用，例如特定的微生物群体对形成茶叶的品质起着至关重要的作用，比如黑茶渥堆、普洱茶独特的氧化还原反应、茯砖茶的"发花"等。有害微生物不仅影响茶叶品质，还会有损人体健康。

一、茶叶中的有益微生物

黑茶初制工艺中，渥堆是形成黑茶特有品质的关键工艺。黑茶在渥堆中微生物群落主要是酵母菌、霉菌和细菌，其中以酵母菌最多，且多为假丝酵母（Candidasp）中的种类；霉菌则以黑曲霉（Aspeigivus niger）占优势，其次为青霉（Penicillism$_s$p）；细菌为无芽孢短小杆菌等。黑茶渥堆过程中，由于微生物大量繁殖分泌出各种胞外酶，作用于渥堆叶内的各种相应底物，使整个渥堆体系的物质发生代谢如蛋白质、果胶的水解，纤维素的分解，儿茶素的酶促氧化，各种香气先物在酶系作用下形成的特有的香气成分以及微生物代谢释放的有机酸及各种代谢产物等，是形成黑毛茶特有色、香、味品质的关键。因此，黑茶渥堆中，微生物胞外酶是黑茶品质风味形成的主要动力。

茯砖茶属于紧压黑茶，是边区人民日常生活中必不可少的饮品。能"消腥肉之腻，解青稞之热"。"发花"是茯砖茶制造的独特工序，使茶砖中形成大量黄色的"金花"，通常根据"金花"的质量和数量来判断茯砖茶品质的优劣。所谓"金花"实际就是茯砖茶中的优势微生物——冠突散囊菌（Eurotium cristatura）产生的黄色闭囊壳。这种特殊的微生物不但能使茯砖茶香气特殊、滋味醇厚可口、汤色黄红明亮，而且还有分解脂肪和含有某些药理作用的酶系，对人体健康有一定的有益作用。茯砖茶发花中微生物的生长存在明显的抑制和被抑制的关系，在发花初期，有一定数量的黑曲霉、青霉及其他霉菌的存在，当优势菌——冠突散囊菌生长起来后，这些霉菌的生长则被抑制。散囊菌通过产生各种胞外酶（多酚氧化酶、果胶酶、纤维素酶、蛋白酶等）将茶叶中的纤维素、果胶质、淀粉、蛋白质、脂肪、多酚等物质进行代谢转化，满足自身生长发育需要的同时催化茶叶中相关物质发生氧化、聚合、降解、转化，从而达到茯砖茶特有的色、香、味品质特征（图2-4）。

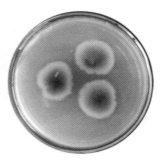

图 2-4　茯砖茶及发花过程优势菌——冠突散囊菌

　　普洱茶产自云南并远销东南亚、日本、意大利和法国等地。传统普洱茶以云南大叶种晒青毛茶为原料，经整形、加工、蒸压做型、贮存自然氧化等工序制作而成，具有消食去腻、减肥防龋、降血脂、降低胆固醇等多种保健功能。普洱茶渥堆的过程中，微生物类群复杂，种别繁多。黑曲霉、青霉、根霉、灰绿曲霉和酵母等微生物存在于普洱茶的整个加工过程中。渥堆早期霉菌最先发展，其中以黑曲霉和毛霉为主。酵母菌在后期大量发展，成为优势菌种。当酵母获得足够营养后迅速繁衍，抑制了细菌的生长。黑曲霉为一类具有强大酶系的微生物在茶叶没食子的诱导下产生的水解没食子酸单宁酯键的胞外单宁酶；在渥堆过程中产生的可糖化淀粉的淀粉酶；水解聚半乳糖醛酸的果胶酶；分解纤维素的纤维素酶；水解蛋白质的蛋白酶。在以上酶的作用下分解有机质产生多种有机酸，如抗坏血酸、柠檬酸、葡萄糖酸和没食子酸等，生成单糖、氨基酸、水化果胶和可溶性碳水化合物等形成普洱茶甘滑、醇厚的物质基础。酵母菌代谢产生有机酸、人体需要的氨基酸、维生素、生理活性物质以及它本身的内含物质，在人体健康和保健方面赋予普洱茶独特疗效的品质特点。

　　六堡茶在晾置陈化后，茶中也有许多金黄色"金花"，这是有益品质的黄霉菌，它能分泌淀粉酶和氧化酶，可催化茶叶中的淀粉转化为单糖，催化多酚类化合物氧化，使茶叶汤色变棕红，消除粗青味。另外，红茶、黄茶等茶类的加工也与微生物作用有着紧密的联系，大量研究证实，酵母菌、真菌、细菌三类微生物是影响红茶品质的最主要微生物。

二、茶叶中有害微生物

1. 真菌污染

大多数真菌本身对人体不产生毒害，但其产生的毒素即真菌毒素，又称霉菌毒素，对人和动物健康产生严重影响。常见的真菌毒素有黄曲霉毒素、赭曲霉毒素 A、伏马菌素、T-2 毒素、玉米赤霉烯酮等。其中，黄曲霉毒素是目前发现的真菌毒素中毒性最强的一类，1993 年被国际癌症研究机构划定为 IA 类致癌物，主要包括黄曲霉毒素 B_1（aflatoxin B_1，AFB_1）、黄曲霉毒素 B_2（aflatoxin B_2，AFB_2）、黄曲霉毒素 G_1（aflatoxin G_1，AFG_1）和黄曲霉毒素 G_2（aflatoxin G_2，AFG_2）4 种亚型。真菌毒素由青霉属、曲霉属、镰刀菌属等主要真菌产生。由于茶叶储存条件不当，有可能导致真菌毒素的污染。茶叶中的真菌毒素不仅关系到茶叶的质量和品质，也影响茶叶保健功能的发挥，而且对人体产生较大危害。

2. 细菌污染

细菌病原体和其产生的毒素是食品安全中的重要显著性危害，主要包括人和动物的肠道致病菌、致病性球菌、单增李斯特菌和芽孢杆菌等。和霉菌不同，大多数细菌在干固态条件下难以较好地繁殖和生存，更难以产生毒素。由于茶叶含水量很低和茶叶本身含有杀菌成分，由细菌导致的致病性危害风险不大。然而，在田园或茶叶制作过程中，由细菌产生毒素的污染值得注意，如渥堆发酵或半成品没有及时加工烘干。另一方面，一些细菌肠毒素，能耐高温，一些耐受高温的嗜热性芽孢杆菌，对目前的一些密封包装的茶饮料，如果没有经彻底或合理地杀菌，会带来危害风险。

3. 有害微生物污染的来源

茶叶属于干燥食品，而且蛋白质含量甚低，不具备提供微生物生长的条件。尽管茶叶鲜叶中含有大量的酵母菌、霉菌及细菌，但经过高温杀青后，可以杀死青叶上的大部分微生物。大量的研究结果表明，正常的发酵、加工不会产生真菌毒素。茶叶自身所含的咖啡碱、茶多酚等，具有抗多种病菌的能力。茶叶中有害微生物的污染可能来源于茶叶的种植、采收、加工、包装、贮藏及运输等各个环节中。在种植过程中施肥（特别是一些叶面肥和菌肥），人工采摘接触，不洁的鲜叶和成茶的摊放地、茶厂的环境、工人的服装、包装器具和场所以及流通过程中运输工具不洁、包装材料破损、贮藏不当等均可能造成真菌的污染和繁殖。有研究发现，空气中的微生物二次污染和操作人员手部细菌二次交叉感染是杂菌总数、大肠菌群近似数、霉菌总数成倍增加并严重影响茶叶卫生质量的重要原因。另外，贮藏不当也有可能导致茶叶中微生物大量繁殖。温度和水分是影响微生物生长最关键的因素。常见的储藏霉菌最适的生长温度是 25℃，当低于 10℃或高于 30℃时，霉菌生长显著减弱；当含水量高于 14％时，也会大大有利于霉菌的生长。故可通过控制茶叶的水分、储藏温度等措施来防止茶叶霉变。

4. 监管与防控

要杜绝有害微生物污染，就必须对茶叶的加工过程严格把关，规范生产企业的管理。我国茶叶企业与监管机构加强茶叶生产过程控制及监测，降低茶叶受到有害微生物污染的风险，保障饮用安全。具体措施包括：①采用卫生质量较好的原料和科学的加工工艺。从鲜叶的验收开始就应远离有害污染物，加工设备的摆放也应确保易于清洁，远离潮湿、有烟雾、灰尘的场所，配合使用动态连续杀菌设备，提高茶叶制品卫生质量。②包装、贮藏与运输也是决定茶叶质量安全的重要因素，国家对此提出了相应的严格要求。如茶叶包装与贮存容器应绝对防潮、干净、无异味；贮藏与运输过程中，应避免阳光照射或高温存放；远途运输应采用真空密封容器等。③随着检测技术的不断进步与发展，真菌毒素高精准检测方法的开发，为茶叶质量安全提高了技术保障。

第四节　添　加　物

茶叶是众所周知，世界公认的健康食品。根据国家标准 GB/T 30766—

2014《茶叶分类》中解释，"茶叶：以鲜叶为原料，采用特定工艺加工的、不含任何添加物的、供人们饮用或食用的产品（2.2）"。茶叶是种相当纯净的食品，除了茶还是茶。

通过查阅各茶类的国家标准，见表2-1，可以很明确地得到一个结论：不得添加！茶叶中是不允许添加任何非茶物质，当然包括各种添加剂！

表 2-1　七大茶类的国家标准的基本要求

茶类	国家标准	基本要求
绿茶	GB/T 14456.1—2017《绿茶　第 1 部分基本要求》	"不得含有非茶类夹杂物，不着色，无任何添加剂（4.1.3）"
红茶	GB/T 13738.1—2017《红茶　第 1 部分：红碎茶》	"不含非茶类物质（4.1）"
	GB/T 13738.2—2017《红茶　第 2 部分：工夫红茶》	"不含非茶类物质（4.1）"
	GB/T 13738.3—2012《红茶　第 3 部分：小种红茶》	"不得含有非茶类物质和任何添加剂（4.1）"
乌龙茶	GB/T 30357.1—2013《乌龙茶　第 1 部分：基本要求》	"不含有非茶类物质，不着色，无任何添加剂（5.1.2）"
黄茶	GB/T 21726—2018《黄茶》	"不含有非茶类物质和添加剂（5.1）"
白茶	GB/T 22291—2017《白茶》	"不得含有非茶类物质和添加剂（5.1）"
	GB/T 31751—2015《紧压白茶》	"不含有非茶类物质，不着色，无任何添加剂（5.1.2）"
黑茶	GB/T 32719.1—2016《黑茶　第 1 部分：基本要求》	"不含有非茶类物质，不着色，无任何添加剂（5.1.2）"
再加工茶	GB/T 22292—2017《茉莉花茶》	"不得含有任何添加剂（5.1）"
	GB/T 34778—2017《抹茶》	"不含有非茶类物质，无着色，无任何添加剂（4.1）"

但是，我们在网络上随便的输入"茶""糖""色素""香精""添加"等关键词一搜索，就能看到许多非法添加的报道。

既然标准法律规定了茶叶中不能有其他物质，那为什么非法添加的行为屡有发生呢？

好茶难得！欧阳修《归田录》曾有云："然金可有而茶不可得。"绿、红、青、黄、白、黑 6 大茶类，都来源于同一科同一属的茶树叶子，只是经不同工艺加工从而形成形态万千、滋味丰富、香气百变、风味迥异的各种茶叶，其神奇度堪比现代大型魔术。要成就一个好茶，好原料、好工艺、好储存缺一不可。

相比大众食品，茶叶的售价一直是属于"白富美"档，并且得到了消费者的广泛认可，普通的 500 克茶销售价大概为几十上百，稍好的几百上千，上千上万的价格时有耳闻，甚至各种"天价茶"也屡见不鲜。2007 年 6 月上海国际商品拍卖有限公司举行的首届"黄山杯"精品名茶拍卖会上，50 克汪满田牌极品黄山毛峰以 8.5 万元成交，相当于 170 万元/千克。在 2009 年 5 月济南"国礼茶安徽太平猴魁名茶拍卖会"上，100 克太平猴魁拍出了 20 万元，相当于 200 万元/千克。在 2012 年 6 月的中国海峡名器名茶春季珍品拍卖会上，茶王赛清香型铁观音以 6.7 万元/100 克价格成交，相当于 67 万元/千克。"御前八棵"以外的明前特级西湖龙井茶，在 2014 年已飙升到 10 万元/千克以上。2015 年 4 月，广东省潮州凤凰县的凤凰单丛宋种开采仪式上，以 100 万元/千克成交。

一方面茶的利润相较其他物品不可同日而语，如糖、滑石粉之类的，几元钱 1 斤*的东西，一旦掺入茶中，至少能增至几十元 1 斤。另一方面，不同档次的茶差价相当大，正因为好茶不易得，不同档次的茶价几乎呈数量级的飙升。

经济社会经济决定。茶是雅物，但经营茶者还是世俗中人，难免会有人在经济利益面前冒险一搏，把歪门邪道当作"捷径"，像前文所述的各种添加事件就此出笼了。虽然这些是"一些人"的行为，但是一滴墨水可以污染一池水，作为普通消费者在购茶时遇到这些"墨水"概率依然存在，危害性如何？如何辨别？如何心里有数？以下根据以往曝光的茶叶质量安全事件中，就常见的几种非法添加物具体展开。

一、茶叶中添加色素

食品讲究的是色香味形，色是消费者选择第一要素，这在茶叶上也同样

---

* 斤为非法定计量单位，1 斤＝500 克。——编者注

适用。茶叶色泽物质按化学结构可分为吡咯类色素（如叶绿素类）、多烯类色素（如类胡萝卜素、叶黄素）、酚类色素（如花青素、儿茶素类氧化产物）、醌酮色素（如黄酮素）和色素原（如焦糖色素、类黑色素、氧化型抗坏血酸）等。按照其溶解性可分为脂溶性色素和水溶性色素两大类。脂溶性色素主要指叶绿素及其降解产物、类胡萝卜素等；水溶性色素主要指花青素、花黄素类、儿茶素氧化产物（茶黄素、茶红素、茶褐素）及抗坏血酸和糖类等色素原物质。脂溶性色素物质主要构成茶叶外形色泽和叶底颜色，而水溶性色素主要构成茶汤汤色，也有些参与外形色泽的形成。各品类的茶外形有不同的颜色，如红茶乌黑或乌褐金毫，绿茶嫩绿或翠绿或深绿，白茶白毫，黄茶嫩黄或金黄等，正常茶叶颜色是因不同的制作工艺导致茶叶细胞内部物质不同的转化形成。例如，加工绿茶要"杀青"。就是通过短时高温把茶叶细胞中的多酚氧化酶"杀死"，禁断茶多酚氧化，不让它变红，于是叶绿素等在茶叶中显现出来，绿茶就绿了。而红茶呢，通过加温加湿促使茶多酚在多酚氧化酶催化下充分氧化，形成茶黄素、茶红素、茶褐素等，呈黄、棕、红、褐，红茶就红了。茶叶色泽物质不仅影响着干茶与茶汤的颜色，还影响茶叶口感品质，所以好茶的首要印象就是"色好"。

虽然添加色素并不能从形香味全方位的"优化"茶叶，但外加色素可以很简单地、很经济地就让茶叶更加"好看"，可以以次充好，可以获得更多溢价，因此添加色素来改变"优化"茶的色泽，往往是不法商家的首要法宝，市场常见用于绿茶的以陈充新和红茶的以次充好。

绿茶，是六大茶类中最注重新茶、陈茶之分的，绿茶保存期和保存条件相比其他茶类而言也是比较严苛的，必须要冷藏保存，保质期最长不超过18个月，否则就会有陈味，外形、香气、口感都会有不良影响，也因此绿茶的新茶价格远远高于陈茶。每年新茶上市的时候，一些不法商家，就在陈年绿茶中添加着色剂冒充新茶进行销售。

而红茶呢，添加色素，一方面可以让干茶外形漂亮，显金毫、显嫩度，比如，有种全黄的黄芽金骏眉，它由一种叫"福云六号"的茶树品种制作，这个品种特点是芽上茸毛多，且不易脱落，制成红茶干茶后呈整根芽上全部都是金黄的，再用色选机专门筛选出黄的那部分，卖相相当好，受市场欢迎度高，因为消费者大多会认为越是黄灿灿，就越是嫩，越是高档。于是有那么一些人为了追求利润最大化，既要让它外形全黄，又成本不增或反而降低些，选择了染色。另一方面加入水溶性的色素可以使汤色红亮，加了色素的水都能色泽鲜亮鲜亮的，不是吗？

那么来看下，现在已知的、添加的色素都是些什么东西？有害吗？危害有多大？

铅铬绿，别名美术绿、翠铬绿和油漆绿，它不是一种单独的颜料，而是由铬黄和铁蓝或酞菁蓝所组成的混合拼色颜料，其颜色依赖于铬黄和铁蓝的比例，含铁蓝百分比可自 $2\%\sim3\%$ 所形成的浅绿直至含 $60\%\sim65\%$ 的深绿，含蓝颜料的比例越高，颜色就越深。它的色泽，又受所组成的铅铬黄和铁蓝本身色泽的影响，如同一比例以柠檬铬黄或中铬黄同铁蓝配色，二者的色相差距很大。铅铬绿色泽鲜艳，分散性好，遮盖力强，耐溶剂性佳，易于加工。但它是一种工业涂料，主要用于彩色环氧地坪，彩色水泥地坪，彩色沥青、油墨、玩具、纸品、木器家具、墙体装饰、文教用品和高温涂料，彩色水泥、便道砖、建材涂料、油漆、塑料等工业。

以 2005 年查处的添加了工业色素"铅铬绿"的假碧螺春为例，其重金属铅含量为 120 毫克/千克（因其超标 20 多倍，而 GB 2762—2017《食品中污染物限量》规定每千克茶叶里面铅的含量不能超过 5 毫克）；茶叶铅在水中浸出率平均值在 $20\%\sim30\%$。于是当一个消费者买了这茶喝，他体重 60 千克，每天喝 10 克茶，茶叶铅的浸出率以 25% 计算，人体通过茶水每周就会摄入 2 100 微克的铅。而联合国粮农组织（FAO）和世界卫生组织（WHO）（1993）发布人体允许摄入量标准 PTWI 是人体每周每千克体重允许摄入的铅为 25 微克/千克，即一个重 60 千克成年人每周在所有食物中吃进去的铅不得超过 1 500 微克。可见这种毒茶叶的危害是多么严重！

除了铅之外，"铅铬绿"中的铬也是危害极大的重金属，铬对人体的毒害为全身性的，对皮肤熟膜的刺激作用，引起皮炎、湿疹，气管炎和鼻炎，引起变态反应并有致癌作用。长期饮用这样的茶水，会对人造成肝脏或肾脏的损害，或者胃肠道、造血器官的损害。

柠檬黄、日落黄、胭脂红是人工食用合成色素，属水溶性偶氮类酸性色素。

柠檬黄，别名酒石黄、酸性淡黄、肼黄，FD ＆ C yellow 5（美国）、Food yellow 4（日本）。化学名称为 1-（4-磺酸苯基）-4-（4-磺酸苯基偶氮）-5-吡唑啉酮-3-羧酸三钠盐，呈鲜艳的嫩黄色，水溶液显黄色，是单色品种。

日落黄，别名夕阳黄、橘黄、晚霞黄，FD ＆ C yellow 6（美国）、Food yellow 5（日本），化学名称 1-（4'-磺基-1'-苯偶氮）-2-萘酚-6-磺酸二钠盐，在中性和酸性水溶液呈橙黄色，性质稳定，价格较低。

胭脂红，别名食用红色 7 号、大红、亮猩红，名 Food Red 102（日本）等，化学名称为 1-（4'-磺酸基-1'-萘偶氮）-2-萘酚-6，8-二磺酸三钠盐，是苋菜红的异构体，水溶液呈红色。

在 GB 2760—2014《食品安全国家标准 食品添加剂使用标准》中规定，柠檬黄可用于果汁饮料、碳酸饮料、糖果、果冻等食物，但用量有严格限制。日落黄可用于果味水、果味粉、果子露、汽水、配制酒、糖果、糕点、裱花、红绿丝、罐头、浓缩果汁、青梅、风味酸奶饮料，对虾片、糖果包衣，日落黄同样用量有严格限制。胭脂红是目前我国使用最广泛、用量最大的一种单偶氮类人工合成色素。作为食品色素可用于果汁饮料、配制酒、碳酸饮料、糖果、糕点、冰激凌、酸奶等食品的着色，而不能用于肉干、肉脯制品、水产品等食品中。

食用色素柠檬黄、日落黄和胭脂红的适用范围内都不含茶叶。而且，即使是食用色素，其危害性也日益被重视。

人工色素多数属于煤焦油或苯胺色素，其毒害作用有三方面，即一般毒性、致泻性、致癌性，特别是它的致畸、致癌、致突变性引起了人们相当注意。在 1956—1957 年罗马召开的国际抗癌会议上就指出：一些色素的硝基在人体内可能变为氨基而形成致癌物质。

柠檬黄，还未有确定的关于柠檬黄的致癌性的证据，但柠檬黄会导致的过敏和其他反应是十分著名的。对柠檬黄的过敏症状通常包括：焦虑、偏头痛、忧郁症、视觉模糊、哮喘、发痒、四肢无力、荨麻疹、窒息感等。经研究表明，日落黄会刺激眼睛、呼吸系统和皮肤。

近年来，有报道指出，胭脂红与欧盟标准禁用的苏丹红Ⅰ同属于偶氮类色素，偶氮化合物在体内可代谢生成致突变原前体——芳香胺类化合物。而芳香胺会进一步代谢活化后成为亲电子产物与 DNA 和 RNA 结合形成加合物而诱发突变，甚至具有一定的致癌和致突变作用。合成色素胭脂红在加工过程中会受到砷、铅、铜、苯酚、苯胺、乙醚、氯化物等物质的污染，会对人体造成潜在的危害。根据英国南安普敦大学应英国食品标准局请求耗资 75 万英镑进行的一项"食用人工色素对儿童发育影响的研究"发现，食用柠檬黄等人工色素会影响儿童智力发育，甚至会使儿童智商下降 5 分。另外，人如果长期或一次性大量食用柠檬黄、日落黄等色素含量超标的食品，可能会引起过敏、腹泻等症状，当摄入量过大，超过肝脏负荷时，会在体内蓄积，对肾脏、肝脏产生一定伤害。

那我们如何分辨加色茶呢？

从干茶的外形看，加色绿茶，这种茶叶色泽异常，绿得不自然，和正常绿茶比起来绿得比较硬，比较艳，显色也不均匀，有时候能找到一片叶子上有比较突兀的一块鲜艳色；再是芽头的茸毛，正常的绿茶茸毛是白色的，染过色的茶芽茸毛是绿的，而且仔细观察装茶叶的袋子里，也会留下绿色的茸毛。加色红茶呢，同样仔细看一根茶叶，正常红茶的叶梗呈棕褐，加色红茶，尤其是加色量大的茶，能发现一些茶梗处色泽异常，或呈红偏紫的，或呈偏黄等；而且把这些有异样的干茶选取几根，仔细嚼品，会略有咸味，因为胭脂红、柠檬黄、日落黄等都是钠盐。

从茶汤看，用冷水泡，静止状态下，正常茶叶出汤比较慢，汤色浅；而加色茶的汤色出来比较快，仔细观察能发现汤色中会有几处明显鲜艳于周围的汤色，建议用透明玻璃杯泡，可以看得更清楚。用热水冲泡，茶汤外观也会异于正常茶汤。如果加铅铬绿染色的，泡出来的茶汤会比较浑浊。加食用色素染色的，泡出来的茶汤会尤其鲜亮，加色绿茶的茶汤会偏绿（正常绿茶茶汤是黄绿或嫩绿色的）；加色红茶大多都会有"金圈"，而正常红茶茶汤的"金圈"只会在好红茶上才能感受到，且与整个汤色是很协调的，加色红茶那沿着杯壁的"金圈"则特别晃眼，我们拿起轻轻慢摇杯子，能感觉到那"金圈"有挂壁现象。

从泡后的茶渣看，将被水润湿的茶渣，弄一撮散撒在白色纸巾上，稍过一会儿，把茶渣倒掉，察看那张白纸巾，正常茶叶泡过的茶渣留下的水渍颜色是呈晕染式的，如果是加色茶，在被浸湿的地方会发现色泽分布不均匀，可以发现几块水渍显色明显深而且边线清晰。

二、茶叶中添加香精

茶叶的香气物质是茶叶中易挥发性物质的总称，根据气相色谱等分析，其组成包括碳氢化合物、醇类、酮类、酸类、醛类、酯类、内酯类、过氧化物、含硫化合物类、吡啶类、吡嗪类、喹啉类、芳胺类等。所谓茶香就是不同香气物质亦不同浓度组合，并对嗅觉神经综合作用所形成的茶叶特有的香型。一般而言，茶叶鲜叶中本身含有的香气物质种类约 80 余种，但是制成茶叶后，香气物质种类会大幅度增加，目前已知发现并鉴定的香气物质成分约 700 多种。茶叶本身因加工而形成的香气则主要有：青草气、嫩香、栗香、焦糖香、木质香、花香以及果香等。

市场上加香茶问题主要集中在两类茶，一类是乌龙茶，如铁观音、大红袍等；一类是窨花茶，如茉莉花茶、桂花红茶、玫瑰红茶等。

正常乌龙茶成茶香气浓郁持久，"品种香"特色鲜明，尤其是相较于绿茶、红茶等其他茶类，乌龙茶的"品种香"是乌龙茶普遍存在的品质风格代表。但乌龙茶的香气形成有两个条件：对鲜叶理化性质的特殊要求，如不同茶树品种，不同原料老嫩，不同季节的采摘等；和对加工工艺节奏的把握，如通过适度摇青等作业促进萜烯糖苷的水解和香气的释放；适度氧化限制脂质降解产物和低沸点醛、酮、酸、酯等成分的大量积累使成茶青气不显而花香浓郁等。

窨花茶的香气来源是花，正常的加工方法是通过茉莉花、桂花或玫瑰花进行窨制，茶叶吸收花的香气以后形成窨花茶的香气。以茉莉花茶为例，需要春季先做好绿茶坯，然后等到夏季茉莉花开了进行再加工。茉莉花具有"不开不香"的特征，茉莉花又在晚上开花，所以做茉莉花茶必须熬夜进行，而且花茶的香气窨制一次是不够的，好的茉莉花茶都需要 4 窨或以上，做茉莉花茶又苦又累，成本又高。

　　要想茶叶香气好，真不是件容易的事儿。于是有些商家就利用了现代社会的"科技力量"，用加人工合成香精来制品种香、来制花香，即节约了成本，又"精简"了工艺，而且这样的茶真的很香。

　　根据广东经济科教频道节目中的披露，记者在调查中发现，市场上存在着为劣质茶叶添加香料，包装成为所谓的"乌崇单丛""凤凰单丛""铁观音"等品种茶叶进行带有欺骗性质的销售行为。

　　而窨花茶之类的，更是直接喷香精就可以，既容易保持茶坯的外形，花香闻起来又特别地香气扑鼻，成本又非常的低，于是很多辛辛苦苦做正规茉莉花茶的厂家一直被打压，因为即使零利润都没法卖到喷香精花茶的价格，亏本只好不做了。

　　那香精，或者说食用香精是什么？它们可以用于茶叶吗？

　　食用香精是由天然和天然等同香料、合成香料等食用香料参照天然食品的香味，经精心调配而成具有天然风味的各种香型的香精。分为天然香精，是通过物理方法，从自然界的动植物（香料）中提取出来的完全天然的物质；等同天然香精，是经由化学方法处理天然原料而获得的或人工合成的与天然香精物质完全相同的化学物质；人工合成香精，是用人工合成等化学方法得到的尚未被证实自然界有此化学分子的物质（只要香精中有一个原料物质是人工合成的，即为人工合成香精）。食用香料是发展食用香精的基础，它的发展趋向是天然香料和（或）仿同天然香料，但应该说到目前为止，因合成香料成品性质稳定，成本远远低于其他二类香料，合成香料占据了香料市场的绝对江山。

　　虽然食用香精有自我限量的特性，添加时不能加多，浓了反而会使人闻着感觉不舒服，但近年来的研究发现食用香精并不是零危害的。香精的危害大多是长期性的、慢性的、累积性的，它们常常危害的是人类的生殖系统，同时多数还具有潜在的致癌性。如丙烯酰胺、氯丙醇等对人体的生殖毒性、致癌性等。因此，世界各国都对香精香料的使用制定了严格的法规加以管理，我国在 GB 2760—2014《食品安全国家标准　食品添加剂使用标准》就对食用香精的适用范围和使用限量等做出了详细的规定。

同样，我们在 GB 2760—2014《食品安全国家标准　食品添加剂使用标准》里还能清清楚楚地搜索到，表 B.1"不得添加食品用香料、香精的食品名单"中明明白白地标注着"茶叶"（16.02.01）。

如何辨香识茶呢？

判别是否加香茶，主要是看该茶的香气与其色、香、味、形的本性是否相匹配。每一种天然的茶叶，其香气一部分来自鲜叶原料，一部分来自加工，受生物合成与茶叶加工过程中的热物理化学作用、生物化学作用，变化复杂，所生成内含的物质多达几百种，甚至上千种，并有其相对固定的比例。且不说现在加香用的大多是人工合成香料调配的食用香精，其成分从分子结构上，就与茶叶本身的有所不同。即使是天然香料来制香精，其比例的决定也是个大难题。要不，香水为什么会成为奢侈品之一呢？一个完美的调香配方的生成成本足以抵消了用在劣质茶中加香所产生的"溢价所得"。所以一旦茶叶中通过添加香精来"加香"，不仅加的香与天然的茶香有所区别，还会改变茶叶原有的成分比例，以致加香茶的感官品质很难做到与基本茶类的自然香味相一致。

不同茶的外形特征、汤色滋味、叶底等要求各有不同。如乌龙茶外形要求重实、壮结，品种特征或地域特征明显；茶汤汤色色度由加工工艺而定，从蜜黄加深到橙红不等，口感浓厚甘醇或醇厚滑爽；叶底做青好，叶质肥厚软亮。而窨花茶要求细紧或壮结，多毫或锋苗显露，造型有特色，色泽尚嫩绿或嫩黄；茶汤汤色嫩黄明亮，口感甘醇或醇厚、鲜爽、花香明显；叶底细嫩多芽、黄绿明亮。但干茶外形的匀整、净度好；茶汤汤色的清澈明亮；口感的回甘生津，余味干净，不含异物；和叶底的柔软、匀整是品质好的茶的共有特点。

好品质的茶是不需要添加香精的，用来加香的茶品质都会比较差。

所以加香茶的香气可能表现为很高扬、刺激，但其干茶外形往往却轻飘、花杂、欠匀整，无重实感；汤色显浑浊或欠清澈，回味难以生津，或有异物感；叶底也欠柔软，欠明亮。

当茶叶香气与其外形、滋味和叶底不协调时，往往就要怀疑是否是加香茶？

即使同样是高香，加香茶香气与正常好茶的香气也是截然不同的。一则就目前而言，加入的香精是难以与天然的茶香完全一致的；二则，因为配制香精需要使用乙醇等化学试剂作为溶剂，加入香精的同时，也意味着加入了化学试剂，引入了试剂异味。

闻干茶香气，一般来说，品质好的茶，茶香闻起来很自然，即使闻久了也不会让人感到不舒适，如花茶香气是鲜灵、浓郁、纯正、持久，乌龙茶一般表现为特征明显的花香或花果香，浓郁、优雅而纯正。而加香茶的香气咋一闻可能很明显，气味很高、浓烈、尖锐，甚至可能强烈到会有刺鼻感，并且香味在鼻腔里有积存感，久久不散，闻的时间长了或深嗅时还会觉得不舒适、不愉悦，甚至晕闷感。

同样的，闻冲泡的茶香，品质好的茶，香气高纯，又与茶汤滋味合二为一，各特征明显的品种花香、果香或蜜香，与茶香协调地浑然一体。而加香茶冲泡后的香气，浓浊或刺激性强，香气漂浮于茶味之外。

乌龙茶中的香气物质多数是高沸点物质，需要在高温下才能挥发出来，大多需要沸水冲泡才能冲泡出来。而加香茶的香气来源于外加香精，所以在较低温的水中也容易逸出，如80℃左右水温冲泡也能激发出很高扬的香气。

而且也正因为加香茶的香精香气容易逸出，所以加香茶一般不耐泡，普遍会出现后泡无香。加香茶的第一泡，茶香袭人，但二泡、三泡的茶香下降得很快，甚至到了第三泡可能都几乎没有香气了，茶汤里的香气也很低，叶底里的香气也很单薄。

在此，介绍一个国家茶叶质量审评专家、广东省茶叶收藏与鉴赏协会常务副会长陈栋提出的"纸巾测香法"——只要一张没有异味的纸巾或打印纸，简单好操作。

将纸巾放入干茶中密封起来，放置半个小时至一个小时后取出，由于纸巾对香精的吸附能力比较强，如果纸巾上带有化学香精的异味，则可认定为加香茶，而且试纸密闭的时间越长香精气味越浓。而没有添加香精的茶叶，试纸与茶味一致。

或者，可以采取蒸汽吸附法，所需时间大约1分钟。借助的材料依然是一张无异味的纸巾，取出适量茶叶至于平口玻璃杯中冲泡，将纸巾罩住杯口，约一分钟后将纸巾取下冷却，再闻是否附着香气。加香茶一般含有固香剂，其受热时刺鼻或飘逸的香精会随蒸汽上腾附着在纸巾上，不易散去。

三、茶叶中添加糖

首先阐明一个问题，茶叶加糖有危害吗？糖不是种食物嘛，为什么茶叶中不能加糖呢？即使撇开加糖不符合国家标准，是种非法行为，我们也很肯定地说，茶叶加糖有危害。

第一，加糖降低了茶叶的实际成本，白糖几块钱一斤，但混在茶中卖给消费者却至少几十上百，危害了消费者的知情权，欺骗其进行了隐性消费。第二，以次充好。糖有黏性，加糖可以增加茶叶的紧实度，让茶叶条形更紧实，嫩度差的茶叶通过糖黏性强的特性来达到收缩外形的目的，看起来显嫩；同时通过加糖能大大提升茶叶的光泽度、油润度，达到美化外形的目的，用业内人士的话说"用糖加工的茶更有卖相"；并且加糖可以增加茶叶的甜度，通过加糖调节味道，降低嫩度差的茶叶，如夏秋茶的苦涩味。第三，危害食品安全。加糖茶增加了茶叶的湿度和黏度，容易返潮，容易滋生细菌，容易变质，使茶叶保质期缩短。第四，加糖后会让消费者，特别是糖尿病患者在不知情的情况下过量摄入糖，引起血糖增高，危害身体健康。

加糖这个现象在绿茶、红茶中都曾见报道，如香茶、金骏眉等，尤其是一些夏暑料制成的茶，由于冲泡容易苦涩，因此会有在制作过程中添加糖的情况。

那如何辨别呢？

茶叶加糖一般都是在制作过程中的揉捻环节，糖的黏性可以促使茶叶揉捻揉地更紧，于是加糖茶成茶的精细度要比不加糖的强许多，用过筛机来筛选干茶，可以发现过筛量尤其大的茶，十有八九是加糖茶。

从干茶外形看，一般而言加糖茶外观油润发光，不加糖茶则会相对显干。虽说干茶有光泽、亮，是好茶的标志之一，但没加糖的茶是亚光的亮，加了糖的是油光滑亮，特别的乌黑、油润、发光。抓一把加糖茶在手，手感相对实沉，用手指把茶碾碎后，仔细感觉指间会有糖回潮的黏腻感。当然，添加糖的茶外观上根据糖的多少会表现不同，加越多越明显。

从茶叶香气闻，加糖茶经高温烘焙之后，还会出一股很浓郁的焦糖香味，但是它的茶味却没有那么浓厚，相对偏淡，滋味香气不相配。

从冲泡出的茶汤评，正常茶叶的甜来源于茶叶的甜味物质，甜味与茶味相辅相成，孟不离焦、焦不离孟。茶叶中甜味物质有三类：以游离态存在于茶叶中的单糖和低聚糖，如葡萄糖、半乳糖、果糖、鼠李糖、麦芽糖和蔗糖等，是茶叶甜味物质的主体部分；带甜味的氨基酸（游离的），如甘氨酸、丙氨酸、丝氨酸、苏氨酸、羟基脯氨酸和在茶叶加工过程中形成的亮氨酸、异亮氨酸、色氨酸、酪氨酸、苯丙氨酸、蛋氨酸、缬氨酸等；儿茶素生物合成的中间产物二氢查耳酮化合物及其衍生物和香豆素的异构化合物等。春茶之所以滋味甘醇而不苦涩，优于夏秋茶，就是因为其甜味物质含量高。茶叶中本身含有的甜味物质其浸出率是慢慢的、渐渐的，口感也是随着茶叶冲泡次数逐渐变淡。而加糖茶甜源于白砂糖的甜，在口感上会表现出甜，但茶味不足。而且因为白糖的水溶率高，又是外加的，溶出很快，所以加糖茶的第一泡甜度好，口感不错，但两泡、三泡以后，甜味迅速失踪，变得淡然无味。

而且，大家应该都曾尝过白砂糖吧，白砂糖入嘴是甜的，但过后嘴里会是酸的，因为人们的口腔中有一种乳酸杆菌，能使糖发酵产生乳酸，喝过加糖茶，嗓子里往往有不适感觉，不同于喝过正常茶汤的甘醇。

还有，和正常茶叶比较，加糖茶加热水冲泡时，茶叶沉底快，因为糖易溶于水，导致加糖茶被水浸润速率快，而不加糖茶就要慢点。

除了以上几种添加物外，还听说过一些其他的非法添加，如为了增重或增加光泽，在茶叶中加滑石粉；为了增加茶叶的鲜味，在茶叶中加味精；为了增加茶叶的光泽度，在炒茶时加石蜡，等等。有时候，真的不得不感叹那一小部分人在非法行为上所展现的"非凡"想象力和行动力。所谓的道高一尺，魔高一丈，不外如是。

警察必须行动于犯罪之后。真正有针对性地去发现茶叶中的非法添加物，肯定在非法添加发生之后。那么消费者在购买茶叶时，有什么手段可以及时发现非法添加的茶，提高自我保护力？

　　笼统地说，就是要多看、多品，干茶、冲泡、叶底都要仔细观察：干茶，色泽外形是否曾见，用手搅拌茶叶，是否有明显的粉尘或颜色附着在手上指间（注意区分茶叶的绒毛与粉尘）；冲泡茶叶，细品香气、口感和茶汤汤色是否有异，尤其是不同冲泡次数口感以及香气的差异程度等，比如加了滑石粉的绿茶汤色会非常混浊，口感上还会有种涩的感觉；叶底，冲泡后舒展开茶叶叶张上是否有异常附着物（包括颜色等）。当然，最后的终极手段就是将茶叶拿到权威检测机构，进行专业仪器检验了。

第三章

茶叶质量安全与标准

第一节　茶叶质量安全管理体系

食品安全状况如何，直接关系着广大人民群众的身体健康和生命安全，关系着经济与社会的协调发展，关系着全面建设小康社会目标的实现。茶叶作为人们日常生活的主要饮用品，是食品的重要组成部分。随着人们生活水平的逐步提高，对茶叶质量安全提出了新的更高的要求，越来越多的人选择有益身体健康、有质量保证的茶叶产品，那种缺乏安全、质量低劣的茶叶产品将逐步退出市场。质量安全是企业生产发展的生命线，是企业百年大计的根本。产品质量是企业生存的关键。影响产品质量的因素很多，单纯依靠检验只不过是从生产的产品中挑出合格的产品，不可能以最佳成本持续稳定地生产合格品。一个企业所建立和实施的质量体系，应能满足企业规定的质量目标；确保影响产品质量的技术、管理和人的因素处于受控状态。无论是硬件、软件、流程性材料还是服务，所有的控制应针对减少、消除不合格，尤其是预防不合格。

一、ISO 9000（质量管理体系）

ISO（国防标准化组织）9000 族系列标准适合在 39 个行业应用和实施，规模大小不等的茶场、茶厂、茶叶贸易公司、茶馆等均适用这套管理制度。

ISO 9000 族的核心标准之一、也是认证使用的是 ISO 9001《质量管理体系要求》。在 ISO 9000 质量管理体系标准要求中，对质量管理体系、管理职责、资源管理、产品实现、测量分析和改进 5 个方面提出了要求，为建立质量管理制度提供了一个科学的体系结构框架。建立、完善质量体系一般要经历质量体系的策划与设计，质量体系文件的编制、质量体系的试运行、质量体系审核和评审等阶段，每个阶段又可分为若干具体步骤。各茶叶企业的质量管理体系应其有个性化的特色，要针对本企业的产品或服务，反映其企业的制度文化和企业文化，使质量管理体系有效实施，实现质量管理体系要达到的目标。

ISO 9000 族系列标准可以适应茶叶生产、加工、销售企业中推行。ISO 9000 标准提出了 8 项质量管理原则：以顾客为关注焦点、领导作用、全员参与、过程方法、管理的系统方法、持续改进、基于事实的决策方法、与供方互利的关系。实施 ISO 9000 认证可以达到几个目标：①强化品质管理，提高企业效益，增强客户信心，扩大市场份额；②有助于获得国际贸易"通行证"，消除了国际贸易壁垒；③有益于节省第二方审核的精力和费用；对企业来说，可有效地避免产品责任；④有利于国际间的经济合作和技术交流。

ISO 9000 特点和益处：①ISO 9000 标准是一系统性的标准，涉及的范围、内容广泛，且强调对各部门的职责权限进行明确划分、计划和协调，而使企业能有效地、有秩序地开展各项活动，保证工作顺利进行。②强调管理层的介入，明确制订质量方针及目标，并通过定期的管理评审达到了解公司的内部体系运作情况，及时采取措施，确保体系处于良好的运作状态的目的。③强调纠正及预防措施，消除产生不合格或不合格的潜在原因，防止不合格的再发生，从而降低成本。④强调不断的审核及监督，达到对企业的管理及运作不断地修正及改良的目的。⑤强调全体员工的参与及培训，确保员工的素质满足工作的要求，并使每一个员工有较强的质量意识。⑥强调文化管理，以保证管理系统运行的正规性、连续性。如果企业有效地执行这一管理标准，就能提高产品（或服务）的质量，降低生产（或服务）成本，建立客户对企业的信心，提高经济效益，最终大大提高企业在市场上的竞争力。

二、ISO 14000（环境管理体系）

ISO（国际标准化组织）在汲取世界发达国家多年环境管理经验的基础上制定并颁布 ISO 14000 环境管理系列标准，成为一套目前世界上最全面和最系统的环境管理国际化标准，并引起世界各国政府、企业界的普遍重视和积极响应。ISO 14000 是继 ISO 9000 之后，又一个以统一的国际标准为依据的环境管理体系。这两个体系不仅都源于国际标准化组织颁布的系列标准，而且它们之间有着诸多的相同点和内在联系。ISO 14000 标准的特点是注重体系的完整性，是一套科学的环境管理软件；强调对法律法规的符合性，但对环境行为不做具体规定；要求对组织的活动进行全过程控制；广泛适用于各类组织；与 ISO 9000 标准有很强的兼容性。其中用作认证的是 ISO 14001《环境管理体系　要求及使用指南》。

ISO 14000 带给企业的效益：获取国际贸易的"绿色通行证"，增强企业竞争力，扩大市场份额，树立优秀企业形象，改进产品性能，制造"绿色产品"，改革工艺设备，实现节能降耗，污染预防，环境保护，避免因环境问题所造成的经济损失，提高员工环保素质，提高企业内部管理水平，减少环境风险，实现企业持续经营。

三、HACCP（危害分析与关键控制点）

HACCP 是危害分析和关键控制点（Harm Analysis and Critical Control Point）的英文缩写，是预防性的食品安全保证体系。20 世纪 60 年代，美国最早建立 HACCP 体系用于对航天食品的管理，20 世纪 90 年代应用于水产品等领域。国际标准 CAC/RCP-1《食品卫生通则》1997 对 HACCP 的定义是：鉴别、评价和控制对食品安全至关重要的危害的一种体系。中国《食品生产企业危害分析与关键控制点（HACCP）管理体系认证管理规定》中对 HACCP 体系的定义为：指企业经过危害分析找出关键控制点，制定科学合理的 HACCP 计划在食品生产过程中有效地运行并能保证达到预期的目的，保证食品安全的体系。WHO 要求各会员国：在食品安全行动之下，重点制定和评估国家的控制战略，支持发展评估与食品相关风险的科学，包括分析与食源性疾病相关的高危因素；要最大可能利用发展中国家在食源性因素危险性评估方面的信息以制定国际标准。现在多数国家相继制定食品行业的HACCP 法规，作为对本国和出口食品企业安全卫生控制的强制性要求。

HACCP 强调以预防为主，HACCP 是企业建立在 GMP（良好操作规范）和 SSOP（卫生标准操作程序）基础上的食品安全自我控制的最有效手段之一，HACCP 现已成为普遍接受的食品安全管理体系。HACCP 强调以预防为主，通过对食品生产过程中的所有潜在的生物的、物理的、化学的危害进行分析，确定关键控制点，制定相应的预防措施，使得这些危害得以防止、排除或降到可以接受的水平，将不合格的产品消灭在生产过程中，从而降低生产和销售不安全产品的危险；涉及从土地至餐桌、从养殖场到餐桌（STABLE TO TABLE）全过程安全卫生预防体系。

茶叶生产于 21 世纪初开始应用 HACCP 体系，这项工作推动了企业质量管理的进步，特别是在质量防范和纠偏方面起着重要的作用，在一些出口欧盟的食品企业中，HACCP 认证已成为进口国所必须的条件。茶叶企业在实施 HACCP 工作中，应着力做好从产地到产品过程中的各项分析和控制工作。

茶叶生产（种植）过程中危害分析：茶叶生产过程中投入品不当使用、产地环境污染和加工中污染是危害茶叶产品安全的关键控制点。茶叶生产过程中关键控制点：产地环境（包括大气、水体和土壤三个方面）和农业投入品。

茶叶生产（加工）过程中关键控制点：根据加工的步骤，按照我国茶叶加工分初制加工和精制加工的习惯，加工的关键控制点主要有：鲜叶验收中的农药残留、重金属和非茶类杂质，鲜叶摊放中的微生物，杀青、揉捻中的重金属，干燥中的微生物和重金属，包装中的微生物和非茶类杂质；毛茶验收中的农药残留、重金属和非茶类杂质，筛分、切断中的微生物和杂质，风选中的微生物和杂质，拣梗中的微生物，拼配包装中的微生物和杂质。

四、良好农业规范（GAP）和良好操作规范（GMP）

　　良好农业规范（Good Agricultural Practices，简称 GAP），于 1997 年由欧洲零售商协会（EUREP）发起，并组织零售商、农产品供应商和生产者制定了 GAP 标准，GAP 标准是一套针对农产品生产（包括作物种植和动物养殖等）的操作而制定的。GAP 产生是基于农业可持续发展要求，其理念是追求农业生产与环境、资源、经济、社会的协调发展。GAP 发展至今，已成为提高农产品生产基地质量安全管理水平的有效手段和工具，对于农业生产可持续发展和食品的质量已起到重要作用，已被世界许多国家所采用。随着我国农业生产的发展和社会的进步，农产品质量安全状况倍受政府重视和社会关注，GAP 已被我国各类作物生产所采用，茶叶生产也不例外。国家认证认可监督管理委员会会同有关部委共同制定了我国良好农业规范（CHINA GAP）系列国家标准（GB/T 20014.1～20014.11—2005），于 2006 年 5 月 1 日正式实施；2008 年，在总结、集成和凝练"七五"至"十五"期间茶叶、水产科研成果和生产实践的经验，国家标准化管理委员会和国家认监委制定并发布实施了茶叶、水产等其他 13 项良好农业规范国家标准。中国良好农业规范经过 10 多年的不断创新发展，已经从理念引进、体系构建、标准发布、认证实施，发展到了标准完善、体系配套、政府助推的示范带动新阶段，前景十分广阔。我国茶叶生产推行与国际接轨和同步发展的中国良好农业规范（CHINA GAP）标准体系，以现代农业为发展目标，提出现代茶产业发展的必然要求，有利于有力保障认证茶产品质量安全和品质提高，示范带动茶产业全面协调健康发展。为了适应标准体系发展需要，对 2008 版 GB/T 20014 系列标准又进行了再次修订，标准模块扩展到了花卉和观赏植物、烟叶、蜜蜂等，于 2013 年 12 月 31 日发布，2013 版 GB/T 20014 系列标准包括 27 个国家标准，自 2014 年 6 月 22 日起正式实施。

　　良好操作规范（GMP）是在食品生产全过程中保证食品具有高度安全

性的良好生产管理系统。其基本内容是从原料到成品全过程中每个环节的卫生条件和操作规程。它运用化学、物理学、生物学、微生物学、毒理学和食品工程原理等学科的知识，来解决食品生产加工全过程中有关安全卫生和营养问题，从而保持食品固有的色、香、味、形，提高食品营养价值，减少有害因素，有效地保证食品卫生质量。它要求食品企业应具备合理的生产过程、良好的生产设备、正确的生产知识、完善的质量控制和严格的管理体系，并通过其控制生产的全过程。食品生产的 GMP 的基本原理是：降低食品生产过程中人为的错误；防止食品在生产过程中遭到污染或品质劣变；建立健全自主性品质保证体系。目前，我国还没有专门针对茶叶生产的 GMP，根据相关卫生规范的要求，结合《出口茶叶卫生注册》，特提出茶叶生产的 GMP。

五、有机茶

有机茶是我国第一个有机产品，1990 年由荷兰 SKAL 在浙江省临安区东坑认证的有机茶。有机茶是按照有机农业理念进行生产的一种有机产品。有机产品是指来自有机农业生产体系，根据有机农业生产要求和相应标准生产、加工、销售，并经独立的有机产品认证机构认证，供人类消费、动物食用的产品。所谓有机茶，是指在原料生产过程中遵循自然规律和生态学原理，采取有益于生态和环境的可持续发展的农业技术，不使用合成的农药、肥料及生长调节剂等物质，在加工过程中不使用合成的食品添加剂，并经专业认证机构认证的茶叶及相关产品。有机茶对环境、生产、加工和销售环节都有严格的要求，不同于野生茶、常规茶、无公害茶和绿色食品茶。根据有机农业标准，有机茶园生态环境是友好型的，栽培管理环保、低碳、高效，加工过程是安全无污染的，流通过程实行标志管理可追溯，因此有机茶是一种安全、环保、优质、健康的饮品。目前通过有机认证的有机茶主要包括：有机绿茶、有机红茶、有机乌龙茶、有机白茶、有机黄茶、有机黑茶、有机花茶，以及有机花草茶、有机银杏茶、有机苦丁茶、有机桑茶、有机柿叶茶等代用茶。

六、绿色食品茶叶

为了保护农业生态环境，推动我国农业可持续发展；满足城乡居民在生活水准提高的基础上对高质量食物日益增长的需求；密切农业与食品制造业、生产者与消费者之间的联系，增加农民收入，提高食品企业经济效益创造新的机会和途径，农业部于1989年提出绿色食品的概念，1990年正式宣布开始发展绿色食品，并首先在全国农垦系统启动和实施。绿色食品是产自优良生态环境，按照绿色食品标准生产，实行全程质量控制并获得绿色食品标志使用权的安全、优质食用农产品及相关产品。

七、无公害食品茶叶

无公害食品茶叶是无公害食品中的一种。无公害食品是指产地环境、生产过程和最终产品符合无公害食品标准或规范,经专门机构认证,许可使用无公害农产品标识的食品。无公害食品是农业部要求进入市场的最低准入要求,也就是说长期食用不会对消费者的健康产生危害。农业部农产品质量安全中心管理无公害食品,组织实施无公害农产品认证及产地认定工作;组织制定无公害农产品技术规范;监督管理无公害农产品标志;委托管理无公害农产品定点检测机构及标志印制单位;对口指导地方各级农产品质量安全工作机构、无公害农产品工作机构工作;负责无公害农产品检查员培训注册和管理工作;组织实施无公害农产品证后产品质量安全监督管理和执法检查,组织开展无公害农产品包装与标识监督检查;配合有关部门实施农产品质量安全执法监督管理工作。

第二节　茶叶质量安全法律法规

一、我国现有的法律法规

茶叶质量安全是包括了从茶树种植、生产、加工以及茶叶本身的食用等方面质量安全。现阶段与茶叶质量安全相关的法律法规有《农产品质量安全法》《食品安全法》《产品质量法》《标准化法》《农药管理条例》《食品生产许可管理办法》，还有地方立法项目，如《福建省促进茶产业发展条例》等。

1. 农产品质量安全法

《中华人民共和国农产品质量安全法》于 2006 年 4 月 29 日第十届全国人民代表大会常务委员会第二十一次会议通过，自 2006 年 11 月 1 日起施行。《农产品质量安全法》共有 8 章 56 条。为保障农产品质量安全，维护公众健康，促进农业和农村经济发展，制定本法。根据 2018 年 10 月 26 日第十三届全国人民代表大会常务委员会第六次会议《关于修改〈中华人民共和国野生动物保护法〉等十五部法律的决定》修正。

(1) 农产品质量安全的定义　农产品质量符合保障人的健康、安全的要求。

(2) 农产品质量安全标准　国家建立健全农产品质量安全标准体系。农产品质量安全标准是强制性的技术规范；应当充分考虑农产品质量安全风险评估结果，并听取农产品生产者、销售者和消费者的意见，保障消费安全；应当根据科学技术发展水平以及农产品质量安全的需要，及时修订。

(3) 农产品生产　记录应当保存二年。禁止伪造农产品生产记录。禁止在农产品生产过程中使用国家明令禁止使用的农业投入品。

(4) 农产品的包装标识　茶叶按照规定应当包装或者附加标识的，须经包装或者附加标识后方可销售。包装物或者标识上应当按照规定标明产品的品名、产地、生产者、生产日期、保质期、产品质量等级等内容。销售的茶叶产品必须符合农产品质量安全标准，生产者可以申请使用无公害农产品标志。农产品质量符合国家规定的有关优质农产品标准的，生产者可以申请使用相应的农产品质量标志。禁止冒用任何的农产品质量标志。

(5) 监督检查　不得销售含有国家禁止使用的农药、兽药或者其他化学物质的；农药、兽药等化学物质残留或者含有的重金属等有毒有害物质不符合农产品质量安全标准的；含有的致病性寄生虫、微生物或者生物毒素不符合农产品质量安全标准的；使用的保鲜剂、防腐剂、添加剂等材料不符合国家有关强制性的技术规范的；其他不符合农产品质量安全标准的农产品。

从事农产品质量安全检测的机构，必须具备相应的检测条件和能力，由省级以上人民政府农业行政主管部门或者其授权的部门考核合格。农产品质量安全检测机构应当依法经计量认证合格。

2. 食品安全法

《中华人民共和国食品安全法》已由中华人民共和国第十二届全国人民代表大会常务委员会第十四次会议于 2015 年 4 月 24 日修订通过公布，自 2015 年 10 月 1 日起施行。为了保证食品安全，保障公众身体健康和生命安全，制定本法。

（1）食品安全风险评估　国务院卫生行政部门负责组织食品安全风险评估工作，成立由医学、农业、食品、营养、生物、环境等方面的专家组成的食品安全风险评估专家委员会进行食品安全风险评估。食品安全风险评估结果由国务院卫生行政部门公布。

通过食品安全风险监测或者接到举报发现食品、食品添加剂、食品相关产品可能存在安全隐患的；为制定或者修订食品安全国家标准提供科学依据需要进行风险评估的；为确定监督管理的重点领域、重点品种需要进行风险评估的；发现新的可能危害食品安全因素的；需要判断某一因素是否构成食品安全隐患的；国务院卫生行政部门认为需要进行风险评估的其他情形应展开风险评估。国务院卫生行政、农业行政部门应当及时相互通报食品、食用农产品安全风险评估结果等信息。

（2）食品安全标准内容、制定　食品安全标准应当包括下列内容：食品、食品添加剂、食品相关产品中的致病性微生物，农药残留、兽药残留、生物毒素、重金属等污染物质以及其他危害人体健康物质的限量规定；食品添加剂的品种、使用范围、用量；专供婴幼儿和其他特定人群的主辅食品的营养成分要求；对与卫生、营养等食品安全要求有关的标签、标志、说明书的要求；食品生产经营过程的卫生要求；与食品安全有关的质量要求；与食品安全有关的食品检验方法与规程；其他需要制定为食品安全标准的内容。

食品安全标准的制定要参考食品安全风险评估结果和食用农产品安全风

险评估结果，并考虑相关的国际标准和国际食品安全风险评估结果。制作食品安全标准草案向社会公布，广泛听取食品生产经营者、消费者、有关部门等方面的意见。

食品安全国家标准审评委员会由医学、农业、食品、营养、生物、环境等方面的专家以及国务院有关部门、食品行业协会、消费者协会的代表组成，对食品安全国家标准草案的科学性和实用性等进行审查。

审查通过后，省级以上人民政府卫生行政部门应当在其网站上公布制定和备案的食品安全国家标准、地方标准和企业标准，供公众免费查阅、下载，并对疑虑进行指导和解答。

标准开始实施后，省级以上人民政府卫生行政部门还要对标准的执行情况进行跟踪评价，并根据评价及时修订标准。

（3）**食品生产经营**　国家对食品生产经营实行许可制度。从事食品生产、食品销售、餐饮服务，应当依法取得许可。但是，销售食用农产品，不需要取得许可。茶叶作为加工食品应依法取得许可，但是农民自己加工的毛茶可以不纳入许可范围。

禁止用于茶叶生产上的规定有：用非食品原料生产的食品或者添加食品添加剂以外的化学物质和其他可能危害人体健康物质的食品，或者用回收食品作为原料生产的食品；致病性微生物，农药残留、兽药残留、生物毒素、重金属等污染物质以及其他危害人体健康的物质含量超过食品安全标准限量的食品；用超过保质期的食品原料、食品添加剂生产的食品；被包装材料、容器、运输工具等污染的食品、食品添加剂；标注虚假生产日期、保质期或者超过保质期的食品、食品添加剂；无标签的预包装食品、食品添加剂。生产经营的食品中不得添加药品，但是可以添加按照传统既是食品又是中药材的物质。按照传统既是食品又是中药材的物质目录由国务院卫生行政部门会同国务院食品药品监督管理部门制定、公布（适用于代用茶和含茶制品）。

（4）**建立食品全程追溯制度**　食品生产经营者应当依照本法的规定，建立食品安全追溯体系，保证食品可追溯。国家鼓励食品生产经营者采用信息化手段采集、留存生产经营信息，建立食品安全追溯体系。国务院食品药品监督管理部门会同国务院农业行政等有关部门建立食品安全全程追溯协作机制。

(5) 生产经营过程控制　食品生产经营企业应当建立健全食品安全管理制度，对职工进行食品安全知识培训，加强食品检验工作，依法从事生产经营活动。

生产企业应该对原料采购、原料验收、投料等原料控制；生产工序、设备、贮存、包装等生产关键环节控制；原料检验、半成品检验、成品出厂检验等检验控制；运输和交付控制等进行控制。

食用农产品生产者应当按照食品安全标准和国家有关规定使用农药、肥料、兽药、饲料和饲料添加剂等农业投入品，严格执行农业投入品使用安全间隔期或者休药期的规定，不得使用国家明令禁止的农业投入品。禁止将剧毒、高毒农药用于蔬菜、瓜果、茶叶和中草药材等国家规定的农作物。食用农产品的生产企业和农民专业合作经济组织应当建立农业投入品使用记录制度。县级以上人民政府农业行政部门应当加强对农业投入品使用的监督管理和指导，建立健全农业投入品安全使用制度。食品经营者贮存散装食品，应当在贮存位置标明食品的名称、生产日期或者生产批号、保质期、生产者名称及联系方式等内容。

(6) 食品召回制度　国家建立食品召回制度。食品生产者发现其生产的食品不符合食品安全标准或者有证据证明可能危害人体健康的，应当立即停止生产，召回已经上市销售的食品，通知相关生产经营者和消费者，并记录召回和通知食品经营者发现其经营的食品有前款规定情形的，应当立即停止经营，通知相关生产经营者和消费者，并记录停止经营和通知情况。食品生产者认为应当召回的，应当立即召回。由于食品经营者的原因造成其经营的食品有前款规定情形的，食品经营者应当召回。食品生产经营者应当对召回的食品采取无害化处理、销毁等措施，防止其再次流入市场。但是，对因标签、标志或者说明书不符合食品安全标准而被召回的食品，食品生产者在采取补救措施且能保证食品安全的情况下可以继续销售；销售时应当向消费者明示补救措施。食品生产经营者应当将食品召回和处理情况向所在地县级人民政府食品药品监督管理部门报告；需要对召回的食品进行无害化处理、销毁的，应当提前报告时间、地点。食品药品监督管理部门认为必要的，可以实施现场监督。

（7）食品预包装标签、标识　预包装食品的包装上应当有标签。标签应当标明下列事项：名称、规格、净含量、生产日期；成分或者配料表；生产者的名称、地址、联系方式；保质期；产品标准代号；贮存条件；所使用的食品添加剂在国家标准中的通用名称；生产许可证编号；法律、法规或者食品安全标准规定应当标明的其他事项。

（8）食品检验　食品检验实行食品检验机构与检验人负责制。食品检验报告应当加盖食品检验机构公章，并有检验人的签名或者盖章。食品检验机构和检验人对出具的食品检验报告负责。

采用国家规定的快速检测方法对食用农产品进行抽查检测，被抽查人对检测结果有异议的，可以自收到检测结果时起四小时内申请复检。复检不得采用快速检测方法。

3. 产品质量法

中华人民共和国产品质量法，于 1993 年 2 月制定，2000 年 7 月做了修改，2000 年 9 月 1 日开始实施。立法指导原则是为了加强对产品质量的监督管理，提高产品质量水平，明确产品质量责任，保护消费者的合法权益，维护社会经济秩序。

（1）范围　在中华人民共和国境内从事产品生产、销售活动，必须遵守本法。本法中的产品是指经过加工、制作，用于销售的产品。

（2）产品质量欺诈行为的禁止性规定　禁止伪造或者冒用认证标志等质量标志；禁止伪造产品的产地，伪造或者冒用他人的厂名、厂址；禁止在生产、销售的产品中掺杂、掺假，以假充真，以次充好。

（3）产品质量的监督　对产品质量都应经检验合格的要求，并以法律形式确立了国家对产品质量实施监督的基本制度，主要包括：对涉及保障人体健康和人身、财产安全的产品实行严格的强制监督管理的制度；产品质量监督部门依法对产品质量实行监督抽查并对抽查结果进行公告的制度；推行企业质量体系认证和产品质量认证的制度；产品质量监督部门和工商行政管理部门对涉嫌在产品生产、销售活动中从事违反本法的行为可以依法实施强制检查和采取必要的查封、扣押等强制措施的制度等。产品质量应当检验合格，不得以不合格产品冒充合格产品。

（4）生产者、销售者的产品质量责任和义务　生产者应当对其生产的产品质量负责。产品或者其包装上的标识必须真实，并符合下列要求：有产品质量检验合格证明；有中文标明的产品名称、生产厂厂名和厂址；根据产品的特点和使用要求，需要标明产品规格、等级、所含主要成分的名称和含量的，用中文相应予以标明；需要事先让消费者知晓的，应当在外包装上标明，或者预先向消费者提供有关资料；限期使用的产品，应当在显著位置清晰地标明生产日期和安全使用期或者失效日期；使用不当，容易造成产品本身损坏或者可能危及人身、财产安全的产品，应当有警示标志或者中文警示说明。

销售者的产品质量责任和义务。销售者应当建立并执行进货检查验收制度，验明产品合格证明和其他标识；销售者应当采取措施，保持销售产品的质量；销售者不得销售国家明令淘汰并停止销售的产品和失效、变质的产品；销售者不得伪造产地，不得伪造或者冒用他人的厂名、厂址；销售者不得伪造或者冒用认证标志等质量标志；销售者销售产品，不得掺杂、掺假，不得以假充真、以次充好，不得以不合格产品冒充合格产品。

4. 标准化法

《中华人民共和国标准化法》已由中华人民共和国第十二届全国人民代表大会常务委员会第三十次会议于 2017 年 11 月 4 日修订通过，现将修订后的《中华人民共和国标准化法》公布，自 2018 年 1 月 1 日起施行。

（1）总则　为了加强标准化工作，提升产品和服务质量，促进科学技术进步，保障人身健康和生命财产安全，维护国家安全、生态环境安全，提高经济社会发展水平，制定本法。

本法所称标准（含标准样品），是指农业、工业、服务业以及社会事业等领域需要统一的技术要求。标准包括国家标准、行业标准、地方标准和团体标准、企业标准。国家标准分为强制性标准、推荐性标准，行业标准、地方标准是推荐性标准。强制性标准必须执行。国家鼓励采用推荐性标准。

（2）标准的制定　对保障人身健康和生命财产安全、国家安全、生态环境安全以及满足经济社会管理基本需要的技术要求，应当制定强制性国家标准。强制性国家标准由国务院批准发布或者授权批准发布。

对满足基础通用、与强制性国家标准配套、对各有关行业起引领作用等需要的技术要求，可以制定推荐性国家标准。推荐性国家标准由国务院标准化行政主管部门制定。

对没有推荐性国家标准、需要在全国某个行业范围内统一的技术要求，可以制定行业标准。行业标准由国务院有关行政主管部门制定，报国务院标准化行政主管部门备案。

为满足地方自然条件、风俗习惯等特殊技术要求，可以制定地方标准。

国家鼓励学会、协会、商会、联合会、产业技术联盟等社会团体协调相关市场主体共同制定满足市场和创新需要的团体标准，由本团体成员约定采用或者按照本团体的规定供社会自愿采用。制定团体标准，应当遵循开放、透明、公平的原则，保证各参与主体获取相关信息，反映各参与主体的共同需求，并应当组织对标准相关事项进行调查分析、实验、论证。国务院标准化行政主管部门会同国务院有关行政主管部门对团体标准的制定进行规范、引导和监督。

企业可以根据需要自行制定企业标准，或者与其他企业联合制定企业标准。国家支持在重要行业、战略性新兴产业、关键共性技术等领域利用自主创新技术制定团体标准、企业标准。

推荐性国家标准、行业标准、地方标准、团体标准、企业标准的技术要求不得低于强制性国家标准的相关技术要求。国家鼓励社会团体、企业制定高于推荐性标准相关技术要求的团体标准、企业标准。

（3）标准的实施　不符合强制性标准的产品、服务，不得生产、销售、进口或者提供。国家实行团体标准、企业标准自我声明公开和监督制度。企业应当公开其执行的强制性标准、推荐性标准、团体标准或者企业标准的编号和名称；企业执行自行制定的企业标准的，还应当公开产品、服务的功能指标和产品的性能指标。国家鼓励团体标准、企业标准通过标准信息公共服务平台向社会公开。企业应当按照标准组织生产经营活动，其生产的产品、提供的服务应当符合企业公开标准的技术要求。企业研制新产品、改进产品，进行技术改造，应当符合本法规定的标准化要求。

国家建立强制性标准实施情况统计分析报告制度。国务院标准化行政主管部门和国务院有关行政主管部门、设区的市级以上地方人民政府标准化行政主管部门应当建立标准实施信息反馈和评估机制，根据反馈和评估情况对其制定的标准进行复审。标准的复审周期一般不超过五年。经过复审，对不适应经济社会发展需要和技术进步的应当及时修订或者废止。国务院标准化行政主管部门根据标准实施信息反馈、评估、复审情况，对有关标准之间重复交叉或者不衔接配套的，应当会同国务院有关行政主管部门作出处理或者通过国务院标准化协调机制处理。

县级以上人民政府应当支持开展标准化试点示范和宣传工作，传播标准化理念，推广标准化经验，推动全社会运用标准化方式组织生产、经营、管理和服务，发挥标准对促进转型升级、引领创新驱动的支撑作用。

不符合强制性标准的产品、服务，不得生产、销售、进口或者提供。

5. 食品生产许可管理办法

2015 年 8 月 31 日国家食品药品监督管理总局令第 16 号公布，根据 2017 年 11 月 7 日国家食品药品监督管理总局局务会议《关于修改部分规章的决定》修正，为规范食品、食品添加剂生产许可活动，加强食品生产监督管理，保障食品安全，根据《中华人民共和国食品安全法》《中华人民共和国行政许可法》等法律法规，制定本办法。

（1）总则　在中华人民共和国境内，从事食品生产活动，应当依法取得食品生产许可。食品生产许可的申请、受理、审查、决定及其监督检查，适用本办法。食品生产许可应当遵循依法、公开、公平、公正、便民、高效的原则。食品生产许可实行一企一证原则，即同一个食品生产者从事食品生产活动，应当取得一个食品生产许可证。

（2）申请与受理　申请食品生产许可，应当先行取得营业执照等合法主体资格。企业法人、合伙企业、个人独资企业、个体工商户等，以营业执照载明的主体作为申请人。

申请食品生产许可，应当按照以下食品类别提出：粮食加工品，食用油、油脂及其制品，调味品，肉制品，乳制品，饮料，方便食品，饼干，罐头，冷冻饮品，速冻食品，薯类和膨化食品，糖果制品，茶叶及相关制品，酒类，蔬菜制品，水果制品，炒货食品及坚果制品，蛋制品，可可及焙烤咖啡产品，食糖，水产制品，淀粉及淀粉制品，糕点，豆制品，蜂产品，保健食品，特殊医学用途配方食品，婴幼儿配方食品，特殊膳食食品，其他食品等。

申请食品生产许可，应当符合下列条件：具有与生产的食品品种、数量相适应的食品原料处理和食品加工、包装、贮存等场所，保持该场所环境整洁，并与有毒、有害场所以及其他污染源保持规定的距离。具有与生产的食品品种、数量相适应的生产设备或者设施，有相应的消毒、更衣、盥洗、采光、照明、通风、防腐、防尘、防蝇、防鼠、防虫、洗涤以及处理废水、存放垃圾和废弃物的设备或者设施；具有合理的设备布局和工艺流程，防止待加工食品与直接入口食品、原料与成品交叉污染，避免食品接触有毒物、不洁物。法律、法规规定的其他条件。

申请食品生产许可，应当向申请人所在地县级以上地方食品药品监督管理部门提交下列材料：食品生产许可申请书；营业执照复印件；食品生产加工场所及其周围环境平面图、各功能区间布局平面图、工艺设备布局图和食品生产工艺流程图；食品生产主要设备、设施清单；进货查验记录、生产过程控制、出厂检验记录、食品安全自查、从业人员健康管理、不安全食品召回、食品安全事故处置等保证食品安全的规章制度。申请人委托他人办理食品生产许可申请的，代理人应当提交授权委托书以及代理人的身份证明文件。

（3）**审查** 县级以上地方食品药品监督管理部门应当对申请人提交的申请材料进行审查。需要对申请材料的实质内容进行核实的，应当进行现场核查。

食品药品监督管理部门可以委托下级食品药品监督管理部门，对受理的食品生产许可申请进行现场核查。核查人员应当自接受现场核查任务之日起10个工作日内，完成对生产场所的现场核查。

（4）许可证管理　食品生产许可证分为正本、副本。正本、副本具有同等法律效力。

食品生产许可证应当载明：生产者名称、社会信用代码（个体生产者为身份证号码）、法定代表人（负责人）、住所、生产地址、食品类别、许可证编号、有效期、日常监督管理机构、日常监督管理人员、投诉举报电话、发证机关、签发人、发证日期和二维码。

副本还应当载明食品明细和外设仓库（包括自有和租赁）具体地址。食品生产许可证编号由 SC（"生产"的汉语拼音字母缩写）和 14 位阿拉伯数字组成。数字从左至右依次为：3 位食品类别编码、2 位省（自治区、直辖市）代码、2 位市（地）代码、2 位县（区）代码、4 位顺序码、1 位校验码。食品生产者应当妥善保管食品生产许可证，不得伪造、涂改、倒卖、出租、出借、转让。食品生产者应当在生产场所的显著位置悬挂或者摆放食品生产许可证正本。

6. 农药管理条例

2017 年 2 月 8 日国务院第 164 次常务会议修订通过，国务院总理李克强签署国务院令公布修订后的《农药管理条例》，自 2017 年 6 月 1 日起施行。

为了加强农药管理，保证农药质量，保障农产品质量安全和人畜安全，保护农业、林业生产和生态环境，制定本条例。

我国茶叶在种植过程中农药使用直接关系到茶叶产品的质量安全和生态环境，因此，加强农药管理十分必要。

（1）农药使用者的注意事项　针对农药使用中存在的擅自加大剂量、超范围使用以及不按照安全间隔期采收农产品等问题，《条例》强调，要求农药使用者严格按照农药的标签使用农药，不得扩大使用范围、加大用药剂量或者改变使用方法；不得使用禁用的农药；不得将剧毒、高毒农药用于防治卫生害虫，蔬菜、瓜果、茶叶、菌类、中草药材的生产，水生植物的病虫害防治。

（2）建立农药使用记录　《条例》规定，农产品生产企业、食品和食用农产品仓储企业、专业化病虫害防治服务组织和从事农产品生产的农民专业合作社等应当建立农药使用记录，如实记录使用农药的时间、地点、对象以及农药名称、用量、生产企业等。农药使用记录应当保存 2 年以上。

（3）在农药使用管理方面的规定　一是要求各级农业部门加强农药使用指导、服务工作，组织推广农药科学使用技术，提供免费技术培训，提高农药安全、合理使用水平。二是通过推广生物防治、物理防治、先进施药器械等措施，逐步减少农药使用量，要求县级政府制定并组织实施农药减量计划，对实施农药减量计划、自愿减少农药使用量的给予鼓励和扶持。三是要求农药使用者遵守农药使用规定，妥善保管农药，并在配药、用药过程中采取防护措施，避免发生农药使用事故。四是要求农药使用者严格按照标签标注的使用范围、使用方法和剂量、使用技术要求等注意事项使用农药，不得扩大使用范围、加大用药剂量或者改变使用方法，不得使用禁用的农药；标签标注安全间隔期的农药，在农产品收获前应当按照安全间隔期的要求停止使用；剧毒、高毒农药不得用于蔬菜、瓜果、茶叶、菌类、中草药材的生产。五是要求农产品生产企业、食品和食用农产品仓储企业、专业化病虫害防治服务组织和从事农产品生产的农民专业合作社等建立农药使用记录，如实记录使用农药的时间、地点、对象以及农药名称、用量、生产企业等。

7. 地方茶叶条例

全国第一个关于茶产业发展的地方立法项目——《福建省促进茶产业发展条例》经福建省十一届人大常委会第二十九次会议审议通过，将于 2012 年 6 月 1 日起施行。

条例对制定茶产业发展规划、实行茶叶质量可追溯制度、规范使用茶叶肥料和农药、开展茶叶名优产品评定、促进茶产业发展的鼓励和扶持措施等问题做出了规定。

条例规定，将实行茶叶质量可追溯制度。县级以上地方人民政府应当逐步建立茶叶质量安全追溯信息服务平台。茶叶生产企业和农民专业合作经济组织应当建立茶叶生产记录制度，不得销售不符合茶叶质量安全标准的茶叶产品。茶叶经营企业对其销售的茶叶产品，应当建立进货查验记录制度，如实记录茶叶的名称、规格、数量、供货者、进货日期等内容。违反规定且拒不改正的，将被处相应数额的罚款。

条例重视茶园建设中的生态环境保护。条例规定，在茶园中推广使用生物有机肥。茶叶种植禁止使用剧毒、高毒、高残留农药。违反规定的，由县级以上地方人民政府农业（茶业）行政管理部门给予警告，并根据所造成的危害后果，处 3 000 元以上 3 万元以下罚款。

条例还规定，禁止在坡度 25 以上的陡坡地以及水土流失严重、生态脆弱的地区新开垦茶园。对坡度过陡且无法进行生态改造的茶园，应当退茶还林，避免水土流失。

条例规定，茶叶行业协会等茶业社团组织可以按照公开、公平、公正原则，组织专家开展茶叶名优产品评定工作，但不得强制茶叶企业参加，也不得以营利为目的。

条例鼓励金融机构开发、创新适合茶产业发展的金融产品和服务，鼓励茶叶企业依法利用资本市场筹集社会资金；支持山地茶园权利人以林权作为抵押进行贷款。

作为对台农业交流合作的前沿地区，条例特别规定，县级以上地方人民政府应当推进闽台茶产业的合作与交流。在台湾农民创业园中从事茶叶生产经营的，按照有关规定享受优惠政策。

二、国内外法律法规的发展趋势

现阶段，我国茶叶产业正步入从传统农业向现代化农业转变的重要时期，茶叶产品质量安全的发展呈现三个趋势。

1. 公众对农产品质量安全的要求越来越高

随着农产品供求关系的变化和城乡居民安全消费意识的提高，人们对农产品的需求已从开始的"吃得饱"向"吃得好、吃得安全"转变，消费农产品更多地考虑的是营不营养、健不健康、安不安全，农产品质量安全已成为人们最关心、最直接、最现实的利益问题之一。虽然茶叶质量安全水平已经有了很大的提升，但消费者对茶叶农残问题还是担心，对农药残留在茶叶上的检出达到零容忍地步。

2. 农产品质量安全与产业发展的关联度越来越大

转变农业发展方式，建设现代化农业，提升质量是关键。随着工业化、城镇化、农业现代化的快速同步推进，农产品质量安全既是现代化农业建设的重要内容和关键环节，也是现代化农业建设的重要目标和目的。只要出现茶叶某一类产品任一个质量安全指标的不合格，就会波及整个茶产业的发展甚至毁于一旦。

3. 国际贸易对农产品质量安全的要求越来越严

农产品质量安全与农产品国际贸易关联度越来越大，各国对进口的农产品的质量要求越来越严，越来越苛刻。茶叶进口消费国通过实施技术性贸易壁垒来影响茶叶生产国的茶叶出口，频繁且不断地修订茶叶标准，且对未制定限量（除豁免物质外）的一律按不得检出（检测限）来限制茶叶生产国家的茶叶出口。如欧盟先后两次对我国茶叶出口实施绿色贸易壁垒，对我国茶叶出口影响很大。2001 年 7 月欧盟实施茶叶农残新标准，受限农药品种从 6 种增加到 108 种，限制使用农药从 29 种增加到 62 种，部分残留标准提高 100 倍以上；2005 年 8 月，又出台新标准，农残检验项目增加 17 项，硫丹限量标准提高 3 000 倍。每年都有十几甚至几十次的修订，近年来还增加蒽醌、高氯酸盐等非农药污染物限量要求，先进发达的欧盟地区质量安全标准每年会根据市场和消费者反应的多次频繁地进行修订，2017 年有 Commission Regulation（EU）2016/1002、Commission Regulation（EU）2017/170 等 16 次会议对茶叶中的 36 种农药残留限量进行修订，修订后的限量指标除了溴氰菊酯和联苯菊酯是 5 毫克/千克和 30 毫克/千克外，其余 34 种农残限量全部为检测限，足以看出进口国对茶叶农残限量标准的制定要求十分苛刻。

我国茶叶 2014 年出口欧盟通报 24 批次，2015 年通报 27 批次，2016 年通报 7 批次，2017 年我国茶叶出口欧盟受阻 4 批次，通报原因全部因为农药或非农药污染物残留不符合。

要想稳定和扩大茶叶产品出口市场，除必要的国家政策扶持外，最为重要的就是练好内功，提高质量安全水平，确保茶叶产品质量安全不出问题，少出问题。

第三节　茶叶质量安全标准与规范

一、茶叶产品标签标准

茶叶产品标签执行《食品安全国家标准　预包装食品标签通则》（GB 7718—2011）标准。

标签基本要求包括以下几项：①应符合法律、法规的规定，并符合相应食品安全标准的规定。②应清晰、醒目、持久，应使消费者购买时易于辨认和识读。③应通俗易懂、有科学依据，不得标示封建迷信、色情、贬低其他食品或违背营养科学常识的内容。④应真实、准确，不得以虚假、夸大、使消费者误解或欺骗性的文字、图形等方式介绍食品，也不得利用字号大小或色差误导消费者。⑤不应直接或以暗示性的语言、图形、符号，误导消费者将购买的食品或食品的某一性质与另一产品混淆。⑥不应标注或者暗示具有预防、治疗疾病作用的内容，非保健食品不得明示或者暗示具有保健作用。⑦不应与食品或者其包装物（容器）分离。⑧应使用规范的汉字（商标除外）。具有装饰作用的各种艺术字，应书写正确，易于辨认。可以同时使用拼音或少数民族文字，拼音不得大于相应汉字。可以同时使用外文，但应与中文有对应关系（商标、进口食品的制造者和地址、国外经销者的名称和地址、网址除外）。所有外文不得大于相应的汉字（商标除外）。⑨预包装食品包装物或包装容器最大表面面积大于 35 厘米时，强制标示内容的文字、符号、数字的高度不得小于 1.8 毫米。⑩一个销售单元的包装中含有不同品种、多个独立包装可单独销售的食品，每件独立包装的食品标识应当分别标注。⑪若外包装易于开启识别或透过外包装物能清晰地识别内包装物（容器）上的所有强制标示内容或部分强制标示内容，可不在外包装物上重复标示相应的内容；否则应在外包装物上按要求标示所有强制标示内容。

标签标示内容应包括食品名称、配料表、净含量和规格、生产者和（或）经销者的名称、地址和联系方式、生产日期和保质期、贮存条件、食品生产许可证编号、产品标准代号及其他需要标示的内容。

食品名称标示应在食品标签的醒目位置，清晰地标示反映食品真实属性的专用名称。当国家标准、行业标准或地方标准中已规定了某食品的一个或几个名称时，应选用其中的一个，或等效的名称。无国家标准、行业标准或地方标准规定的名称时，应使用不使消费者误解或混淆的常用名称或通俗名称。当"新创名称""奇特名称""音译名称""牌号名称""地区俚语名称"或"商标名称"含有易使人误解食品属性的文字或术语（词语）时，应在所示名称的同一展示版面邻近部位使用同一字号标示食品真实属性的专用名称。当食品真实属性的专用名称因字号或字体颜色不同易使人误解食品属性时，也应使用同一字号及同一字体颜色标示食品真实属性的专用名称。为不使消费者误解或混淆食品的真实属性、物理状态或制作方法，可以在食品名称前或食品名称后附加相应的词或短语。如干燥的、浓缩的、复原的、熏制的、油炸的、粉末的、粒状的等。

茶叶产品的标签上应标示配料表。各种配料应按制造或加工食品时加入量的递减顺序一一排列；加入量不超过 2％的配料可以不按递减顺序排列。配料表中的各种配料应前述的要求标示具体名称。食品添加剂应当标示其在 GB 2760 中的食品添加剂通用名称。食品添加剂通用名称可以标示为食品添加剂的具体名称，也可标示为食品添加剂的功能类别名称并同时标示食品添加剂的具体名称或国际编码（INS 号）。在同一预包装食品的标签上，应选择一种形式标示食品添加剂。当采用同时标示食品添加剂的功能类别名称和国际编码的形式时，若某种食品添加剂尚不存在相应的国际编码，或因致敏物质标示需要，可以标示其具体名称。食品添加剂的名称不包括其制法。加入量小于食品总量 25％的复合配料中含有的食品添加剂，若符合 GB 2760 规定的带入原则且在最终产品中不起工艺作用的，不需要标示。茶叶产品中分为茶叶和含茶制品。茶叶只允许使用茶鲜叶为原料加工或以茶叶为原料再加工，因此配料中只能包括茶鲜叶或茶叶，不能包括其他食品原料或食品添加剂。含茶制品可根据具体的产品标准使用其他食品原料或食品添加剂。

净含量的标示应由净含量、数字和法定计量单位组成。茶叶和含茶制品通常为固态食品，用质量克（g）、千克（kg）表示。如为液态食品，用体积升（L、l）、毫升（mL、ml），或用质量克（g）、千克（kg）。当净含量＜1 000克时，以克（g）为计量单位；当净含量≥1 000克时，以千克（kg）为计量单位；当净含量＜1 000毫升时，以毫升（mL、ml）为计量单位；当净含量≥1 000毫升时，以升（L、l）为计量单位。净含量应与食品名称在包装物或容器的同一展示版面标示。同一预包装内含有多个单件预包装食品时，大包装在标示净含量的同时还应标示规格。规格的标示应由单件预包装食品净含量和件数组成，或只标示件数，可不标示"规格"二字。单件预包装食品的规格即指净含量。

标签应当标注生产者的名称、地址和联系方式。生产者名称和地址应当是依法登记注册、能够承担产品安全质量责任的生产者的名称、地址。有下列情形之一的，应按下列要求予以标示。依法独立承担法律责任的集团公司、集团公司的子公司，应标示各自的名称和地址。不能依法独立承担法律责任的集团公司的分公司或集团公司的生产基地，应标示集团公司和分公司（生产基地）的名称、地址；或仅标示集团公司的名称、地址及产地，产地应当按照行政区划标注到地市级地域。受其他单位委托加工预包装食品的，应标示委托单位和受委托单位的名称和地址；或仅标示委托单位的名称和地址及产地，产地应当按照行政区划标注到地市级地域。依法承担法律责任的生产者或经销者的联系方式应标示以下至少一项内容：电话、传真、网络联系方式等，或与地址一并标示的邮政地址。进口预包装食品应标示原产国国名或地区区名（如香港、澳门、台湾），以及在中国依法登记注册的代理商、进口商或经销者的名称、地址和联系方式，可不标示生产者的名称、地址和联系方式。

标签应清晰标示预包装食品的生产日期和保质期。如日期标示采用"见包装物某部位"的形式，应标示所在包装物的具体部位。日期标示不得另外加贴、补印或篡改。当同一预包装内含有多个标示了生产日期及保质期的单件预包装食品时，外包装上标示的保质期应按最早到期的单件食品的保质期计算。外包装上标示的生产日期应为最早生产的单件食品的生产日期，或外包装形成销售单元的日期；也可在外包装上分别标示各单件装食品的生产日期和保质期。应按年、月、日的顺序标示日期，如果不按此顺序标示，应注明日期标示顺序。

预包装食品标签应标示贮存条件。

预包装食品标签应标示食品生产许可证编号的，标示形式按照相关规定执行。

在国内生产并在国内销售的预包装食品（不包括进口预包装食品）应标示产品所执行的标准代号和顺序号。

食品所执行的相应产品标准已明确规定质量（品质）等级的，应标示质量（品质）等级。

二、茶叶理化指标标准

茶叶理化指标主要由茶叶各产品的标准规定（表3-1）。其中，绿茶有GB/T 14456系列国家标准6项，红茶有GB/T 13738系列国家标准3项和农业行业标准1项，乌龙茶有GB/T 30357系列国家标准7项，黄茶有GB/T 21726国家标准1项，白茶有GB/T 22291和GB/T 31751国家标准2项，黑茶及黑茶制作的紧压茶有GB/T 32719系列和GB/T 9833系列国家标准14项，富硒茶有行业标准2项，再加工茶有国家标准4项和行业标准2项，花茶有国家标准1项和行业标准2项。此外，还有地理标志产品国家标准18项、产品行业标准22项、茶叶相关的质量认证产品标准2项和富硒茶行业标准2项。此外，各地还制定有大批茶叶产品的地方标准。

各类产品标准中理化指标要求不一而足。普遍均有要求的指标有水分、总灰分、水浸出物和粗纤维，部分还对碎茶、粉末、酸不溶性灰分、水溶性灰分、水溶性灰分碱度、茶多酚和儿茶素有要求。部分绿茶标准对游离氨基酸总量有要求，黑茶标准往往还对茶梗、茶梗中长于30毫米的梗含量和非茶类夹杂物有要求，再加工茶标准对粒度有要求，花茶标准对非茶非花类物质和花干（含花量）有要求。

表 3-1 茶叶产品的标准

编号	标准号	标　准
1	GB/T 14456.1—2017	绿茶　第 1 部分：基本要求
2	GB/T 14456.2—2018	绿茶　第 2 部分：大叶种绿茶
3	GB/T 14456.3—2016	绿茶　第 3 部分：中小叶种绿茶
4	GB/T 14456.4—2016	绿茶　第 4 部分：珠茶
5	GB/T 14456.5—2016	绿茶　第 5 部分：眉茶
6	GB/T 14456.6—2016	绿茶　第 6 部分：蒸青茶
7	GB/T 13738.1—2017	红茶　第 1 部分：红碎茶
8	GB/T 13738.2—2017	红茶　第 2 部分：工夫红茶
9	GB/T 13738.3—2012	红茶　第 3 部分：小种红茶
10	NY/T 780—2004	红茶
11	GB/T 30357.1—2013	乌龙茶　第 1 部分：基本要求
12	GB/T 30357.2—2013	乌龙茶　第 2 部分：铁观音
13	GB/T 30357.3—2015	乌龙茶　第 3 部分：黄金桂
14	GB/T 30357.4—2015	乌龙茶　第 4 部分：水仙
15	GB/T 30357.5—2015	乌龙茶　第 5 部分：肉桂
16	GB/T 30357.6—2017	乌龙茶　第 6 部分：单丛
17	GB/T 30357.7—2017	乌龙茶　第 7 部分：佛手
18	GB/T 21726—2018	黄茶
19	GB/T 22291—2017	白茶
20	GB/T 31751—2015	紧压白茶
21	GB/T 32719.1—2016	黑茶　第 1 部分：基本要求
22	GB/T 32719.2—2016	黑茶　第 2 部分：花卷茶
23	GB/T 32719.3—2016	黑茶　第 3 部分：湘尖茶
24	GB/T 32719.4—2016	黑茶　第 4 部分：六堡茶
25	GB/T 32719.5—2018	黑茶　第 5 部分：茯茶
26	GB/T 9833.1—2013	紧压茶　第 1 部分：花砖茶
27	GB/T 9833.2—2013	紧压茶　第 2 部分：黑砖茶
28	GB/T 9833.3—2013	紧压茶　第 3 部分：茯砖茶
29	GB/T 9833.4—2013	紧压茶　第 4 部分：康砖茶
30	GB/T 9833.5—2013	紧压茶　第 5 部分：沱茶

编号	标准号	标　准
31	GB/T 9833.6—2013	紧压茶　第 6 部分：紧茶
32	GB/T 9833.7—2013	紧压茶　第 7 部分：金尖茶
33	GB/T 9833.8—2013	紧压茶　第 8 部分：米砖茶
34	GB/T 9833.9—2013	紧压茶　第 9 部分：青砖茶
35	GB/T 24614—2009	紧压茶原料要求
36	GB/T 24690—2018	袋泡茶
37	GB/T 34778—2017	抹茶
38	NY/T 2672—2015	茶粉
39	GB/T 18798.4—2013	固态速溶茶　第 4 部分：规格
40	GB/T 31740.1—2015	茶制品　第 1 部分：固态速溶茶
41	GB/T 22292—2017	茉莉花茶
42	NY/T 456—2001	茉莉花茶
43	GH/T 1117—2015	桂花茶
44	GB/T 18650—2008	地理标志产品　龙井茶
45	GB/T 18665—2008	地理标志产品　蒙山茶
46	GB/T 18745—2006	地理标志产品　武夷岩茶
47	GB/T 18957—2008	地理标志产品　洞庭（山）碧螺春茶
48	GB/T 19460—2008	地理标志产品　黄山毛峰茶
49	GB/T 19598—2006	地理标志产品　安溪铁观音
50	GB/T 19691—2008	地理标志产品　狗牯脑茶
51	GB/T 19698—2008	地理标志产品　太平猴魁茶
52	GB/T 20354—2006	地理标志产品　安吉白茶
53	GB/T 20360—2006	地理标志产品　乌牛早茶
54	GB/T 20605—2006	地理标志产品　雨花茶
55	GB/T 21003—2007	地理标志产品　庐山云雾茶
56	GB/T 21824—2008	地理标志产品　永春佛手
57	GB/T 22109—2008	地理标志产品　政和白茶
58	GB/T 22111—2008	地理标志产品　普洱茶
59	GB/T 22737—2008	地理标志产品　信阳毛尖茶

编号	标准号	标　准
60	GB/T 24710—2009	地理标志产品　坦洋工夫
61	GB/T 26530—2011	地理标志产品　崂山绿茶
62	GH/T 1115—2015	西湖龙井茶
63	GH/T 1116—2015	九曲红梅茶
64	GH/T 1118—2015	金骏眉茶
65	GH/T 1120—2015	雅安藏茶
66	GH/T 1127—2016	径山茶
67	GH/T 1128—2016	天目青顶茶
68	GH/T 1232—2018	蒙顶甘露茶
69	GH/T 1234—2018	武阳春雨茶
70	GH/T 1235—2018	莫干黄芽茶
71	GH/T 1236—2018	诏安八仙茶
72	GH/T 1241—2019	漳平水仙茶
73	GH/T 1243—2019	英德红茶
74	GH/T 1248—2019	信阳红茶
75	GH/T 1276—2019	开化龙顶茶
76	NY/T 482—2002	敬亭绿雪茶
77	NY/T 779—2004	普洱茶
78	NY/T 781—2004	六安瓜片茶
79	NY/T 782—2004	黄山毛峰茶
80	NY/T 783—2004	洞庭春茶
81	NY/T 784—2004	紫笋茶
82	NY/T 863—2004	碧螺春茶
83	GH/T 1178—2017	祁门工夫红茶
84	NY 5196—2002	有机茶
85	NY/T 288—2018	绿色食品　茶叶
86	GH/T 1090—2014	富硒茶
87	NY/T 600—2002	富硒茶

三、茶叶中农药残留标准

我国茶叶中农药最大残留限量标准收录于国家标准《食品安全国家标准 食品中农药最大残留限量》（GB 2763—2019）中。GB 2763 标准近几年经过多次修订，2005 版中茶叶仅有 10 项限量，2012 版增加到 25 项，2014 版增加到 28 项，2016 版增加到 48 项，到目前的 2019 版，茶叶上共制定农残限量 65 项，详见表 3-2。

表 3-2　茶叶中农药残留限量

农药名称	残留定义	最大残留限量（毫克/千克）
苯醚甲环唑	苯醚甲环唑	10
吡虫啉	吡虫啉	0.5
吡蚜酮	吡蚜酮	2
草铵膦	草铵膦	0.5
草甘膦	草甘膦	1
虫螨腈	虫螨腈	20
除虫脲	除虫脲	20
哒螨灵	哒螨灵	5
美曲膦酯	美曲膦酯	2
丁醚脲	丁醚脲	5
啶虫脒	啶虫脒	10
多菌灵	多菌灵	5
氟氯氰菊酯和高效氟氯氰菊酯	氟氯氰菊酯（异构体之和）	1
氟氰戊菊酯	氟氰戊菊酯	20
甲胺磷	甲胺磷	0.05
甲拌磷	甲拌磷及其氧类似物（亚砜、砜）之和，以甲拌磷表示	0.01
甲基对硫磷	甲基对硫磷	0.02
甲基硫环磷	甲基硫环磷	0.03
甲氰菊酯	甲氰菊酯	5
克百威	克百威及 3-羟基克百威之和，以克百威表示	0.05

（续）

农药名称	残留定义	最大残留限量（毫克/千克）
喹螨醚	喹螨醚	15
联苯菊酯	联苯菊酯（异构体之和）	5
硫丹	α-硫丹和 β-硫丹及硫丹硫酸酯之和	1
硫环磷	硫环磷	0.03
氯氟氰菊酯和高效氯氟氰菊酯	氯氟氰菊酯（异构体之和）	15
氯菊酯	氯菊酯（异构体之和）	20
氯氰菊酯和高效氯氰菊酯	氯氰菊酯（异构体之和）	20
氯噻啉	氯噻啉	3
氯唑磷	氯唑磷	0.01
灭多威	灭多威	0.2
灭线磷	灭线磷	0.05
内吸磷	内吸磷	0.05
氰戊菊酯和 S-氰戊菊酯	氰戊菊酯（异构体之和）	0.1
噻虫嗪	噻虫嗪	10
噻螨酮	噻螨酮	15
噻嗪酮	噻嗪酮	10
三氯杀螨醇	三氯杀螨醇（o，p'-异构体和 p，p'-异构体之和）	0.2
杀螟丹	杀螟丹	20
杀螟硫磷	杀螟硫磷	0.5
水胺硫磷	水胺硫磷	0.05
特丁硫磷	特丁硫磷及其氧类似物（亚砜、砜）之和，以特丁硫磷表示	0.01
辛硫磷	辛硫磷	0.2
溴氰菊酯	溴氰菊酯（异构体之和）	10
氧乐果	氧乐果	0.05
乙酰甲胺磷	乙酰甲胺磷	0.1
茚虫威	茚虫威	5
滴滴涕	p，p'-滴滴涕、o，p'-滴滴涕、p，p'-滴滴伊和 p，p'-滴滴滴之和	0.2

（续）

农药名称	残留定义	最大残留限量（毫克/千克）
六六六	α-六六六、β-六六六、γ-六六六和 δ-六六六之和	0.2
百草枯	百草枯阳离子，以二氯百草枯表示	0.2
乙螨唑	乙螨唑	15
百菌清	百菌清	10
吡唑醚菌酯	吡唑醚菌酯	10
丙溴磷	丙溴磷	0.5
呋虫胺	呋虫胺	20
氟虫脲	氟虫脲	20
甲氨基阿维菌素苯甲酸盐	甲氨基阿维菌素 B1a	0.5
毒死蜱	毒死蜱	2
甲萘威	甲萘威	5
醚菊酯	醚菊酯	50
噻虫胺	噻虫胺	10
噻虫啉	噻虫啉	10
西玛津	西玛津	0.5
印楝素	印楝素	1
莠去津	莠去津	0.1
唑虫酰胺	唑虫酰胺	50

　　在国际上，国际食品法典委员会（CAC）制定了茶叶中农药残留最大残留限量标准 26 项。到目前为止，欧盟《关于植物类食品和动物性食品和饲料中的农药的最大残留限量和修改 91/414/EEC 理事会指令的 396/2005 号欧盟条例》中制定茶叶中农残限量 486 项。但欧盟采取一律标准制度，对未制定限量且未豁免制定限量的农药活性物质/产品组合采用 0.01 毫克/千克的默认限量，因此实际执行的茶叶中限量应高于 486 项。日本《食品中农用化学品残留的肯定列表制度》中制定茶叶中农残限量 225 项。与欧盟相同，日本也采取一律标准制度（日本称为肯定列表制定），对未制定限量且未豁免制定限量的农药活性物质/产品组合采用 0.01 毫克/千克的默认限量，因此实际执行的茶叶中限量应高于 225 项。美国联邦法规第 40 篇《环境保

护》的第 180 部分《食品中农药残留的限量和豁免》中制定茶叶中 30 项农药的限量 45 项，其中茶叶 37 项、茶鲜叶 2 项、速溶茶 4 项和未制定限量的所有食品 2 项。对于未制定限量的农药，美国规定不得检出。

四、茶叶中无机成分标准

我国《食品安全国家标准　食品中污染物限量》（GB 2762—2017）标准制定了茶叶中铅的限量为 5.0 毫克/千克。食品法典、欧盟、日本和美国均未制定茶叶中铅的限量。其他重金属中，我国农业行业标准《NY 659—2003 茶叶中铬、镉、汞、砷及氟化物限量》中规定了茶叶中铬、镉、汞和砷的限量，分别为 5 毫克/千克、1 毫克/千克、0.3 毫克/千克和 2 毫克/千克。欧盟制定的茶叶中汞的限量为 0.02 毫克/千克，铜的限量为 40 毫克/千克。食品法典、欧盟、日本和美国均未制定茶叶中其他重金属的限量。《GB 2762—2017 食品安全国家标准　食品中污染物限量》中，备受争议的茶叶中稀土的限量已被删除。

此外，国家标准《砖茶含氟量》（GB 19965—2005）中规定了砖茶（紧压茶、边销茶）中氟的限量，为 300 毫克/千克。农业行业标准《茶叶中铬、镉、汞、砷及氟化物限量》（NY 659—2003）中规定了茶叶中氟化物的限量，为 200 毫克/千克。在国际上，欧盟制定了茶叶中氟离子限量为 350 毫克/千克。欧盟和日本分别制定了茶叶中溴离子的限量 70 毫克/千克和 50 毫克/千克，磷化氢的限量 0.02 毫克/千克和 0.01 毫克/千克。欧盟还制定了茶叶中一氧化碳的限量 0.01 毫克/千克。日本还制定了氰化氢的限量 1 毫克/千克。

对于富硒茶，供销合作行业标准《富硒茶》（GH/T 1090—2014）中要求富硒茶中硒含量在 0.2~4.0 毫克/千克，农业行业标准《富硒茶》（NY/T 600—2002）中要求富硒茶中硒含量在 0.25~4.00 毫克/千克。

五、茶叶微生物限量指标

我国国家标准《食品安全国家标准　食品中致病菌限量》（GB 29921—

2013）中未规定茶叶中致病菌的限量。在产品标准中，仅《地理标志产品 普洱茶》（GB/T 22111—2008）中规定晒青茶和普洱茶中致病菌（沙门氏菌、志贺氏菌、金黄色葡萄球菌及溶血性链球菌）不得检出。

部分产品标准中还规定了茶叶中大肠菌群的限量。国家标准《地理标志产品　武夷岩茶》（GB/T 18745—2006）、《地理标志产品　安吉白茶》（GB/T 20354—2006）、《地理标志产品　乌牛早茶》（GB/T 20360—2006）和《地理标志产品　普洱茶》（GB/T 22111—2008）中分别规定相应茶叶产品中大肠菌群不超过 300 个/100 克。农业行业标准《茉莉花茶》（NY/T 456—2001）中茉莉花茶中大肠菌群不超过 500 个/100 克。茯茶中冠突散囊菌为有益菌，有益人们的身体健康，国家标准《紧压茶　第 3 部分：茯砖茶》（GB/T 9833.3—2013）中规定茯砖茶中冠突散囊菌不少于 20×10^4 CFU/克。

食品法典、欧盟、日本和美国未制定茶叶中微生物相关的限量。

第四节　茶叶质量安全认证

一、SC 编号

2015 年 10 月 1 日起施行的新修订的《中华人民共和国食品安全法》，明确规定食品包装上应当标注食品生产许可证编号，没有要求标注食品生产许可证标志。国家食品药品监督管理总局根据新《食品安全法》发布了《食品生产许可管理办法》（总局令第 16 号），于 2015 年 10 月 1 日起同步实施。食品生产许可证编号由 SC（"生产"的汉语拼音字母缩写）和 14 位阿拉伯数字组成。数字从左至右依次为：3 位食品类别编码、2 位省（自治区、直辖市）代码、2 位市（地）代码、2 位县（区）代码、4 位顺序码、1 位校验码。原有依据《工业产品生产许可证管理条例》取得的食品"QS"标志被取消，带有"QS"标志的食品（茶叶）随着时间的推移慢慢退出市场，2018 年 10 月 1 日及以后生产的食品一律不得继续使用原包装和标签以及"QS"标志。2020 年 1 月 2 日，国家市场监督管理总局令第 24 号，公布了

2019 年 12 月 23 日经国家市场监督管理总局 2019 年第 18 次局务会议审议通过的修订后的《食品生产许可管理办法》，自 2020 年 3 月 1 日起施行。

2020 年 2 月 23 日，国家市场监督管理总局公告 2020 年第 8 号《市场监管总局关于修订公布食品生产许可分类目录的公告》，根据《食品生产许可管理办法》（国家市场监督管理总局令第 24 号），国家市场监督管理总局对《食品生产许可分类目录》进行修订，自 2020 年 3 月 1 日起，《食品生产许可证》中"食品生产许可品种明细表"按照新修订《食品生产许可分类目录》填写。2020 年 3 月 1 日开始，茶叶及相关制品大类包括茶叶、茶制品、调味茶和代用茶 4 个细类，各自的食品生产许可类别编号、类别名称和品种明细如表 3-3：

表 3-3 茶叶及相关制品的食品生产许可类别编号

类别编号	类别名称	品种明细
1401	茶叶	1. 绿茶：龙井茶、珠茶、黄山毛峰、都匀毛尖、其他 2. 红茶：祁门工夫红茶、小种红茶、红碎茶、其他 3. 乌龙茶：铁观音茶、武夷岩茶、凤凰单丛茶、其他 4. 白茶：白毫银针茶、白牡丹茶、贡眉茶、其他 5. 黄茶：蒙顶黄芽茶、霍山黄芽茶、君山银针茶、其他 6. 黑茶：普洱茶（熟茶）散茶、六堡茶散茶、其他 7. 花茶：茉莉花茶、珠兰花茶、桂花茶、其他 8. 袋泡茶：绿茶袋泡茶、红茶袋泡茶、花茶袋泡茶、其他 9. 紧压茶：普洱茶（生茶）紧压茶、普洱茶（熟茶）紧压茶、六堡茶紧压茶、白茶紧压茶、花砖茶、黑砖茶、茯砖茶、康砖茶、沱茶、紧茶、金尖茶、米砖茶、青砖茶、其他紧压茶
1402	茶制品	1. 茶粉：绿茶粉、红茶粉、其他 2. 固态速溶茶：速溶红茶、速溶绿茶、其他 3. 茶浓缩液：红茶浓缩液、绿茶浓缩液、其他 4. 茶膏：普洱茶膏、黑茶膏、其他 5. 调味茶制品：调味茶粉、调味速溶茶、调味茶浓缩液、调味茶膏、其他 6. 其他茶制品：表没食子儿茶素没食子酸酯、绿茶茶氨酸、其他
1403	调味茶	1. 加料调味茶：八宝茶、三泡台、枸杞绿茶、玄米绿茶、其他 2. 加香调味茶：柠檬红茶、草莓绿茶、其他 3. 混合调味茶：柠檬枸杞茶、其他 4. 袋泡调味茶：玫瑰袋泡红茶、其他 5. 紧压调味茶：荷叶茯砖茶、其他

（续）

类别编号	类别名称	品种明细
1404	代用茶	1. 叶类代用茶：荷叶、桑叶、薄荷叶、苦丁茶、其他 2. 花类代用茶：杭白菊、金银花、重瓣红玫瑰、其他 3. 果实类代用茶：大麦茶、枸杞子、决明子、苦瓜片、罗汉果、柠檬片、其他 4. 根茎类代用茶：甘草、牛蒡根、人参（人工种植）、其他 5. 混合类代用茶：荷叶玫瑰茶、枸杞菊花茶、其他 6. 袋泡代用茶：荷叶袋泡茶、桑叶袋泡茶、其他 7. 紧压代用茶：紧压菊花、其他

另，"饮料"食品类别编码"0603"类别名称"茶类饮料"明种明细"原茶汁（茶汤/纯茶饮料）、茶浓缩液、茶饮料、果汁茶饮料、奶茶饮料、复合茶饮料、混合茶饮料、其他茶（类）饮料"，食品类别编码"0606"类别名称"固体饮料"明种明细"茶固体饮料"；"方便食品"食品类别编码"0702"类别名称"其他方便食品"明种明细"冲调类（油茶）"；"保健食品"食品类别编码"2704"类别名称"茶剂"，均与茶叶密切相关。

根据《市场监管总局关于落实"证照分离"改革全覆盖试点的通知》（国市监注〔2019〕225 号），对"食品生产许可"，由县级以上地方市场监管部门优化审批服务：①除特殊食品（包括保健食品、婴幼儿配方食品和特殊医学用途配方食品）外，将审批权限由省级市场监管部门下放至设区的市、县级市场监管部门。②实现申请、审批全程网上办理。③不再要求申请人（企业法人、合伙企业、个人独资企业、个体工商户、农民专业合作组织等）提供营业执照、食品安全管理制度文本等材料。④将审批时限由 20 个工作日压减至 10 个工作日。

《食品生产许可管理办法》（市场监管总局令第 24 号）征求意见稿修订起草说明，对茶叶（边销茶除外）等风险相对低的食品的生产许可，简化审批程序，实行食品生产许可告知承诺。食品生产者在申请办理食品生产许可、许可变更、许可延续时提交的申请材料齐全、符合法定形式，且书面报送《告知承诺书》承诺符合食品生产许可条件的，不再进行现场核查，直接向申请人发放食品生产许可证。县级以上地方市场监督管理部门应当自申请人取得食品生产许可之日起 20 个工作日内实施监督检查，重点检查申请人所承诺事项是否与实际情况一致，不一致的要及时撤销行政许可。

　　《食品生产许可管理办法》（市场监管总局令第 24 号）规定，食品生产许可证有效期内，食品生产者名称、现有设备布局和工艺流程、主要生产设备设施、食品类别等事项发生变化，需要变更食品生产许可证载明的许可事项的，食品生产者应当在变化后 10 个工作日内向原发证的市场监督管理部门提出变更申请。食品生产者的生产场所迁址的，应当重新申请食品生产许可。食品生产许可证副本载明的同一食品类别内的事项发生变化的，食品生产者应当在变化后 10 个工作日内向原发证的市场监督管理部门报告。食品生产者的生产条件发生变化，不再符合食品生产要求，需要重新办理许可手续的，应当依法办理。

二、无公害食品（无公害农产品）标志

　　无公害食品标志也就是无公害农产品标志。无公害农产品标志是加施于获得无公害农产品认证的产品或者其包装上的证明性标记，无公害农产品标志基本图案（图 3-1）由麦穗、对勾和无公害农产品字样组成，麦穗代表农产品，对勾表示合格，金色寓意成熟和丰收，绿色象征环保和安全。无公害食品茶叶的包装上

图 3-1　无公害食品标志图案

应有无公害农产品专用标志，根据《无公害农产品标志管理办法》获得无公害农产品认证的茶叶产品，其标注方法和内容按《无公害农产品标志管理规定》执行。

三、绿色食品标志

　　绿色食品标志（图 3-2）是中国绿色食品发展中心在国家工商行政管理局商标局正式注册的证明商标，是我国首例证明商标，用以证明绿色食品安全、优质的特定品质。农产品（如茶鲜叶、龙井茶等）和加工食品（如茶饮

料、抹茶等）生产单位，必须按照《绿色食品标志管理办法》规定的程序，经申请、检查、检测、核准，获得绿色食品标志使用权，才可称之为"绿色食品"，未经核准的任何产品，都不得称为"绿色食品"。

绿色食品标志图形由三部分构成，即上方的太阳、下方的叶片和中间的蓓蕾。标志图形为正圆形，意为保护、安全。颜色为绿色，象征着生命活力。整个图形表达明媚阳光下人与自然的和谐与生机。

图 3-2　绿色食品标志图案

四、中国有机产品标志和有机茶标志

《有机产品认证管理办法》和国家标准《有机产品　生产、加工、标识与管理体系要求》（GB/T 19630）明确规定，标识为"有机"的产品必须在获证产品或者产品的最小销售包装上加施中国有机产品标志及其唯一编号、认证机构名称或者其标识，三者缺一不可。

中国有机产品认证标志（图 3-3）是证明产品在生产、加工和销售过程中符合国家标准《有机产品　生产、加工、标识与管理体系要求》（GB/T 19630）的规定，并且通过认证机构认证的专用图形，由中国国家认证认可监督管理委员会（简称"国家认监委"，英文缩写"CNCA"）统一设计发布，只有通过国家认监委批准的合法认证机构根据 GB/T 19630—2019《有机产品　生产、加工、标识与管理体系要求》

C：100 M：0 Y：100 K：0
C：0 M：60 Y：100 K：0

图 3-3　中国有机产品认证标志

国家标准认证的有机产品，才可使用中国有机产品认证标志。

《有机产品认证管理办法》和国家标准《有机产品　生产、加工、标识与管理体系要求》（GB/T 19630）规定，在有机产品或其最小销售包装上就加施中国有机产品认证标志、有机码及认证机构名称或其标识。不同的认证机构有不同的机构标志，图 3-4 所示的标志就为部分机构的认证机构标志。

图 3-4　有机产品认证机构的标志（举例）

《有机产品认证实施规则》规定，为保证国家有机产品认证标志的基本防伪和追溯，防止假冒认证标志和获证产品的发生，各有机产品认证机构在向获证组织发放认证标志或允许获证组织在产品标签上印制认证标志时，应当赋予每枚认证标志一个唯一编码，即"有机码"。"有机码"由 17 位数字组成，其中认证机构代码 3 位、认证标志发放年份代码 2 位、认证标志发放随机码 12，并且要求在这 17 位数字前加"有机码"三个字。任何个人都可以在"中国食品农产品认证信息系统"网站上查到该枚有机标志对应的有机产品名称、认证证书编号、获证企业等信息。对于加贴的有机产品认证标志，"有机码"采用暗码形式标注在有机产品认证标志旁，刮开涂层即可获取。对于在产品标签或零售包装上印制的有机产品认证标志，"有机码"采用明码形式标注"有机码"字样旁。国家认监委提供"有机码"数据统一的查询方式，为社会公众和监管部门服务。　"有机码"查询方式：登录 http：//food.cnca.cn"中国食品农产品认证信息系统"，点击"有机码查询"进入"中国有机产品认证公共服务专栏"，在此页面输入"有机码"和"验证码"，即可进行查询。消费者或监管部门可通过查询页面的产品信息，与所购买的商品信息进行对比，来验证和确认所购商品的真实"有机"属性。图 3-5 为部分认证机构的"有机码"标签。

规格23×30（毫米）

杭州中农质量认证有限公司有机码

北京中绿华夏有机食品认证中心有机码

图3-5 "有机码"标签样式

五、地理标志（证明商标）

1. 农产品地理标志

农业农村部依据《中华人民共和国农业法》《中华人民共和国农产品质量安全法》相关规定，制定发布了《农产品地理标志管理办法》（农业部令11号）。国家对农产品地理标志实行登记制度。经登记的农产品地理标志受法律保护。农业农村部负责全国农产品地理标志的登记工作，农业农村部农产品质量安全中心负责农产品地理标志登记的审查和专家评审工作；省级人民政府农业行政主管部门负责本行政区域内农产品地理标志登记申请的受理和初审工作；农业农村部设立的农产品地理标志登记专家评审委员会，负责专家评审。

符合《农产品地理标志管理办法》农产品地理标志登记条件的茶叶产品申请人，经登记申请、材料初审、专家评审、全国公示、农业部批准，由农业部农产品质量安全中心颁证农产品地理标志登记证书，成为农产品地理登记证书持有人。农产品地理标志登记证书长期有效。符合《农产品地理标志管理办法》第十五条规定条件的标志使用申请人可以向登记证书持有人提出标志使用申请，获准后，农产品地理标志使用应符合《农产品地理标志使用规范》的要求。2017年12月29日，农业部下发《农业部办公厅关于调整无公害农产品认证、农产品地理标志审查工作的通知》（农办质〔2017〕41

号），根据中共中央办公厅、国务院办公厅《关于创新体制机制推进农业绿色发展的意见》要求，经中央编办批准，农业部决定对农产品地理标志登记工作的职责进行调整，将协调指导地方开展农产品地理标志评审登记工作职责由农业部农产品质量安全中心划转到由中国绿色食品发展中心承担。

农产品地理标志实行公共标识与地域产品名称相结合的标注制度。公共标识基本图案由中华人民共和国农业部中英文字样、农产品地理标志中英文字样和麦穗、地球、日月图案等元素构成。公共标识的核心元素为麦穗、地球、日月相互辉映，麦穗代表生命与农产品，同时从整体上看是一个地球在宇宙中的运转状态，体现了农产品地理标志和地球、人类共存的内涵。标识的颜色由绿色和橙色组成，绿色象征农业和环保，橙色寓意丰收和成熟。公共标识基本组成色彩为绿色（C：100 Y：90）和橙色（M：70 Y：100）。公共标识基本图案如图3-6所示。

图3-6 农产品地理标志公共标识图案

2. 地理标志保护产品专用标志

国家质量监督检验检疫总局（以下简称"国家质检总局"）根据《中华人民共和国产品质量法》《中华人民共和国标准化法》《中华人民共和国进出口商品检验法》等有关规定，制定发布了《地理标志产品保护规定》（质检总局令〔2005〕第78号）。规定地理标志产品的申请受理、审核批准、地理标志专用标志注册登记和监督管理工作。国家质检总局统一管理全国的地理标志产品保护工作。各地出入境检验检疫局和质量技术监督局（简称各地质检机构）依照职能开展地理标志产品保护工作。

国家质检总局发布批准产品获得地理标志产品保护的公告。地理标志产品产地范围内的生产者使用地理标志产品专用标志，向当地质量技术监督局或出入境检验检疫局提出申请，申请经省级质量技术监督局或直属出入境检验检疫局审核，并经国家质检总局审查合格注册登记后，发布公告，生产者即可在其产品上使用地理标志产品专用标志，获得地理标志产品保护。

地理标志保护产品专用标志见图 3-7。标志的轮廓为椭圆形，淡黄色外圈，绿色底色。椭圆内圈中均匀分布四条经线、五条纬线，椭圆中央为中华人民共和国地图。在外圈上部标注"中华人民共和国地理标志保护产品"字样；中华人民共和国地图中央标注"PGi"字样；

图 3-7　地理标志保护产品专用标志

在外圈下部标注"PEOPLE'S REPUBLIC OF CHINA"字样。在椭圆型第四条和第五条纬线之间中部标注受保护的地理标志产品名称，图中以"龙井茶"为例。

获准使用地理标志产品专用标志资格的生产者，未按相应标准和管理规范组织生产的，或者在 2 年内未在受保护的地理标志产品上使用专用标志的，国家质检总局将注销其地理标志产品专用标志使用注册登记，停止其使用地理标志产品专用标志并对外公告。

3. 地理标志产品专用标志和地理标志商标注册

国家工商行政管理总局商标局根据《中华人民共和国商标法》《中华人民共和国商标法实施条例》的有关规定，制定并发布了《地理标志产品专用标志管理办法》。已注册地理标志的合法使用人可以同时在其地理标志产品上使用地理标志产品专用标志（图 3-8），并可以标明地理标志注册号。地理标志产品专用标志应与地理标志一同使用，不得单独使用。地理标志产品专用标志使用人可以将地理标志产品专用标志用于商品、商品包装或者容器上，或者用于广告宣传、展览以及其他商业活动中。

地理标志产品专用标志的基本图案（图 3-8）由中华人民共和国国家工商行政管理总局商标局中英文字样、中国地理标志字样、GI 的变形字体、小麦和天坛图形构成，绿色（C：70 M：0 Y：100 K：15，C：100 M：0

Y：100 K：75）和黄色（C：0
M：20 Y：100 K：0）为专用标
志的基本组成色。

国家工商行政管理局颁布了
《集体商标、证明商标注册和管理
办法》（总局令第 6 号），对地理
标志申请证明商标和集体商标的
条件、申请部门、使用管理做出

图 3-8　地理标志专用标志

了详尽的规定。《中华人民共和国商标法实施条例》规定，以地理标志作为
证明商标注册的，其商品符合使用该地理标志条件的自然人、法人或者其他
组织可以要求使用该证明商标，控制该证明商标的组织应当允许。以地理标
志作为集体商标注册的，其商品符合使用该地理标志条件的自然人、法人或
者其他组织，可以要求参加以该地理标志作为集体商标注册的团体、协会或
者其他组织，该团体、协会或者其他组织应当依据其章程接纳为会员。图
3-9 是以龙井茶为例的证明商标标识基本图案和编号样张。

图 3-9　以地理标志注册的证明商标标识基本图案和编号

根据国家工商总局的规定，集体商标、证明商标注册的申请日期，以商
标局收到申请书的日期为准，自核准注册之日起，有效期为十年。十年期满
后，若要继续使用，须办理续展注册。商标法第三十八条规定，注册商标有
效期满，需要继续使用的，应当在期满前六个月内申请续展注册，在此期间
未能提出申请的，可以给予六个月的宽展期。宽展期满仍未提出申请的，注

销其注册商标。每次续展注册的有效期为十年。续展注册经核准后，予以公告。

2019 年 10 月 16 日，国家知识产权局公告第 332 号《关于发布地理标志专用标志的公告》发布。根据党中央、国务院《深化党和国家机构改革方案》中关于统一地理标志认定的原则，依据《中华人民共和国民法总则》《中华人民共和国商标法》《中华人民共和国商标法实施条例》《地理标志产品保护规定》《集体商标、证明商标注册和管理办法》，确定地理标志专用标志官方标志，现予以发布。原相关地理标志产品专用标志同时废止，原标志使用过渡期至 2020 年 12 月 31 日。地理标志专用标志使用管理办法由国家知识产权局另行制定发布。

2019 年 10 月 16 日，国家知识产权局公告第 333 号《关于地理标志专用标志官方标志登记备案的公告（第 333 号）》发布。根据《中华人民共和国商标法》《中华人民共和国专利法》等有关规定，国家知识产权局对地理标志专用标志予以登记备案，并纳入官方标志保护。

国家知识产权局公告第 333 号附件：地理标志专用标志图案和说明

一、编号

官方标志 G2019002 号。

二、图案

三、说明

（一）形状。

圆形。

（二）颜色。

红色。红色色值：＃CF352E，R：207 G：53 B：46，C：16 M：91 Y：85 K：0

金色。金色色值：＃E7BC69，R：231 G：188 B：105，C：11 M：29 Y：64 K：0

（三）构成。

地理标志专用标志（以下简称"标志"）以经纬线地球为基底，表现了地理标志作为全球通行的一种知识产权类别和地理标志助推中国产品"走出去"的美好愿景。以长城及山峦剪影为前景，兼顾地理与人文的双重意向，代表着中国地理标志卓越品质与可靠性，透明镂空的设计增强了标志在不同产品包装背景下的融合度与适应性。稻穗源于中国，是中国最具代表性农产品之一，象征着丰收。中文为"中华人民共和国地理标志"，英文为"GEOGRAPHICAL INDICATION OF P. R. CHINA"，均采用华文宋体。GI 为国际通用的"Geographical Indication"缩写名称，采用华文黑体。标志整体庄重大方，构图合理美观，体现官方标志的权威，象征中国传统的深厚底蕴，作为地理标志专用标志，具有较高的辨识度和较强的象征性。

六、茶叶绿色、有机、无公害的产地环境要求和标准

1. 无公害茶叶产地质量要求和标准

无公害茶叶产地应选择在生态条件良好，远离污染源，并具有可持续生产能力的农业生产区域。农业行业标准《无公害农产品 种植业产地环境条件》（NY/T 5010—2016）取代了《无公害食品 茶叶产地环境条件》（NY 5020—2001），规定无公害农产品产地环境质量（灌溉水和土壤）的要求，因此无公害茶叶产地质量应符合《无公害农产品 种植业产地环境条件》（NY/T 5010—2016）的要求，灌溉水的要求见表 3-4，土壤环境质量监测要求见表 3-5。

表 3-4　茶园灌溉水指标

项　　目	指　　标	备　　注
总汞，毫克/升≤	0.001	
总镉，毫克/升≤	0.01	
总砷，毫克/升≤	0.1	基本指标
总铅，毫克/升≤	0.2	
铬（六价），毫克/升≤	0.1	
氰化物，毫克/升≤	0.5	
化学需氧量，毫克/升≤	200	
挥发酚，毫克/升≤	1	选择性指标
石油类，毫克/升≤	10	
全盐量，毫克/升≤	1 000	
类大肠菌群，个/升≤	4 000	

表 3-5　茶园土壤环境质量监测指标

项目类别	限　　值		备　　注
pH	<6.5	6.5～7.5	
总汞（毫克/千克）≤	0.30	0.50	
总砷（毫克/千克）≤	40	30	
总镉（毫克/千克）≤	0.30	0.60	基本指标
总铅（毫克/千克）≤	250	300	
总铬（毫克/千克）≤	150	200	
总铜（毫克/千克）≤	50	100	
总镍（毫克/千克）≤	40	50	选择指标
邻苯二甲酸酯≤		250	

2. 绿色食品茶产地质量要求和标准

　　绿色食品茶叶基地质量标准没有单独的规定，统一执行绿色食品的产地环境标准。绿色食品产地环境标准即《绿色食品　产地环境质量》（NY/T 391—2013），是用于度量、测定产地环境质量水平，污染物排放强度或有害能量释放强度的规范。

　　（1）生态环境要求　绿色食品生产应选择生态环境良好、无污染的地区，远离工矿区和公路铁路干线，避开污染源。应在绿色食品和常规生产区域之间设置有效的缓冲带或物理屏障，以防止绿色食品生产基地受到污染。建立生物栖息地，保护基因多样性、物种多样性和生态系统多样性，以维持生态平衡。应保证基地具有可持续生产能力，不对环境或周边其他生物产生污染。

（2）空气质量要求应符合表 3-6 的要求

表 3-6　空气质量要求（标准状态）

项　　目	指标		检测方法
	日平均[a]	1 小时[b]	
总悬浮颗粒物，毫克/立方米	≤0.30	—	GB/T 15432
二氧化硫，毫克/立方米	≤0.15	≤0.50	HJ 482
二氧化氮，毫克/立方米	≤0.08	≤0.20	HJ 479
氟化物，微克/立方米	≤7	≤20	HJ 480

a：日平均指任何一日的平均指标，b：1 小时指任何一小时的指标。

（3）茶园灌溉水质要求应符合表 3-7 的要求

表 3-7　农田灌溉水质要求

项　　目	指标	检测方法
pH	5.5～8.5	GB/T 6920
总汞，毫克/升	≤0.001	HJ 597
总镉，毫克/升	≤0.005	GB/T 7475
总砷，毫克/升	≤0.05	GB/T 7485
总铅，毫克/升	≤0.1	GB/T 7475
六价铬，毫克/升	≤0.1	GB/T 7467
氟化物，毫克/升	≤2.0	GB/T 7484
化学需氧量（CODcr），毫克/升	≤60	GB 11914
石油类，毫克/升	≤1.0	HJ 637

（4）土壤环境质量要求　茶园是酸性植物，因此茶园土壤主要有两大

类，pH<6.5 和 6.5≤pH≤7.5，土壤质量应符合表 3-8 要求。

表 3-8　土壤质量要求

项　目	旱田			检测方法
	pH<6.5	6.5≤pH≤7.5	pH>7.5	NY/T 1377
总镉，毫克/千克	≤0.30	≤0.30	≤0.40	GB/T 17141
总汞，毫克/千克	≤0.25	≤0.30	≤0.35	GB/T 22105.1
总砷，毫克/千克	≤25	≤20	≤20	GB/T 22105.2
总铅，毫克/千克	≤50	≤50	≤50	GB/T 17141
总铬，毫克/千克	≤120	≤120	≤120	HJ 491
总铜，毫克/千克	≤50	≤60	≤60	GB/T 17138

土壤肥力要求。土壤肥力按照表 3-9 划分。

表 3-9　土壤肥力分级指标

项　目	级别	旱地	园地	检测方法
有机质，克/千克	Ⅰ	>15	>20	NY/T 1121.6
	Ⅱ	10~15	15~20	
	Ⅲ	<10	<15	
全氮，克/千克	Ⅰ	>1.0	>1.0	NY/T 53
	Ⅱ	0.8~1.0	0.8~1.0	
	Ⅲ	<0.8	<0.8	
有效磷，毫克/千克	Ⅰ	>10	>10	LY/T 1233
	Ⅱ	5~10	5~10	
	Ⅲ	<5	<5	
速效钾，毫克/千克	Ⅰ	>120	>100	LY/T 1236
	Ⅱ	80~120	50~100	
	Ⅲ	<80	<50	
阳离子交换量，厘摩（+）/千克	Ⅰ	>20	>20	LY/T 1243
	Ⅱ	15~20	15~20	
	Ⅲ	<15	<15	

3. 有机茶产地质量要求和标准

有机茶基地应水土保持良好，生物多样性指数高，远离污染源和具有较强的可持续生产能力；有机茶园与交通干线的距离应在 1 000 米以上，有机茶园与常规农业生产区域之间应有明显的边界和隔离带，以保证有机茶园不受污染，隔离带以山和自然植被等天然屏障为宜，也可以是人工营造的树林和农作物，农作物应按有机农业生产方式栽培。国家标准《有机产品　生产、加工、标识与管理体系要求》（GB/T 19630）对有机茶基地环境质量的土壤、空气、灌溉水有如下规定。

（1）有机茶园土壤要求　有机茶基地土壤环境质量应符合 GB 15618《土壤环境质量标准》的规定，详见表 3-10 的要求。

表 3-10　农用地土壤污染风险筛选值（基本项目）

单位：毫克/千克

序号	污染物项目	风险筛选值		
		pH≤5.5	5.5＜pH≤6.5	6.5＜pH≤7.5
1	镉	0.3	0.3	0.3
2	汞	1.3	1.8	2.4
3	砷	40	40	30
4	铅	70	90	120
5	铬	150	150	200
6	铜	50	50	100
7	镍	60	70	100
8	铜	200	200	250

注：重金属和类金属砷均按元素总量计。

（2）有机茶基地空气要求　有机茶基地环境空气质量应符合 GB 3095《空气环境质量标准》的规定，详见表 3-11A 和表 3-11B 的要求。

表 3-11A　环境空气污染物基本项目浓度限值

序号	污染物项目	平均时间	浓度限值		单位
			一级	二级	
1	二氧化硫（SO_2）	年平均	20	60	微克/立方米
		24 小时平均	50	150	
		1 小时平均	150	500	
2	二氧化氮（NO_2）	年平均	40	40	
		24 小时平均	80	80	
		1 小时平均	200	200	

（续）

序号	污染物项目	平均时间	浓度限值 一级	浓度限值 二级	单位
3	一氧化碳（CO）	24 小时平均	4	4	
		1 小时平均	10	10	
4	臭氧（O₃）	日最大 8 小时平均	100	160	微克/立方米
		1 小时平均	160	200	
5	颗粒物（粒径小于等于 10μm）	年平均	40	70	
		24 小时平均	50	150	
6	颗粒物（粒径小于等于 25μm）	年平均	15	35	

表 3-11B　环境空气污染物其他项目浓度限值

序号	污染物项目	平均时间	浓度限值 一级	浓度限值 二级	单位
1	总悬浮颗粒物（TSP）	年平均	80	200	
		24 小时平均	120	300	
2	氮氧化物（NO₃）	年平均	50	50	
		24 小时平均	100	100	微克/立方米
		1 小时平均	250	250	
3	铅（Pb）	年平均	0.5	0.5	
		季平均	1	1	
4	苯并［a］芘（BaP）	年平均	0.001	0.001	
		24 小时平均	0.002 5	0.002 5	

（3）有机茶基地灌溉水要求　有机茶基地灌溉水的水质 GB 5084《农田灌溉水质标准》的规定，详见表 3-12 的要求。

表 3-12　有机茶基地灌溉水中各项污染物的浓度限值

序号	项目类别	限　值
1	五日生化需氧量（毫克/升）≤	100
2	化学需氧量（毫克/升）≤	200
3	悬浮物（毫克/升）≤	100
4	阴离子表面活性剂（毫克/升）≤	8

（续）

序号	项目类别	限 值
5	水温（℃）≤	35
6	pH	5.5～8.5
7	全盐量（毫克/升）≤	1 000
8	氯化物（毫克/升）≤	350
9	硫化物（毫克/升）≤	1
10	总汞（毫克/升）≤	0.001
11	镉（毫克/升）≤	0.01
12	总砷（毫克/升）≤	0.1
13	铬（六价）（毫克/升）≤	0.1
14	铅（毫克/升）≤	0.2
15	粪大肠菌群数（个/100毫升）≤	4 000
16	蛔虫卵数（个/升）≤	2

七、茶叶质量安全与认证的关系

随着我国社会和经济的发展，人们生活水平的提高，我国农产品已经实行了供求基本平衡，消费者更加重视食品的安全和健康因素。我国近几年的农业发展表明，农业增产不增收的根本原因是农产品质量低，无法满足高端要求。农药、兽药超标现象时有发生，化学品投入过大，水土流失严重，以牺牲环境为代价换来了现代农业的发展。为了提高我国食品质量安全水平，解决农药、兽药、饲料添加剂、动植物激素等农资使用带来的安全隐患，以及环境污染带来的农产品污染问题，杜绝农产品因农药残留、兽药残留和其他有毒有害物质超标造成的餐桌污染和引发的中毒事件，提高我国农产品的出口和国际市场竞争力，农业部从2002年起在全国范围内全面实施"无公害食品行动计划"。"无公害食品行动计划"以全面提高农产品质量安全水平为核心，以"菜篮子"产品为突破口，以市场准入为切入点，从产地和市场两个环节入手，通过对农产品实行"从农田到餐桌"全过程质量安全控制，用 5 年的时间，基本实现主要农产品生产和消费无公害。

近年来在各级政府的支持下，为了提高我国农产品的质量安全，先后在农产品中开展了绿色食品认证、有机食品认证和无公害认证，农产品认证得到快速发展，认证产品正从基地通过市场走进千家万户。认证产品不仅丰富了居民的菜篮子，更重要的是提高了食用农产品的质量安全水平，以满足不同层次消费者的需求。这三项认证已构成保障我国农产品质量安全的重要措施，三个认证的共同之处是保证农产品或食品的质量安全；由于各自目标不同，其立足点不同，它们之间又有一些差异。无公害茶、绿色食品茶、有机茶的开发，提升了我国茶叶质量安全水平，一些有机茶的管理模式在茶叶生产中得到广泛应用。有机茶的开发，改善了茶园的生态环境，提高了抵抗病虫害的能力。有机茶的开发加速清洁化生产，促进产业化发展，使许多企业增效、农民增收，并激活了区域茶叶经济的效益，一批知名企业和著名的有机茶产地诞生。有机茶的开发引入了持续发展的理念，强调了遵从自然法则，更加注重生态环境保护、生物多样性的发展。改变了传统的生产观念，更加注重环境、生态、安全和质量等方面的问题，最终实现人与自然和谐发展。

1. 无公害食品茶叶的认证程序和材料要求

2017 年 12 月 29 日，农业部办公厅印发了《关于调整无公害农产品认证、农产品地理标志审查工作的通知》（农办质〔2017〕41 号），根据中共中央办公厅、国务院办公厅《关于创新体制机制推进农业绿色发展的意见》要求，经中央编办批准，农业部决定对无公害农产品认证工作的职责进行调整，并对无公害农产品认证制度进行改革：①将协调指导地方开展无公害农产品认证工作职责由农业部农产品质量安全中心划转到由中国绿色食品发展中心承担。②农业部将启动无公害农产品认证制度改革。将无公害农产品审核、专家评审、颁发证书和证后监管等职责全部下放，由省级农业行政主管部门及工作机构负责。下放后，无公害农产品产地认定与产品认证合二为一。③自 2018 年 1 月 1 日至 2018 年 3 月 31 日，暂停无公害农产品认证（包括复查换证）申请、受理、审核和颁证等工作，原颁发证书有效期顺延，待新规章制度出台后再按新要求开展无公害农产品认证工作。

2018 年 4 月 24 日，农业农村部办公厅印发了《关于做好无公害农产品认证制度改革过渡期间有关工作的通知》（农办质〔2018〕15 号），根据中共中央办公厅、国务院办公厅《关于创新体制机制推进农业绿色发展的意见》要求和国务院"放管服"改革的精神，农业农村部决定改革现行无公害农产品认证制度，目前正在抓紧开展调研和制度设计工作。为切实做好改革过渡期间无公害农产品的相关工作，现将有关事项通知如下：①在无公害农产品认证制度改革期间，将原无公害农产品产地认定和产品认证工作合二为一，实行产品认定的工作模式，下放由省级农业农村行政部门承担。②省级农业农村行政部门及其所属工作机构按《无公害农产品认定暂行办法》负责无公害农产品的认定审核、专家评审、颁发证书和证后监管等工作。③农业农村部统一制定无公害农产品的标准规范、检测目录及参数。中国绿色食品发展中心负责无公害农产品的标志式样、证书格式、审核规范、检测机构的统一管理。

2018 年 11 月 20 日，为贯彻落实中共中央办公厅、国务院办公厅《关于创新体制机制推进农业绿色发展的意见》中关于改革无公害农产品认证制度的要求，加快推进建立食用农产品合格证制度，农业农村部农产品质量安全监管司在北京组织召开了无公害农产品认证制度改革座谈会。重点讨论了改革无公害农产品认证制度可能出现的问题及产生的影响，全面推行并建立农产品合格证制度的可行性，无公害农产品认证制度改革与农产品合格证制度的工作衔接等内容。农业农村部不开展全国统一的无公害农产品认证，省级农业农村行政部门及其所属工作机构可根据《无公害农产品认定暂行办法》，按照从申请受理到发证 6 个环节业务工作程序实施无公害农产品认证。

2. 绿色食品茶叶认证程序和材料要求（图3-10）

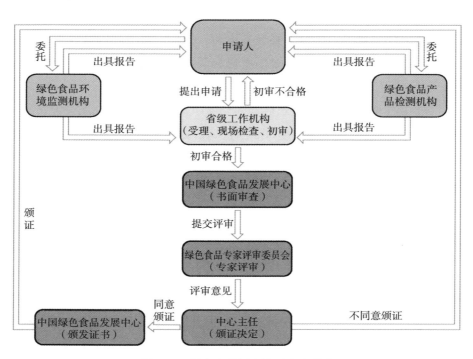

图3-10　绿色食品标志许可审查程序

绿色食品茶叶认证由中国绿色食品发展中心负责。

（1）申请条件　①能够独立承担民事责任。其资质应为企业法人、农民专业合作社、个人独资企业、合伙企业、个体工商户、家庭农场等，以及其他国有农场、国有林场和兵团团场等生产单位；②具有稳定的生产基地；③具有绿色食品生产的环境条件和生产技术；④具有完善的质量管理体系，并至少稳定运行一年；⑤具有与生产规模相适应的生产技术人员和质量控制人员；⑥申请前三年内无质量安全事故和不良诚信记录；⑦与绿色食品工作机构或检测机构不存在利益冲突。

（2）具备条件　环境符合绿色食品产地环境质量标准；投入品使用符合绿色食品投入品使用准则；产品质量符合绿色食品产品质量标准；包装贮运符合绿色食品包装贮运标准。

（3）初次申请

1）提交申请。申请时间：产品收获、屠宰或捕捞前 3 个月。

申请方式：申请人登陆 www.greenfood.agri.cn 下载填写《绿色食品标志使用申请书》和《产品调查表》，并按清单要求准备相关材料。申请人向省级工作机构或者地县级工作机构（绿办）提交上述申请材料。完成在线申请。

2）省级工作机构受理。省级（或者地县级）工作机构自收到上述申请材料之日起 10 个工作日内完成材料审查。符合要求的，予以受理，向申请人发出《绿色食品申请受理通知书》；不符合要求的，不予受理，书面通知申请人本生产周期不再受理其申请，并告知理由。

3）现场检查。省级工作机构根据申请产品类别，组织至少 2 名具有相应资质的检查员组成检查组，与申请人沟通并向其发出《绿色食品现场检查通知书》，明确现场检查计划，并在产品及产品原料生产期内实施现场检查。

申请人自收到《绿色食品现场检查通知书》后 3 个工作日内签署回执并发回省级工作机构，同时根据现场检查计划做好人员安排，检查期间要求人员在岗、场所设施设备开放待查、文件记录等资料备好待阅。

现场检查程序：首次会议—实地检查—查阅文件、记录—随机访问—总结会。

4）环境、产品检测。现场检查完成后，省级工作机构向申请人发出《绿色食品现场检查意见通知书》。现场检查合格的，申请人按照《绿色食品现场检查意见通知书》的要求委托检测机构对产地环境、产品进行检测；不合格的，通知申请人本生产周期不再受理其申请。

免测情况：①申请人如已提供了近一年内绿色食品检测机构或国家级、部级检测机构出具的《环境质量监测报告》，且符合绿色食品产地环境检测项目和质量要求的，可免做环境抽样检测。②如经检查组调查确认产地环境质量符合《绿色食品 产地环境质量》（NY/T 391）和《绿色食品 产地环境调查、监测与评价导则》（NY/T 1054）中免测条件的，省级工作机构可做出免做环境检测的决定。③同类多品种产品（5 检 1）。

5）省级工作机构初审。省级工作机构自收到《绿色食品现场检查报告》《产品检验报告》和《环境质量监测报告》之日起 20 个工作日内完成初审。初审合格的，将相关材料报送绿色中心，同时完成"绿色食品审核与管理系统"网上报送。初审不合格的，通知申请人本生产周期不再受理其申请，并告知理由。

6）绿色中心书面审查。绿色中心应当自收到省级工作机构报送的完备的申请材料之日起 30 个工作日内完成书面审查，提出审查意见，并通过省级工作机构向申请人发送《绿色食品审查意见通知书》。

审查意见为：需要进一步补充材料的，申请人应在规定时间内完成相关材料的补充工作，逾期视为自动放弃申请。需要现场核查的，由绿色中心委派检查组再次进行检查核实。

7）专家评审。书面审查意见为"合格"或"不合格"的材料，绿色中心在 20 个工作日内组织召开绿色食品专家评审会，并形成专家评审意见，并通过省级工作机构向申请人发送《绿色食品专家评审意见通知单》。

8）颁证决定。绿色中心根据专家评审意见，在 5 个工作日内做出是否颁证的决定，并通过省级工作机构通知申请人。同意颁证的，进入证书颁发程序；不同意颁证的，书面告知理由。

（4）续展申请

1）提出申请。绿色食品标志使用证书有效期 3 年。证书有效期满，需要继续使用绿色食品标志的，标志使用人应当在有效期满 3 个月前向省级工作机构书面提出续展申请，同时需完成网上在线申报。

标志使用人逾期未提出续展申请，或者申请续展未获通过的，不得继续使用绿色食品标志；再行申请时，执行"初次申请审查"程序。

2）环境、产品检测。产地环境未发生变化，省级工作机构需出具是否免测的意见。上一用标周期第三年度抽检报告可以作为续展产品质量证明材料。

3）省级工作机构初审。省级工作机构收到上述申请材料后，应当在 40 个工作日内完成材料审查、现场检查和续展初审。在证书有效期满 25 个工作日前材料报送绿色中心，同时完成网上报送。逾期未能报送绿色中心的，不予续展。（网上未录入的，纸质材料暂不予受理！）

4）中心书面审查。收到省级工作机构报送的完备的纸质续展申请材料之日起 10 个工作日内完成书面审查。审查意见为"合格"的，准予续展，同意颁证。审查意见为"不合格"的，不予续展，并书面告知理由。

八、有机茶认证程序和要求

《中华人民共和国认证认可条例》和《有机产品认证管理办法》规定，有机产品认证机构应当依法设立，具有《中华人民共和国认证认可条例》规定的基本条件和从事。通过国家认证认可监督管理委员会批准、符合中国合格评定国家认可委员会有机产品认证的技术能力认可的有机产品认证机构均方可从事有机产品的认证。目前，83 家认证机构认可业务范围包含"有机产品认证"，有机茶主要在浙江省杭州市的杭州中农质量认证有限公司（原中国农业科学院茶叶研究所有机茶研究与发展中心，英文简称"OTRDC"）和设北京的北京中绿华夏有机食品认证中心（英文简称"COFCC"）等机构。有机茶认证是对茶园直至茶杯里的茶叶全过程的认证，认证机构不同认证程序大同小异，以杭州中农质量认证有限公司（OTRDC）为例，有机茶认证程序有 10 个步骤，分别是：

1. 信息查询

有机产品认证是自愿性产品认证，有意向的申请人可根据市场销售需要，直接向 OTRDC 询问相关认证信息、索取资料。

2. 申请，填写调查表

如果申请人确认其农场和加工厂能够按照有机产品认证标准进行生产和加工，则可填写 OTRDC 的申请表，传真或寄送至 OTRDC。OTRDC 根据申请表向申请人寄发茶叶种植和食品加工厂调查表，申请人将填写好的调查表寄回 OTRDC，同时按照认证文件清单的要求附上相关材料。有机茶认证申请人至少应准备以下文件：

1）申请人的合法经营资质文件的复印件。

2）申请人及其有机生产、加工、经营的基本情况：①申请人名称、地址、联系方式；不是直接从事有机产品生产、加工的申请人，应同时提交与直接从事有机产品的生产、加工者签订的书面合同的复印件及具体从事有机产品生产、加工者的名称、地址、联系方式。②生产单元/加工/经营场所概况。③申请认证的产品名称、品种、生产规模包括面积、产量、数量、加工量等；同一生产单元内非申请认证产品和非有机方式生产的产品的基本信息。④过去三年间的生产历史情况说明材料，如植物生产的病虫草害防治、投入品使用及收获等农事活动描述。⑤申请和获得其他认证的情况。

3）产地（基地）区域范围描述，包括地理位置坐标、地块分布、缓冲带及产地周围临近地块的使用情况；加工场所周边环境描述、厂区平面图、工艺流程图等。

4）管理手册和操作规程。

5）本年度有机产品生产、加工、经营计划，上一年度有机产品销售量与销售额（适用时）等。

6）承诺守法诚信，接受认证机构、认证监管等行政执法部门的监督和检查，保证提供材料真实、执行有机产品标准和有机产品认证实施规则相关要求的声明。

7）有机转换计划（适用时）。

8）其他。

3. 材料初审

OTRDC 对申请人的调查表等资料进行初步审核，决定是否受理申请。如基本条件符合要求，则予受理；如认为存在问题，则需与申请人沟通，了解情况，并征询是否有进行整改的意向，再据此决定是否受理申请；如不同意申请，说明理由，本年度不再受理该项申请。OTRDC 自收到申请人书面申请之日起 10 个工作日内，完成对申请材料的评审，并做出是否受理的决定。

4. 签订协议

OTRDC 同意受理后，与申请人协商并签订有机认证检查协议。申请人根据协议规定交纳相关费用。

5. 采样检测

为提高有机产品认证的效率，更好地为"三农"服务，首次认证申请人在选定种植基地后，采集样品送有能力的实验室或经过国家计量认证的法定检测机构，对样品进行分析、检测，检测合格继续认证程序，检查员现场检查时认为必要也可采集样品检验。第 2 年及以后的复认证必须由检查员现场按认证规则的要求现场抽样，申请人不得自行取样。

6. 实地检查和编写检查员报告

OTRDC 在确认申请人已交纳认证所需的各项费用后，与申请人商定实地检查时间，派出经 OTRDC 认可的检查员，根据检查计划，依据认证标准和检查准则，对申请人的茶叶生产基地、茶叶加工厂等进行实地检查，必要时需再取样复测，检查员在检查结束时将提出改进意见或开出不合格项；申请人在规定时间内对不符合项（改进建议）进行整改，并向 OTRDC 提交附含原因分析的纠正措施材料（如本年度内不能完成整改，须提出改进计划），检查员进行验证。检查员在规定的时间内根据检查情况编写检查报告，经申请人核实签字后将检查报告提交到 OTRDC。

派检查员进行实地检查评估，是有机认证的关键一环。认证机构派出检查员，对申请者所申请的内容进行实地检查，以评估其是否达到认证标准。同时还要现场采集土壤样品和茶叶样品供检测。为了防止违背有机茶种植和加工的行为，保证产品符合有机茶质量标准的要求，保护消费者的利益，有时还进行不通知检查，也就是通常所称的飞行检查。

7. 综合审查

OTRDC 根据申请人提供的调查表、相关材料和检查员的检查报告，对照有机茶认证标准进行综合审查评估，编制认证评估表，如果综合审查认为申请者符合有机认证的最低要求，则提交认证委员会审议。同时核定认证面积和产量。

8. 认证决议

认证委员会根据综合审查意见，基于产地环境质量、现场检查和产品检测结果的评估，做出认证决定，颁发有机产品认证证书或拒绝认证通知。

有机产品认证证书：①茶叶生产加工活动、管理体系及其他审核证据符合有机产品认证实施规则和有机产品认证标准的要求。②茶叶生产加工活动、管理体系及其他审核证据虽不完全符合有机产品认证实施规则和有机产品认证依据标准的要求，但认证申请人已经在规定的期限内完成了不符合项纠正措施，并通过认证机构验证。茶园种植获得有机产品认证证书（生产），茶叶加工获得有机产品认证证书（加工）。

有机转换认证：如果申请人的茶园前 3 年曾经使用过禁用物质，但在申请之日起就开始按照有机生产要求进行转换，并且计划一直按照有机方式进行生产，则可颁发有机转换认证证书。从有机转换茶园收获的鲜叶，按照有机方式进行加工，只能作为常规茶销售。

拒绝认证：申请人如达不到有机茶认证标准要求，认证委员会将拒绝认证，并向申请者提出转化的建议。

9. 颁发证书

根据认证委员会认证决议，对获得认证的单位颁发有机或有机转换产品证书，也可包含生产、加工，符合有机茶标志使用的获证者，发给标志准用证。

OTRDC 还将根据国家规定和申请人获得认证产品的数量及包装规格发给申请人相应数量的国家有机产品认证标志。有机茶证书和标志使用有效期为 1 年。有效期满前，愿继续认证的企业应在有效期终止前 3 个月重新提出申请，不重新认证的企业，不得继续使用有机茶证书和有机茶标志。

10. 证后监督

有机茶企业获证后加强认证证书的管理，应当在生产、加工、包装、运输、贮藏和经营等过程中，按照有机产品国家标准和《有机产品认证管理办法》的规定，建立完善的跟踪检查体系和生产、加工、销售记录档案制度。持续改进企业管理体系和满足有机茶认证的要求。在认证范围覆盖的产品内，合理规范的使用认证证书。接受监督检查。严格遵守 OTRDC 公开文件《批准、保持、扩大、缩小、撤销或注销认证资格及认证证书暂停使用》的要求。

九、良好农业规范（GAP）茶叶认证程序和要求

《中华人民共和国认证认可条例》规定，良好农业规范（GAP）认证机构应当依法设立，具有《中华人民共和国认证认可条例》规定的基本条件和从事要求。通过国家认证认可监督管理委员会批准、符合中国合格评定国家认可委员会良好农业规范认证的技术能力认可的认证机构均方可从事 GAP 茶叶的认证。目前，67 家认证机构认可业务范围包含"GAP 认证-植物类"，GAP 茶叶认证主要在浙江省杭州市的杭州中农质量认证有限公司（原中国农业科学院茶叶研究所有机茶研究与发展中心，英文简称"OTRDC"）和在北京的农业部优质农产品开发服务中心等机构。

考虑到我国是发展中国家，农业发展程度差异很大，为更好地适应各种情况，China GAP 认证分为 2 个级别的认证：一级认证全面地考虑了食品安全，可持续发展和环境保护，职业健康和动物福利的要求，并和全球良好农业规范（Global GAP）的要求相一致，要求满足适用模块中所有适用的

一级控制点要求，并且在所有适用模块（包括适用的基础模块）中，产品至少符合所有适用良好农业规范相关技术规范中适用的二级控制点总数 95％的要求，所有产品均不设定三级控制点的最低符合百分比；二级认证更多地关注食品安全和重要的环境影响，要求所有产品应至少符合所有适用模块中适用的一级控制点总数的 95％的要求，可能导致消费者、员工、动植物安全和环境严重危害的控制点必须符合要求，不设定二级控制点、三级控制点的最低符合百分比。

GAP 茶叶认证是对侧重茶园（包括加工）全过程的认证（表 3-13），认证机构不同认证程序大同小异，以杭州中农质量认证有限公司（OTRDC）为例，GAP 茶叶认证与有机茶认证程序基本一致，也有 10 个步骤。

表 3-13　GAP 茶叶认证流程

流程	步骤	工作内容	企业配合工作内容
1	认证意向	介绍 GAP 产品认证的内容、特点和要求，必要时进行初访	介绍企业基本情况
	申请受理	向客户发放申请书等资料，进行合同评审、确定认证产品、确定产品标准和检测项目，和客户确定检测机构，客户报价	递交申请书和必需的文件及资料，确定检测机构，确认报价
	签约付费	签约，通知客户支付费用	签约，支付费用
2	样品采集	与客户确定采样日期，委托采样人员到现场采样	确定采样日期，配合采样人员采样
	样品检测	委托检测机构对样品进行检测	对检测不合格的项目进行整改
	检查计划	与客户确定现场检查日期和检查计划	确认检查日期和检查计划
3	现场检查	委托检查组实施生产基地、加工及流通情况等检查，核定产品品种、包装规格及其数量	配合检查组做好现场检查
	认证推荐	验证不符合项纠正，评价检测结果，撰写检查报告，提出推荐或不推荐建议	分析不符合原因、制定纠正措施、纠正不符合项

（续）

流程	步骤	工作内容	企业配合工作内容
	卷宗审查	审查所需文件材料是否完整	补充材料（如不完整）
	合格评定	检测和现场检查标准是否适用，检测和检查是否充分，检测和检查对照标准的符合性	补充材料（如需要）
4	认证批准	认证批准，制作证书，卷宗归档	
	支付余款	通知客户支付余款	交付余款
	发放证书	邮寄或发放证书、标志使用规定等	确认收到证书，按规定使用标志等
5	证后监督跟踪检查	监督获证企业规范使用认证证书、标志，监督检查证书有效期截止前通知客户年度跟踪检查或复审换证跟踪检查	规范使用认证证书、标志 配合年度跟踪检查和复审换证跟踪检查

十、农产品地理标志登记程序和要求

农业农村部负责全国农产品地理标志的登记工作，中国绿色食品发展中心负责农产品地理标志登记的审查和专家评审工作。

1. 申请人的要求

农产品地理标志登记申请人（以下简称"申请人"）为县级以上地方人民政府根据"具有监督和管理农产品地理标志及其产品的能力；具有为地理标志农产品生产、加工、营销提供指导服务的能力；具有独立承担民事责任的能力"。择优确定的农民专业合作经济组织、行业协会等组织。申请登记的农产品生产区域在县域范围内的，由申请人提供县级人民政府出具的资格确认文件；跨县域的，由申请人提供地市级以上地方人民政府出具的资格确认文件。

申请人应当根据申请登记的农产品分布情况和品质特性，科学合理地确定申请登记的农产品地域范围，包括具体的地理位置、涉及村镇和区域边界；报出具资格确认文件的地方人民政府农业行政主管部门审核，出具地域范围确定性文件。

申请人应当根据申请登记的农产品产地环境特性和产品品质典型特征，

制定相应的质量控制技术规范，包括产地环境条件、生产技术规范和质量安全技术规范。

2. 登记申请

申请人应当向省级农业行政主管部门提出登记申请，并提交下列材料一式三份：①登记申请书；②申请人资质证明；③农产品地理标志产品品质鉴定报告；④质量控制技术规范；⑤地域范围确定性文件和生产地域分布图；⑥产品实物样品或者样品图片；⑦其他必要的说明性或者证明性材料。

3. 材料审核

省级农业行政主管部门自受理农产品地理标志登记申请之日起，应当在45个工作日内按规定完成登记申请材料的初审和现场核查工作，并提出初审意见。符合规定条件的，省级农业行政主管部门将申请材料和初审意见报中国绿色食品发展中心。不符合规定条件的，在提出初审意见之日起10个工作日内将相关意见和建议书面通知申请人。

中国绿色食品发展中心收到申请材料和初审意见后，在20个工作日内完成申请材料的审查工作，提出审查意见。

4. 专家评审

农产品地理标志登记专家评审委员会进行评审。经专家评审通过的，由中国绿色食品发展中心代表农业农村部在农民日报、中国农业信息网、中国农产品质量安全网等公共媒体上对登记的产品名称、登记申请人、登记的地域范围和相应的质量控制技术规范等内容进行为期10日的公示。专家评审没有通过的，由农业农村部作出不予登记的决定，书面通知申请人和省级农业行政主管部门，并说明理由。

5. 颁发登记证书

公示无异议的，由中国绿色食品发展中心报农业农村部做出决定。准予登记的，颁发《中华人民共和国农产品地理标志登记证书》并公告，同时公布登记产品的质量控制技术规范。农产品地理标志登记证书长期有效。

第五节　茶叶产地溯源与真实性

茶叶产地溯源是指通过记录产品的加工源头，利用科学有效的技术达到从食品下游可以追溯到产品产地来源的能力和办法，达到及时了解产品各种信息的目的。而对消费者来讲，就是可以及时查询到茶叶的加工信息和销售信息的方法。茶叶产地追溯体系实质是茶叶产品信息记录与传递体系的综合体，通过记录茶叶信息，做到对茶叶产地的识别和判定，有效地解决茶叶产品的质量安全问题，达到放心饮用茶叶的目的。一旦出现茶叶安全问题，就可以利用该追溯系统方便有效地确定茶叶的产地及鲜叶采摘情况，方便纠正出现的问题。茶叶产地追溯体系的建立，对稳定茶叶的销售市场、保证茶叶产品质量具有至关重要的作用。目前常用无机金属元素指纹、有机成分指纹分析技术，近红外光谱、电子鼻、电子舌等技术，建立茶叶产地溯源模型。另一方面通过引入二维码、射频识别技术（RFID）、传感器、无线传感网等物联网新技术，开发了覆盖茶叶生产、茶叶加工、茶叶销售等全产业链的质量追溯系统，达到产品溯源的目的。

一、无机金属元素指纹分析技术

茶叶本身含有丰富的无机矿物元素，其种类、含量和生长环境是密切相关的。由于产地的不同，茶叶中含有的矿物元素也就会有所不同，据此，可以通过分析茶叶中无机金属元素的种类和含量高低，达到对其产地进行判定的目的。目前常用稳定同位素比质谱、电感耦合等离子质谱（ICP-MS），并结合化学计量学方法，实现茶叶产地溯源。

二、有机成分指纹分析技术

有机成分指纹分析技术在判别分析茶叶产地方面具有至关重要的作用。

由于茶叶所在的产地、气候、环境等因素的不同，它们的常规化学成分和特殊化学成分的种类和含量都有所不同，因此，可通过测定其化学成分种类和含量的差异对其产地进行溯源。目前常用液相色谱、气相色谱、高分辨质谱等技术，结合化学计量学方法，达到不同产地茶叶追溯的目的。

三、近红外光谱技术

近红外光谱（Near infrared spectroscopy，NIRS）是介于可见光谱区和中红外光谱区之间的电磁波，波长范围为780～2 526 纳米，它主要是由非谐性分子振动从基态向高能级跃迁时产生的，记录的是分子中单个化学键基频振动的倍频和合频信息，主要反映了O-H键、N-H键、C-H键和S-H键等信息。由于NIRS具有不需要对样品进行任何预处理的优点，利用数学手段和计算机技术有效地提取NIRS的微弱信息进行定量和定性分析，具备了农产品产地判别的优势。

四、电子鼻、电子舌技术

电子鼻是以哺乳动物嗅觉系统的结构和机理为依据，可有效地分析挥发气体的成分。它可以模拟人的感官系统，有效地融合了传感器技术、电子技术和计算机技术。通过应用电子鼻技术识别气体图谱，达到分析判定待测气体的作用，进而可以快速测定、区分不同品种和产地的茶叶。相应的，电子舌是模拟人的舌头对待测样品进行分析、识别和判断，用多元统计方法对得到的数据进行处理，快速地反映出样品整体的质量信息，实现对样品的识别和分类。通过应用电子舌技术分析茶汤的浓、醇、鲜、甜等十种滋味，建立了电子舌仪器与专业审评人员对茶叶评价的关系，对茶叶的产地、级别进行判别分析。

五、茶叶质量追溯体系的建立

与一般蔬菜、水果的物流过程相比，茶叶制品的物流过程（图 3-11）

有两个特点：一是加工工序较多，通常可分为初加工和精加工两部分。初加工是对收购来的新鲜茶叶进行摊青、杀青、揉捻、渥堆发酵、干燥等操作，形成茶叶的基本品质；精加工则是对初加工产品进行拣梗、分级、均堆等操作，进一步提高茶叶的品质。二是包装环节通常有内包装与外包装之分，内包装是将精加工后的茶叶制品分装成不同重量的小袋，方便消费者饮用及增强产品的保鲜性能；外包装则是根据不同的产品销售需求，对内包装产品进行二次包装。

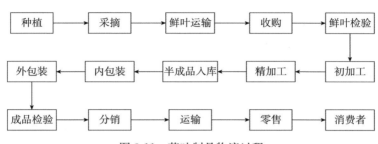

图 3-11 茶叶制品物流过程

茶叶产品质量追溯体系需要对生产、加工、流通和销售等环节进行详细的数据收集和记录，建立完整的茶叶供应链信息库，应用现代信息技术对信息库数据进行管理，实现茶叶供应链环节有记录、信息可查询、流向可跟踪、责任可追究、产品可召回、质量有保障，形成覆盖整个茶叶供应链的溯源体系。目前多采用二维码、射频识别技术（RFID）、产地编号标识等手段增强了消费者与茶叶企业的沟通渠道，让市场监管监督更为严格。

二维码查询具有便捷、高效、经济实惠且适用性强的特点，消费者可随时随地使用手机等智能终端扫码查询。二维码防伪则采用二维码加密技术给产品做成标识，让消费者了解茶叶从种植到销售这一整个供应链过程。茶叶企业通过采用加密型二维条码技术，对茶叶产品进行唯一标识，能够有效杜绝茶叶跨区域销售、防止窜货、假货，规避了风险。

无线射频识别 RFID 技术（Radio Frequency Identification，RFID）是一种非接触式的自动识别技术。该技术可以通过射频信号，自动识别目标，并取得相关数据，并可以在多种恶劣的环境下进行工作。由于 RFID 是利用无线电波来传送识别各种信息，不受空间的限制，能够快速进行物品追踪和数据交换，极大提高工作效率。

对茶叶产地进行明确的编码标识是实现跟踪或追溯的关键环节。在产地环境评价的基础上，根据地形地貌、土地利用现状、土壤类型和茶叶种植等情况，对茶叶的生产基地进行产地划分，然后再进行产地编码（对已开展无公害认证、绿色食品、有机食品认证和 SC 认证的生产区域作明确标识），给各区块一个唯一的身份编码，建立产地编码系统和产地编码数据库。应用 WebGIS 技术进行地理空间信息和生产流通信息的融合，茶叶的产地编码体系和追溯系统搭建了"从产地到餐桌"（From farm to table）的茶叶安全监控和溯源体系，提高了茶叶质量安全水平，保障消费者权益。

六、茶叶地理标识与商标管理

为了更好地改善国内茶叶市场上假冒伪劣产品层出不穷的现状，保障企业和消费者的权益，我国提出了原产地域产品保护制度，又称地理标志。地理标志是包含特定地域内自然因素或人文因素的具有特定质量、信誉或者其他特征的商品来源地标识。地理标志茶叶产品，是指产自特定地域，所具有的质量、声誉或其他特性本质上取决于该产地的自然因素和人文因素，经审核批准以地理名称进行命名的茶叶产品。

1. 我国对地理标志保护的模式和立法

我国对于地理标志的保护呈现出三足鼎立的局面，分别是将地理标志纳入证明商标、集体商标保护的工商行政管理总局商标局、将地理标志产品进行专门保护的国家质量监督检验检疫总局，以及设置地理标志农产品登记制度的农业部。我国地理标志的立法呈现出多元化，存在主张地理标志专门法保护模式和地理标志商标法保护模式。我国地理标志的立法呈现出两种模式和三部法规并驾齐驱的局面。

我国加入世界贸易组织后，为履行入世承诺，进一步完善我国的法治建设，于 2001 年对《商标法》进行了第二次修订，其中首次明确规定了地理标志的法律含义。此后，国务院发布的《商标法实施条例》规定将地理标志纳入证明商标、集体商标进行法律保护。对其具体的注册和管理的细则由商标主管部门国家工商行政管理总局在《集体商标、证明商标注册和管理办法》做出详细规定。这是我国首次尝试模仿美国模式对地理标志进行法律保护。这一举措使我国在立法上填补了地理标志保护这一空白，对地理标志的保护具有里程碑式的意义。

与此同时，我国还存在另一套由国家质检总局主导的地理标志专门法保护制度。2005 年国家质量监督检验检疫总局颁布了《地理标志产品保护规定》，对我国地理标志产品实施专门法保护模式。此为我国效仿法国模式确立的地理标志保护的又一举措。法国地理标志保护模式承认地理标志是一项独立的知识产权，这与《与贸易有关的知识产权协议》的规定相一致。自此，我国对地理标志的保护形成了商标法模式和专门法模式并存的局面。

此后，鉴于我国地理标志资源大都为初级农产品，对此类地理标志采取行之有效的保护措施，是我国三农问题的重要环节，更是我国振兴农业的重要动力。因此，农业部为响应《中共中央国务院关于促进农民增加收入若干政策的意见》的精神，于 2007 年颁布《农产品地理标志管理办法》并启动农产品地理标志登记工作，将我国地理标志的保护工作向农村延伸，渗透到基层，扩大了地理标志保护的广度和深度，力求解决好三农问题及做好农产品地理标志保护的工作。

2. 我国茶叶地理标志产品

早在 2001 年起，国家质检总局正式对"龙井茶"实施地域产品保护，是第一个实施原产地域（地理标志）产品保护的茶叶品种，后来相继出现"武夷山大红袍"和"信阳毛尖"等茶叶产品。地理标志茶叶产品向消费者传递出这样的信号，即茶叶产品具有某些独一无二的特色，而这种特色源于其地理原产地的自然和人文因素。表 3-14 给出了全国地理标志茶叶产品名录。我国地理标志茶叶产品多分布在浙江、安徽、湖南、湖北、四川、贵州、广东、广西、云南、河南、江西等地。国家地理标志产品溯源系统从地标认证、资源整合、溯源监管、消费保证四个方面保障了地理标志品牌企业产品一品一码，结合防伪、溯源、数据、营销多重功能，让每一件地标产品都有唯一身份码，扫一扫溯源二维码，立即看到该产品信息及各项检测指标；有效识别真假，阻止了假冒伪劣行为。

表 3-14　全国地理标志茶叶产品名录表

地理标志产品名称	省份	地理标志产品名称	省份	地理标志产品名称	省份
龙井茶	浙江	六安瓜片	安徽	国胜茶	四川
开化龙顶茶	浙江	城步青钱柳茶	湖南	七佛贡茶	四川
羊岩勾青茶	浙江	绥宁青钱柳茶	湖南	老鹰茶	四川
临海潘毫茶	浙江	溪洲莓茶	湖南	罗村茶	四川
径山茶	浙江	岳阳黄茶	湖南	福鼎白茶	福建
乌牛早茶	浙江	安化黑茶	湖南	武夷岩茶	福建
安吉白茶	浙江	玲珑茶	湖南	安溪铁观音	福建
奉化曲毫茶	浙江	桃源野茶王	湖南	武夷红茶	福建
开化杜仲茶	浙江	碣滩茶	湖南	永春佛手	福建
松阳茶	浙江	庐山云雾茶	江西	福建乌龙茶	福建
三杯香茶	浙江	狗牯脑茶	江西	坦洋工夫	福建
开花黄金城	浙江	资溪白茶	江西	福州茉莉花茶	福建
建德苞茶	浙江	婺源绿茶	江西	邵武碎铜茶	福建
惠明茶	浙江	靖安白茶	江西	白芽奇兰茶	福建
太湖翠竹山（斗山牌、尧歌牌）	江苏	蒙山茶	四川	永定万应茶	福建
雨花茶	江苏	漆碑茶	四川	政和白茶	福建
洞庭（山）碧螺春茶	江苏	凉山苦荞茶	四川	龙州乌龙茶	广西
松萝茶	安徽	邛崃黑茶	四川	大新苦丁茶	广西
黄山白茶（徽州白茶）	安徽	峨眉山竹叶青茶	四川	横县茉莉花茶	广西
太平猴魁	安徽	屏山炒青茶	四川	昭平茶	广西
天华谷尖（南阳古尖）	安徽	筠连红茶	四川	凌云白毫茶	广西
石台富硒茶	安徽	筠连苦丁茶	四川	西山茶	广西
霍山黄大茶	安徽	犍为茉莉花茶	四川	南山白毛茶	广西
霍山黄芽	安徽	雪域俄色茶	四川	三江茶	广西
黄山毛峰	安徽	峨眉山茶	四川	防城金花茶	广西
岳西翠兰	安徽	北川苔子茶	四川	六堡茶	广西
安茶	安徽	米仓山茶	四川	龙神茶	甘肃

地理标志产品名称	省份	地理标志产品名称	省份	地理标志产品名称	省份
文昌绿茶	甘肃	大悟绿茶	湖北	下关沱茶	云南
西岩乌龙茶	广东	鹤峰茶	湖北	昌宁红茶	云南
凤凰单丛茶	广东	黄梅禅茶	湖北	元江茉莉花茶	云南
象窝茶	广东	伍家台贡茶	湖北	易武正山茶	云南
柏塘山茶	广东	英山云雾茶	湖北	诸城绿茶	山东
马图绿茶	广东	水城春茶	贵州	崂山绿茶	山东
新桐茶	广东	凤冈富锌富硒茶	贵州	信阳毛尖	河南
仁化白毛茶	广东	贵定益肝草凉茶	贵州	信阳红	河南
英德红茶	广东	开阳富硒茶	贵州	信仰牡丹红	河南
连南瑶山茶	广东	正安白茶	贵州	固始云雾茶	河南
老君眉茶	湖北	朵贝茶	贵州	澄迈苦丁茶	海南
邓村绿茶	湖北	六盘水苦荞茶	贵州	白沙绿茶	海南
龙峰茶	湖北	都匀毛尖茶	贵州	泾阳茯砖茶	陕西
羊楼洞砖茶	湖北	普洱茶	云南	紫阳富硒茶	陕西

工商行政管理总局商标局将地理标志纳入证明商标、集体商标保护。证明商标是由对某种商品或服务具有检测和监督能力的组织所控制，而由其以外的人使用在商品或服务上，以证明商品或服务的产地、原料、制造方法、质量、精确度或其他特定品质的商标。而集体商标是指以团体、协会或者其他组织名义注册，专供该组织成员在商事活动中使用，以表明使用者在该组织中的成员资格的标志。集体商标不属于单个自然人、法人或者其他组织，即属于由多个自然人、法人或者其他组织组成的社团组织，即表明商品或服务来源自某一集体组织。而茶叶企业之间的竞争，越来越表现为一种品牌的竞争。谁的品牌能够俘获消费者的芳心，谁的品牌就能够得到更广泛的认可，谁就可以获得更大的成功。下面就介绍一下中国十大名茶的茶叶企业品牌。

西湖龙井的品牌有：西湖牌、狮牌、贡牌、御牌、卢正浩、狮峰牌、六和塔牌、艺福堂、张一元、顶峰茶叶等；碧螺春的品牌有：吴侬牌、三万昌牌、碧螺牌、洞庭牌、永萌牌、吴郡牌等；信阳毛尖的品牌有：龙潭牌、文新牌、蓝天牌、仰天雪绿牌等；君山银针的品牌有：君山牌、湖心岛牌、斑竹岛上、湘茗韵牌等；黄山毛峰的品牌有：谢裕大牌、徽六牌、徽将军牌、艺福堂、张一元、忆江南等；武夷岩茶的品牌有：武夷星、岩上、海堤等；祁门红茶的品牌有：天之红牌、祥源牌、润思牌等；都匀毛尖的品牌有：贵天下牌、贵山牌等；铁观音的品牌有：天福茗茶、八马茶业、安溪铁观音、华祥苑茗茶、品十茶城、感德龙馨、浔茗茶业、中闽魏氏、富源茶业等；六安瓜片的品牌有：徽六、中六、一笑堂等。

普通消费者，面对琳琅满目的各类商品时，要选择产品包装上有地理标志（GI）的产品，获得保护的产品是质量的象征和信誉保证，代表产品出自最佳产地，是知名产品。

第四章

茶叶选购与贮藏

第一节　茶叶选购

一、购买茶叶地点选择

1. 企业自营专卖店或茶庄

在企业自营的专卖店或茶庄购买茶叶质量比较有保证，特别是大的企业，知名品牌比较注重口碑，产品质量也比较稳定，价格从高到低都有，适合不同的人的需求，对于不懂茶叶的人去购买比较省心。

2. 商场、超市

此类地点购买的茶叶一般价格偏高，因为场地租金高，茶叶价格相对来说偏高，但由于明码标价，不会宰客。

3. 茶艺馆

茶艺馆里的茶，价钱比外面的贵出许多，但这里比较容易找到好茶，一则是可以试过知其好坏，二则比较好的茶艺馆的茶，本身就是经过认真挑选的。

4. 茶叶批发市场

在批发市场购买茶叶适合有一定茶叶知识的人，那里的茶相比于小茶叶店比较新，且可选的种类多，价格比较便宜。但这里一般不太容易找到非常好的茶。因为好茶价钱偏高，茶叶批发市场和小茶叶店因成本的缘故都较少经营，好茶多数被大的茶庄和茶叶公司收购。

5. 互联网上购买茶叶

由于在网上买茶，不能看到实物，真假很难辨别，因此重点要看茶叶的产品标签，正规厂家的产品标签要素都齐全，经得起查，产品标签如图4所示，要素有：产品名称、原料、产地、等级、净含量及规格、产品执行标准、生产日期及保质期、SC证编号、生产企业名称、生产地址，储存条件、联系电话。特别是SC证号码要有，这是一个企业取得的食品生产许可证，经过食品药品监督管理局审查认可，对企业有一定的约束力，对茶叶的质量有一定的保障。

产品名称：××××××
原料：××××
产地：××××
等级：××××
生产许可证号：××××××××
产品执行标准：××××××××
生产日期：××××
保质期：××××
净含量及规格：×××××
生产企业名称：××××××××××××
生产地址：××××××××××××
储存条件：××××××××××××
联系电话：××××××

图4　典型的茶叶产品标签

二、挑选茶叶几大要点

1. 外形指标四项

嫩度：茶叶条索结实，芽毫显露，完整饱满，嫩度好的茶叶，才符合该品种茶的外形要求。

条索：是茶的外形规格，如炒青呈条形，珠茶呈圆形，龙井呈扁形，其他不同种类的茶都有其一定的外形特点。一般长条形茶看松紧、弯直、壮瘦、圆扁、轻重，圆形茶看松紧、匀正、轻重、空实，扁形茶看平整光滑程度。

色泽：是茶叶重要的一环，如红茶应乌润，绿茶应绿润，乌龙茶应呈青褐色等。

净度：茶叶的杂质含量，好的优质茶叶应该不含任何杂质或夹杂物。

2. 内在指标四项

香气：是茶叶选购的重要因素之一，不同的茶都有独特的香气，如红茶甜香、绿茶清香、乌龙茶花香等，除了香的类型外，还要看香气是否纯正、是否持久，好茶应该是香气纯高持久，有烟、焦、酸、馊、霉等气味的就是劣质茶。

汤色：是指茶叶冲泡后茶汤的颜色，不同的茶叶有不同的汤色，汤色主要看颜色、亮度、清浊度三个方面。

滋味：就是茶的口感是否纯正，分为浓淡、强弱、鲜爽、醇和等，不纯正的茶味道大多为苦涩、异味、粗青等。

叶底：就是冲泡后展开的茶渣，主要看叶底老嫩、色泽、均齐度、柔软性等。好的茶叶叶底嫩芽比例大、质地柔软、色泽明亮、叶形均匀、叶片肥厚。

3. 如何挑选茶叶

茶叶的类别繁多，主要分为红、绿、黄、白、黑和乌龙茶六大类。

（1）选购绿茶的小技巧 一看颜色。凡色泽绿润，茶叶肥壮厚实，或有较多白毫者一般是春茶。因为绿茶和其他茶叶比起来容易氧化，所以如果你购买的是散装茶叶，选购时更要注意新鲜度，新鲜的绿茶颜色绿带光泽，不新鲜的绿茶则是黄褐色、没有光泽。二看外形。扁形绿茶茶条扁平挺直，光滑，无黄点、无青绿叶梗是好茶；卷曲形或螺状绿茶，条索细紧，白毫或锋苗显露说明原料好，做工精细。三闻香气。香气清新馥郁的是好茶。

绿茶于春茶最佳，其次才是秋茶，因此你要购买好的绿茶，最好在春季购买较好、也较新鲜。若是在夏秋两季购买，不但数量不多，而且春茶存放至此时，通常也不太新鲜了。还要注意生产日期，因为绿茶容易氧化，所以在选购包装好的绿茶时，应特别注意制造日期和保存期限，原则上越新鲜越好，一旦开封后也要尽快喝完，以免失去绿茶的清新香味和营养。

（2）挑选红茶的小妙招　手抓：首先用手去感触红茶条索的轻重、松紧和粗细。优质红茶的条索相对紧结，以重实者为佳，粗松、轻飘者为劣。用手触摸茶叶的最主要目的还是在于了解红茶干茶的干燥程度。随手拈取一根茶条，干茶通常有刺手感，易折断，以手指用力揉搓即成粉末。如果是受潮的茶叶，则没有这个特征。但是，在触碰茶叶的时候，不要大把抓，避免手上的汗水渗入茶叶中导致茶叶受潮。

眼观：随手抓取一把干茶放在白纸或白色瓷盘上，双手持盘以顺时针或逆时针方向转动，观察红茶干茶的外形是否均匀，色泽是否一致，有的还需要看是否带金毫。条索紧结完整干净，无碎茶或碎茶少，色泽乌黑油润（有的茶还会显现金毫）者为优；条索粗松，色泽杂乱，碎茶，粉末茶多，甚至还带有茶籽、茶果、老枝、老叶、病虫叶、杂草、树枝、金属物、虫尸等夹杂物，此类茶视为次品茶或劣质茶。此外，通过冲泡后看汤色和叶底也能进行辨别。优质红茶的汤色红艳，清澈明亮，叶底完整展开、匀齐，质感软嫩；次品茶和劣质茶的汤色则为红浓稍暗、浑浊的色泽，有陈霉味的劣质茶则表现出叶底不展、色泽枯暗的特征。

鼻嗅：即利用人的嗅觉来辨别红茶是否带有烟焦、酸馊、陈味、霉味、日晒味及其他异味。优质红茶的干茶有甘香，冲泡后会有甜醇的愉快香气，次品茶和劣质茶则不明显或夹杂异味。事实上，在红茶的加工过程中，如果加工条件（如温度、湿度等）和加工技术（如萎凋、发酵等）控制不当，或者因红茶成品储藏不当，就会产生一些不利于品质的气味。然而，有些不愉快的气味含量较少，嗅干茶时不容易被发觉，此时就要通过冲泡来辨别。

口尝：嘴中咀嚼辨别，根据滋味进一步了解品质的优劣。此外还可以通过开汤来进行品评。优质红茶的滋味主要以甜醇为主，小种红茶具有醇厚回

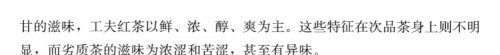

甘的滋味，工夫红茶以鲜、浓、醇、爽为主。这些特征在次品茶身上则不明显，而劣质茶的滋味为浓涩和苦涩，甚至有异味。

（3）普洱茶的选购小知识　普洱新茶和普洱老茶之间因为存放时间的不同，所表现出来的特性有所差别。普洱茶存放过程中会与空气中的氧气发生氧化作用，随着时间越长，氧化程度也就越高。新的普洱茶其颜色不会显得那么暗，而经过氧化后的老普洱茶，其颜色就会显得暗，呈红褐色。同时茶汤颜色也一样，老的普洱茶泡出来的茶汤颜色比较深，而新的颜色浅。在喝的过程中，新的茶叶因为没经过氧化和转化，喝起来会感觉比较浓，而老普洱茶相对温和。

（4）青茶的选购　看外观：福建闽南、闽北两地的乌龙茶外形不同，闽南的为卷曲形状，闽北的为直条形状，都带有光泽度。外观比较粗散、粗松、不紧结、无光泽、颜色比较暗、失去鲜活的茶叶属于中下品或者是陈年茶。同时，还要看外观是否整齐均匀、洁净无杂物，有无茶梗、茶片、茶末和其他物质。最好再用手抓一把茶叶掂一掂，感觉茶叶轻重，重者为优，轻者为次。

闻香品味：看了茶叶的外观后，就可以冲泡闻其香品其味了。闻香气一是要闻其花香是否纯正，是什么香型；二是看花香是高是低，稍有花香还是有酵香；三是看其花香是不是自己喜欢的香型。品其滋味应注意滋味是浓是淡，有否韵味或品种味。茶汤滋味不应带有苦味、涩味、酵味、酸味、馊味、烟焦味以及其他不正常的味道。福建乌龙茶一品种一个味，品味时自己口感良好就可以。

观茶汤：一般应掌握茶汤颜色为金黄色或橙黄色，而且要清透，不浑浊，不暗，无沉淀物。冲泡三四次而汤色仍不变淡者为贵。

观茶渣：品饮后要观察杯中的茶渣。茶渣要平伏有光泽，有红边或是红点。还要用手捏一捏茶渣，手感感觉柔软厚实不硬不刺手，说明原料好，加工工艺掌握得当。

性价比：品饮选购时如遇到几种茶叶的香味均适合自己的口味，而且价格相当时怎么办？此种情况下就应该选择最适合自己口味、最耐泡的茶。

（5）白茶的选购　好的白茶成茶满披白毫、汤色清淡、味鲜醇、有毫香。最主要的特点是白色银毫，素有"绿妆素裹"之美感，芽头肥壮，汤色黄亮，滋味鲜醇，叶底嫩匀。冲泡后品尝，滋味鲜醇可口，还能起药理作用。白茶有白毫银针、白牡丹、贡眉和寿眉。

(6) 黄茶的选购　黄茶，分为黄芽茶、黄小茶和黄大茶三大类。黄茶的制作与绿茶有相似之处，不同点就是多一道闷堆工序，而这个闷堆工序，是黄茶制法的主要特点，也是它和绿茶的基本区别。黄茶的最大特点是黄茶黄汤。冲泡出来的黄茶汤色呈现嫩黄发亮之色，颜色清澈，没有浑浊之感。

三、选购茶叶几点注意事项

1. 新茶和陈茶辨别

由于茶叶在储存过程中营养成分发生改变，茶叶的感官品质随着保存时间延长而变差，因此在选购时，要注意新茶和陈茶鉴别，陈茶的色泽特别是绿茶变化比较明显，新茶的色泽鲜活有光泽，而陈茶则变黄变暗无光泽，气味上也变得有一股陈气，不新鲜。

2. 添加色素茶叶的辨别

茶叶是不可以着色、染色的，不得添加任何非茶类物质，当然也绝对不允许添加色素。通常添加色素的绿茶质级较次，不法商家通过添加色素改善茶叶的卖相，以提高价格。要如何鉴别呢？在购买时首先要看茶叶颜色是否特别鲜明，没有被染色的茶叶泡出来的茶汤清晰见底，而染色的茶叶泡出来的茶汤较为浑浊，染色加工的茶叶气味异常，正常的茶叶茶香明显、纯正。

3. 加糖茶辨别

加糖的茶叶辨别方法：首先闻干茶香气，如果甜香特别明显，就要注意了。再品尝滋味，如果第 1 泡和第 2 泡在甜度上区别很大，那这个茶叶加糖的可能性就很大了。

4. 关于茶叶价格

茶叶的价格幅度很大，从几十到上万都有，一般来说等级越高价格越高，名牌企业的茶叶价格高于一般企业，对于购买什么样价格的茶叶合适，主要还是看个人的需求。

第二节 茶叶包装

一、茶叶包装的功能

茶叶包装需要具有安全、信息传播、方便、品牌和差异性等功能。

茶叶包装的安全功能是指用适当的材料、适度的工艺与适度的成本达到产品在销售过程中的安全性，具体可细分为物理安全性、化学安全性、生物安全性。物理安全性指产品在包装、运输、储存过程中避免震荡、破损。化学安全性指产品包装的防氧化、防潮、避光。防氧化指茶叶包装中的氧含量必须控制在 1％以下，氧气过多会导致茶叶中某些成分氧化变质。防潮指茶叶中的含水率不宜超过 5％，长期保存时以 3％为最佳。因此，在包装时应选用防潮性能良好的包装材料进行防潮包装。遮光是由于茶叶中含有叶绿素等物质，因此包装茶叶时，必须遮光以防止叶绿素和其他成分发生催化反应。生物安全性是指产品包装的材料与产品本身不能产生生物变化，如霉变等。

信息传播功能就是运用色彩、图形、文字、造型等视觉的形象化语言准确传递茶叶商品的功能、效果、使用方法，与其他同类产品的差异性以及质量保证等方面的信息，沟通消费者的情感，促进茶叶的销售。

方便功能是指茶叶包装从生产到销售过程，要做到方便运输、储存、陈列、信息传播、销售和消费者使用。比如，适宜的尺寸便于集装箱、库房、商业环境的空间利用，以及信息传播的视觉逻辑的梳理性。

茶叶的包装因其视觉设计，产生商品的美感、塑造产品文化、推动商品品牌与企业品牌的形成与发展，使企业在发展过程中能得以壮大与持续。

产品在销售过程中，要在成千上万的商品海洋中鹤立鸡群、独占鳌头，其包装就应具有独特的表现风格、个性化的造型设计，这样才能引起消费者的注意，推动其购买行为。

二、茶叶包装的材料

消费者接触到的茶叶包装主要是销售包装，即茶叶小包装。常见的包装形式包括听装、盒装、袋装及袋泡茶等，所使用包装材料包括纸包装材料、塑料包装材料、金属包装材料、玻璃包装材料及其 4 种复合包装材料，木材、竹等天然材料也常常使用在茶叶的销售包装中。

1. 纸包装材料

纸是由众多纤维交错构成，其间存在许多孔隙，在压力作用下，气体可从空隙透过。同时，构成纸张的纤维素大分子上存在大量羟基，决定了纸材料具有吸水、润胀的特性。所以单层的纸包装材料缺乏必要的阻隔性能，用于茶叶保鲜包装是不可取的。但纸材料具有极佳的装饰性能，在其上可用多种方法获得精美典雅的文字与图案以及新颖别致的包装造型，对促进产品的市场营销、销售和企业品牌的宣传、发展均有重要作用。

在应用上，纸材料一是作为获取精美装饰效果的材料，广泛用于茶叶礼品盒；二是作为复合材料的基材，用于生产纸塑复合包装、防潮涂膜纸质包装等阻隔性复合材料。

（1）袋泡茶滤纸　袋泡茶滤纸是一种低定量包装用纸，国外袋泡茶滤纸常用漂白马尼拉麻浆及长纤维化学木浆构成，国内则以用桑皮韧纤维和漂白化学木浆制造为常见。为适应机械化包装和在沸水中冲泡不破裂，茶叶袋泡茶包装滤纸一般要经过树脂处理，以使它有一定的干强度和湿强度；茶叶内含物浸出快，要有一定的过滤速度；不能有影响茶叶的异味存在，符合卫生要求。

（2）牛皮纸　牛皮纸是高级包装纸，因其质量坚韧结实似牛皮而得名。在茶叶包装中也常常使用牛皮纸，通过与塑料材料复合，可增强牛皮纸的防潮阻氧性能，从而适应茶叶包装的要求。牛皮纸从外观上分单面光、双面光、有条纹和无条纹等品种。牛皮纸一般为黄褐色，也有彩色牛皮纸。牛皮纸有较高的耐破度和良好的耐水性，没有透气度要求。

2. 金属包装材料

用于茶叶包装的金属材料基本上可分为钢系和铝系两大类。钢系有镀锡薄钢板、无锡薄钢板（镀铬薄钢板、镀铝薄钢板）、镀锌薄铁板、低碳薄钢板等；铝系主要是铝合金薄板和铝箔。目前金属材料中产量和消耗量最多的是镀锡薄钢板，其次是铝合金薄板，镀铬薄钢板位居第三。

茶叶包装中最为常用的是采用马口铁（镀锡薄钢板）制作的铁罐。在目前的制罐工艺中，制作罐身常采用缝焊、黏接、锡焊、锁边接缝等方式，然后利用二重卷边与罐底和罐盖结合。金属材料能完全阻隔影响茶叶品质的水蒸气、氧气、光线，是茶叶保鲜包装的理想材料之一，常用来制作名茶包装。其不足之处在于金属容器成本偏高，而且开启之后不易再次密封。

铝材是钢以外的另一大类包装用金属材料。它除了具有金属材料所固有的优良的阻隔性、气密性、防潮性、遮光性之外，还具有质量轻、加工性能好的特点，一次拉拔的两片罐可以做得很薄，还能以铝箔和镀铝的形式用于包装。铝在空气和水蒸气中不生锈，表面光洁美观，不必再镀金属保护层，而经表面涂料后可耐酸、碱、盐介质，循环使用较容易。其无味无臭，不影响被包装物的风味质量。

3. 玻璃包装材料

作为包装材料的玻璃多为金属氧化物玻璃，用于制作玻璃瓶罐的以钠-钙-硅玻璃居多。玻璃材料具有非常好的化学惰性和稳定性，很高的抗压和耐内压强度，对水蒸气、氧气以及外界环境中的异味物质均能完全阻隔。玻璃具有优良的光学性能，可以制成透明、表面光洁的玻璃包装，也可以根据需要制成某种颜色，以屏蔽紫外线和可见光。同时，玻璃也是热的不良导体。对于茶叶包装的阻隔要求来讲，玻璃不失为一种优良的包装材料。

玻璃包装材料的主要缺点在于：抗冲击强度不高，密度大，增加了玻璃包装的运输费用，同时玻璃生产耗能大。目前玻璃容器的封口形式常采用滑盖、塞盖、压紧旋开盖以及皇冠盖等方式。为了方便再次封口，在茶叶包装中塞盖和滑盖应用较为广泛，所以有时存在封口不良而影响茶叶储存品质的情况。同时透明玻璃也会导致茶叶褐变等情况发生。

4. 塑料包装材料

在现代包装工业中，塑料以其质轻、美观、耐腐蚀、机械性能好、易于加工和着色等优点广泛用于各类产品的包装。全世界塑料产量几乎1/3用作包装材料。随着科学技术的发展以及相应包装机械的产生，特别是现代化商品销售方式和人们生活方式，为塑料包装迅速而持续的发展提供了极好的条件。塑料包装材料广泛使用在茶叶包装中，不论是大包装还是小包装，常使用塑料材料以增强防潮阻氧的功能。目前通用的塑料包装材料主要有以下几种：

（1）聚乙烯（PE）　聚乙烯材料对水蒸气有较好的阻隔性，但对氧气、二氧化碳的透气率则很高，耐低温不耐高温，化学性能稳定但不耐油脂，其防潮、阻氧和防止茶香逸散的性能也是塑料中最差的一种。聚乙烯袋是目前市场上使用最多的一种包装材料，价格便宜，热封温度低而且热封性好。就茶叶的包装要求而言，单层的聚乙烯薄膜很难满足茶叶的包装要求，在应用上常作为复合材料的热封基材。

（2）聚丙烯（PP）　聚丙烯是通用塑料中密度最轻的材料。与PE相比，阻透性相似，力学性能、耐油脂性能、耐高温性能优于PE。聚丙烯薄膜有未拉伸和拉伸两种，拉伸聚丙烯性能与未拉伸聚丙烯相比有以下变化：因加热时收缩，需采用瞬时加热热封；冻藏包装时，未拉伸的PP会变脆，而拉伸的PP能耐－60℃温度；未拉伸的PP半透明，拉伸的PP有类似玻璃般的光泽和透明度，包装形象甚佳；拉伸的PP的水蒸气透气率和氧气透气率比未拉伸的PP低33％～50％。聚丙烯薄膜热封温度为170～205℃，热封性较差，较少单独使用在茶叶包装中，常与PE复合以取得良好的透明度、防潮性和热封性能。

（3）聚酰胺（PA）或尼龙（NY）　聚酰胺品种有尼龙6、尼龙11等，根据分子链含碳原子数命名的。PA 的熔点高，如 PA6 达 220℃，因此可以经受 135～150℃高温杀菌，但也使热封困难，热封温度高达 180～190℃，通常与一层容易热封的塑料复合，如 PE、PP 等。PA 对气体、水蒸气、油、脂肪和气味物质阻隔性能相当好，透明度高和耐磨，常作为复合包装材料的阻隔层。PA 的缺点是吸湿强度不好，透气率与含水量有关。

(4) **聚酯（PET）** 聚酯与尼龙的包装性能相似，熔点高达 260℃，使用的温度范围很广（−180～220℃），能经受高温杀菌，阻气性低于尼龙，由于熔点高热封困难，与 PA 一样可作为复合包装材料的阻隔层。PET 透明度高，机械强度高，耐冲击、耐磨、耐酸、耐油和印刷性能好。

(5) **聚乙烯醇（PVA）或维尼龙（VINYL）** 聚乙烯醇是一种极性较强的高结晶性的高分子化合物。由于不存在游离态的乙烯醇，PVA 不能用单体直接聚合，而是用醋酸乙烯酯聚合成聚醋酸乙烯酯，然后将其在碱性醇液中水解，其水解物即为 PVA。PVA 具有优良的阻气性，但因其具有亲水性而阻湿性差。PVA 的力学性能好，耐高温而不耐低温，透明度和印刷性也好。

(6) **聚氯乙烯（PVC）** 聚氯乙烯的主要优点是透明度高，对氧和气味物质的透气率较低，阻油性好，力学性能好（抗撕裂强度、刚性、韧性等）。此外着色性、印刷性和热封性好，是一种常用的食品包装材料。PVC 的缺点是热稳定性差，不耐高温和低温，一般适用温度为−15～55℃。PVC 根据加入增塑剂的数量，分为软聚氯乙烯和硬聚氯乙烯，软 PVC 薄膜的熔接温度为 120℃，硬 PVC 薄膜的熔接温度为 150℃，未加增塑剂的聚氯乙烯称UPVC。聚氯乙烯树脂本身是一种无毒聚合物，但原料中单体氯乙烯对人体有剧毒，食品级的 PVC 成型品允许单体氯乙烯的残留量应低于 0.6 毫克/千克。

(7) **聚偏二氯乙烯（PVDC）** 聚偏二氯乙烯为均聚物，它的熔点比它的快速分解温度（210℃）低 5～10℃，因此很难在标准温度下加工，而与氯乙烯（VC）、丙烯酸甲酯（MA）等单体共聚，可将熔点降低至 140～175℃。但商业上用的 PVDC 是 50％以上的偏二氯乙烯与其他单体的共聚物，如赛伦薄膜的正确术语为偏二氯乙烯-氯乙烯共聚薄膜或聚偏二氯乙烯共聚物。在目前所有的食品包装塑料中，PVDC对水蒸气、气体和气味物质的阻隔性能最佳。PVDC能耐高低温，可用作高温杀菌的食品和冷藏食品的包装材料。PVDC有一定的收缩性，高温下收缩时有适度弹性，韧性和柔性都很高，耐磨且表面光滑、透明度好。PVDC因有收缩性，需采用脉冲或高频热压封合。

（8）**乙烯-乙烯醇共聚物（EVOH）**　乙烯-乙烯醇共聚物是乙烯醇和乙烯的水解共聚产物。EVOH的阻气性最高，它的透氧率是PA、PE的1%；PVDC的1/10。EVOH对水蒸气阻透性低于PVDC，这是由于共聚物分子结构中存在亲水和吸湿的氢氧基。当吸收湿气时，氧气的阻隔性能会受到不利影响，因此与PA一样作为复合包装材料的阻隔层。此外，EVOH还具有非常好的耐油、耐有机溶剂和保持食品香味、气味的性能。

5. 复合包装材料

复合材料，是指由两种或两种以上的具有不同性能的物质结合在一起组成的材料；而复合包装材料，是在微观结构上遵循扬长避短的结合，发挥组成物质的优点，扩大使用范围，提高经济效益，使之成为一种更实用、更完备的包装材料。包装业中的"四大"传统包装材料（纸、塑料、玻璃、金属），一直广泛使用在茶叶包装中，但单一的材料对于茶叶包装的高防潮、高阻氧、遮光等要求，尚不能完全满足。因此，比任何单一传统包装材料的性能要优越得多的复合包装材料应运而生。常见的复合包装材料有玻璃纸/塑料、纸/塑料、塑料/塑料、纸/金属箔、塑料/金属箔、玻璃纸/塑料/金属箔等。此外，还有干法纸/塑料、干法纸/塑料/其他材料等。采用层合、湿法黏结层合、干法黏结层合、热溶或压力层合、挤出贴面层合技术、共挤塑层合技术等方法复合。复合包装材料的包装形式多种多样，有三面封口形、自立袋形、折叠形等。

茶叶复合包装常使用的材料：

1）结构层：PP（普通聚丙烯）、HDPE、LDPE、PET、NY（尼龙）、纸等。

2）阻隔层：AL（铝）、PVDC、EVOH、NY（尼龙）、PET、PVA 等。

3）热封层：PE、CPP（不拉伸聚丙烯）、LLDPE 等。

第三节　茶叶贮藏保鲜

一、茶叶贮藏保鲜的重要性

茶叶是人们的日常饮料，如果制造出来的茶叶品质正常，而由于贮藏保鲜不当发生了品质的陈化变质，那么，轻者降低茶叶的饮用价值，重者不能饮用，从而失去茶叶的饮用价值，也就失去了茶叶生产的意义，造成了经济上的极大损失。

茶叶生产经历了从散茶到团茶再到散茶的阶段，当再次出现散茶并得到发展以后，如何对茶叶采取有效的贮藏保鲜问题，引起了各方面的高度重视。茶叶的贮藏保鲜实质上是通过技术措施来保护茶叶固有的品质，直接关系到茶叶产品的价值和声誉问题，反映了茶叶生产、科技和艺术发展的水平。

在茶叶的贮藏保鲜过程中，由于受各种因子的影响，其化学成分随之发生着变化，茶叶品质也将不断变化，即发生了茶叶的陈化变质，降低了茶叶的饮用和经济价值。因此，要使茶叶品质得到保证，首先要弄清楚茶叶中的主要化学成分的性质及其变化规律，再用科学的贮藏保鲜技术来减缓茶叶内这些有效成分的变化。

二、茶叶贮藏技术条件

茶叶是一种经过加工处理后具有疏松多孔结构体的特殊食品，在自然条件下很容易发生变质、陈化，如何使茶叶在保质期内其品质尽可能地不发生或少发生变化，已成为让消费者能够买到色、香、味、形都保持完好的茶叶产品的一个难题。变质、陈化是茶叶各种内含化学成分在一定的环境条件下发生氧化、降解和转化的结果，而影响最大的环境条件主要是温度、水分、氧气、光照和它们之间的相互作用。要防止茶叶在贮藏及流通过程中的陈化变质，延长其货架期，首先是要控制茶叶的含水率、微生物和贮藏的环境条件，尽可能地降低这些内、外因素作用以及它们的相互影响，其次是要选用密封性能优良的包装材料和创造良好的贮藏环境条件，尽可能地降低这些内外因素对茶叶品质的影响。

1. 茶叶必须充分干燥

准确掌握和严格控制茶叶含水率，是搞好茶叶贮藏和延长其保鲜期的关键。水分是茶叶内各种成分进行生化反应必需的介质，随着茶叶含水率的增加，茶叶陈化劣变速度加快，色泽逐渐变黄，滋味新鲜度减弱。一般毛茶的出厂含水量被控制在6％以内，尤其是名优茶含水率在包装前必须更加严格控制。当茶叶含水率达7％以上时，任何保鲜技术或包装材料都无法保持茶叶的新鲜风味或质量不变；当含水率超过10％时茶叶还容易产生霉变。因此，在生产上制定严格控制茶叶含水率的标准至关重要。

2. 贮藏环境必须低湿、低温、低氧和卫生

要改善仓储条件，加强库房管理，保持一个低湿干燥、避光、低温、低氧、清洁卫生的贮藏环境。茶叶仓库的地面和边墙应有防潮设施，地面最好铺有木板，或用沥青、油毛毡做底再浇水泥地坪，门窗要密封，室内还需安装通风、去湿、散热设施，使仓内保持干燥和通气。有条件的地方可建造冷藏库，保持5℃左右的恒温，可以较长时间地保持茶叶品质稳定。据试验，最经济的冷藏温度为0～8℃。茶叶不能与有异味的物品一起装运和贮藏，也不能用有异味的器具盛放茶叶。茶叶贮存应避免阳光直射，以保持茶叶原有的品质。对小包装茶叶，要求包装容器内氧气含量控制在0.1％以下，基本保持无氧状态。

综上所述，茶叶理想的贮藏保鲜技术条件是：茶叶含水率低于6％，避光、低湿（相对湿度低于50％）、低温（0～8℃）、低氧（容器内含氧量低于0.1％）、卫生干净。

三、茶叶贮藏保鲜技术

1. 常温仓库贮藏

常温仓库贮藏就是将茶叶在自然室温条件下贮存在仓库的方法。

采用此种方法贮藏，茶叶内含有效成分的变化速度较快。即使在防潮、隔热的仓储条件下，存放了2~3个月的茶叶，其色、香、味也会有明显的变化。随着贮藏期的延长，新茶变成了陈茶。质量上乘的茶叶，原以嫩度良好、香味鲜爽、色泽绿翠为其质量特征，但绝大部分生产于春茶季节的3~5月份，即使精心贮藏，若在自然室温条件下经过高温潮湿的夏季到国庆节、元旦或春节应市出售，也会呈现出程度不同的陈化现象。

2. 冷库贮藏

冷库贮藏也叫低温贮藏，它是指利用降低贮藏环境的温度，降低茶叶内化学成分氧化反应的速度，从而减缓茶叶品质陈化劣变的一种保鲜方法。国内外实践证明，采用低温冷藏是解决茶叶大容量保鲜问题最有效的途径，不仅使茶叶有了低温贮存环境，而且库内避光，空气相对湿度也容易控制，既为茶叶创造了良好的保鲜条件，也可以大大延长茶叶的保质期。目前生产上采用冷库冷藏茶叶越来越普遍。

（1）**茶叶冷库的类型**　茶叶冷库的类型有多种。从形式来分通常有组合式冷库和土建式冷库两种。

组合式冷库是将制冷设备和冷库库房做成一个整体系统，外形似一大型冷柜，由生产厂在厂内全部制造和安装好，使用时仅作简单的管线连接即可使用，库房温度在0~80℃范围内自由选择。这种冷库采用全自动控制，体积大小可随用户要求制造和安装，具有结构紧凑、制冷效率高、操作简便、运行安全可靠等特点，是名优茶大容量保鲜贮藏的理想设备。

土建式冷库是指制冷库房及机房用建筑材料建造，所有制冷设备均需现场安装调试。这种冷库单位面积投资小，制冷设备选择余地大，库容量可大可小，也是当前茶叶上使用较多的一种形式。

(2) 冷库库房的基本结构　若为组合式茶叶冷库，只要建造或选择清洁、干燥、通风、无太阳直射、水电条件良好、面积大小与高度适于冷库设备系统安装的库房，由冷库生产厂家将该设备系统在现场安装调试，即可直接投入使用，相对来说较为方便，在生产中应用也较普遍。

若为土建式茶叶冷库，则应专门建造。冷库库房包括墙体、屋盖和地坪三部分，它们围成封闭的六面体（简称围护结构），其结构形式与一般的高温冷库基本相同。其基本要求除了必须保证达到一般建筑物的强度之外，主要是要有良好的隔热和隔水汽防潮性能。

冷库库房内环境条件要求低温、干燥和避光，所以茶叶冷库的规划和建造均以满足上述要求来进行。首先，茶叶冷库应建在交通方便、阳光直射时间短、地势高、干燥、空气流通、水电有保证的地方。库房面积和容积可根据生产需要及所配备的制冷机组情况加以计算确定。库房高度一般以 3.5 米左右为宜，库房不留窗，并使用可改善隔热条件的冷库专用库房门。库房应密封、隔热、隔潮，冷库墙应做成夹层结构，以提高隔热防潮效果，库房地板要有防潮措施，并用软木地板来隔热防潮。压缩机房要求宽敞、高度较高、空气流通，压缩机和冷凝器远离炉灶等发热物，机组周围要留出 1 米以上空间供工人操作和维修之用。

小型土建式茶叶专用冷库的安装、调试较为复杂，应由专业技术人员进行操作，库房的隔热防潮措施也应一并进行安装。制冷设备进入使用期后应经常进行检查，维修保养等事项均应严格按使用说明书规定的步骤操作，以保证机组正常运行。

(3) 冷库的使用　茶叶冷库的工作温度通常以 0～8℃为宜，空气相对湿度应保持 50%以下，最高不得超过 60%。冷库的防潮至关重要，在茶叶贮藏以前，尤其是新冷库初次应用或在冷库使用过程中出现库内相对湿度超过 60%时，应及时进行换气排湿。长期使用的茶叶冷库因处于密闭状态，库内会出现异味，也应进行换气消除异味。每年应对库房进行一次彻底清扫，以保持库内清洁和空气清新。茶叶是导热性较差的物料，尤其是在库容大而且存放量又多的情况下，茶叶从入库到叶温降至要求的低温，一般要经几天时间才能达到，所以部分冷库采取先将茶叶置于工作温度比主库房内工作温度更低的预冷室内预冷却，然后再送入主库房长时间存放。冷库中的茶叶出库时，若将茶叶马上放到室外高温空气中，会使茶叶表面出现凝结水，所以茶叶出库时应先在介于主库房内工作温度和库外空气温度之间温度的过渡库房内放置一段时间，最好放 2~3 天再出库，出库后最好再过 3~4 天才开封出售或使用。如时间不允许，应及时做好防潮工作。

（4）冷库贮藏注意事项　①所用冷库的除湿效果要好，相对湿度应控制在 60％以内（50％以下更佳）。并要用防潮性能好的包装材料对茶叶进行包装，这样才能使茶叶处于干燥状态。②茶叶是导热性能较差的物质，冷库存放时应该分层堆放，每件之间要留一些间隙，使冷空气在库内有足够的循环空间，以便茶叶能均匀快速降温。③茶叶出库后，如需分成小包装，则最好与脱氧、抽气充氮等包装方法相结合，以便更好地保持茶叶品质。

3. 真空包装贮藏

真空包装贮藏是采用真空包装机，将包装袋内空气抽出后立即封口，使包装袋内形成真空状态，从而阻滞了茶叶氧化变质，达到保鲜的目的。

由于茶叶疏松多孔，表面积较大，且由于设备操作因素，一般很难将空气完全排尽，因而真空包装的效果比充氮包装差一些。同时，由于真空状态的包装袋及所充满的茶叶被整体收缩成硬块状，会对名优茶的外形完整产生一定的影响。真空包装选用的包装袋必须是阻气（阻氧）性能好的铝箔或其他二层以上的复合膜材料，或采用铁质、铝质易拉罐包装。

4. 脱氧包装贮藏

脱氧包装贮藏是指采用气密性良好的复合膜容器，装入茶叶后再加入一小包脱氧剂（或称除氧剂），然后封口。脱氧剂是经特殊处理的活性氧化铁，该物质在包装容器内可与氧气发生反应，从而消耗掉容器内的氧气。一般封入脱氧剂 24 小时左右，容器内的氧气浓度可降低到 0.1％以下。

采用脱氧包装的绿茶，在香气、滋味品质上都比较好，维生素含量在 80 天后基本上无变化。脱氧剂通常也叫作茶叶专用保鲜剂，或茶叶专用除氧剂，具有效果显著、使用方便的优点，已在生产上广泛使用。目前茶叶专用保鲜剂一般用于小包装茶或名优茶中，由于每个包装茶叶的重量不同，保鲜剂加工厂在生产产品时也加工成不同基质数量的产品，以适应各类包装的茶叶。

茶叶专用保鲜剂的使用方法：①首先选好阻气性好的复合薄膜或其他容器（氧气透过率小于 20 毫升每 24 小时·101.325 千帕）。②根据袋内茶叶的重量，选用不同规格的保鲜剂，茶叶 100 克以下选用Ⅰ型保鲜剂，茶叶 100～250 克选用Ⅱ型保鲜剂，茶叶 250～500 克选用Ⅲ型保鲜剂。③装入保鲜剂后采用宽边封口机，将复合薄膜袋封口，并仔细检查，不能有丝毫漏气。对已拆封的 FTS 茶叶专用保鲜剂若一次用不完，须在 1 小时内用原包装封好口，以免失效。

第五章
茶叶科学品饮

第一节　品饮历史

　　茶是一种古老的植物，茶叶均由茶这种作物的树叶加工而成，1753 年，植物分类学家林奈把茶定名为"Theasinensis"，意即原产于中国的茶树，它的学名为：*Camellia Sinensis*（L.）O. Kuntze。茶的古称甚多，如荼、诧、荈、槚、苦荼、茗、荂等，有的指茶树，有的指不同的成品茶。中国人的祖先饮茶方式经历了五个阶段：上古时期生吃作药；秦汉两晋时期药食同源、熟吃当菜；唐代烹煮饮用；宋代冲点饮用；明清时期冲泡品饮。茶叶饮法的起源与流变与古代茶产业与文化的发展、茶叶加工史和茶具制造史的变迁息息相关。

　　茶之为饮，发乎神农氏，闻于鲁周公，早在神农时期茶的药用价值已被发现，上古饮茶开端于公元前，我国尚处于原始社会到奴隶社会的过渡时期，是我国发现和利用茶的初始阶段。当时以巴蜀为茶业中心，逐渐开始人工栽培茶树，已有茶作贡品的记载。东晋《华阳国志·巴志》中记载："周武王伐纣，实得巴蜀之师，……武王既克殷，以其宗姬封于巴，爵之以子。……丹漆、茶、蜜……，皆纳贡之"，且追述当地"园有芳蒻、香茗"，表明在西周初期，巴蜀一带已开始种茶纳贡。

　　春秋时期前茶叶以药用为主，随后从药用过渡为食用或药食同源。古人直接含嚼鲜叶汲取茶汁，体会茶叶的芬芳、清口及收敛性快感，茶的含嚼逐渐成为人的一种嗜好。此后茶叶逐渐成为日常的食材，即以茶当菜，煮作羹饮。茶叶煮熟后，加以佐料与饭菜调和食用。《晏子春秋》记载，"晏子相景公，食脱粟之饭，炙三弋五卵茗菜而已"；又《尔雅》中，"苦荼"一词注释云"叶可炙作羹饮"，现在裕固族的三茶一饭、瑶族咸油茶、回族刮碗子茶、土家族擂茶、苗族罐罐茶、苗族八宝油茶、景颇族腌茶、德昂族酸茶、基诺族凉拌茶和煮茶、怒族盐巴茶、普米族的"打油茶"、傈僳族油盐茶和响雷茶、纳西族龙虎斗和盐茶、哈萨克族奶茶、蒙古族咸奶茶、藏族酥油茶等少数民族饮茶方式，以及日本的茶泡饭等茶叶食用方式，都是以茶当菜、煮作羹饮的保留形式。

秦汉至南北朝时期茶叶从生吃药用、熟吃当菜逐渐发展成真正的饮品，同时古人对于茶叶的药理功能有了更深入的认识。秦汉时期，巴蜀一带日渐殷富，成都成为我国早期茶产业萌芽的核心区域。公元前 59 年王褒《僮约》中有"武阳买茶，烹茶尽具"，反映了当时饮茶已与人们的生活密切相关，且富实人家饮茶还用专门的茶具。

唐代初期，经过长期的食用和饮用，中国人对于茶叶的基本特性有了归纳，世界上第一部由国家统一制定的药典《本草》中记载："茗，苦荼。茗味甘苦，微寒无毒。主瘘疮，利小便，去痰热渴，令人少眠，春采之。"其中对于茶叶的基本特性说的很明确。此时，茶叶逐渐成为一种单纯的饮品。但唐初人们喝茶仍然要加盐加调料煮着喝，中国人清饮茶和茶圣陆羽的提倡有关系，陆羽在《茶经》里说："或用葱、姜、枣、橘皮、茱萸、薄荷之等，煮之百沸，或扬令滑，或煮去沫，斯沟渠间弃水耳，而习俗不已。"意思是"这样的茶无异于倒在沟渠里的废水"，无法品尝到茶叶的本味，所以到了唐代后期，人们喝茶渐渐不放调味料。陆羽在《茶经》里详述了他关于如何煮茶的观点，他所记述的方法被后世称为煎茶法。煎茶法的程序包括：备器、炙茶、碾罗、择水、取水、候汤、煎茶、酌茶、啜饮。这个过程简单地说就是准备好茶具后将饼茶在火上炙烤，碾碎过筛，选择上好的水，煮沸到合适的程度，然后开始煎茶，最后进行品饮。煎茶的关键在于：第一，在水煮到二沸时舀出适量放到一边，然后投入碾磨好的茶叶；第二，投茶后水沸腾过度时，加入之前舀出的水止沸，防止茶汤溅出，同时保持煎茶过程中的汤花。《茶经》中关于煎茶法的记述虽不放调料，仍可以加入少量的盐调和茶味。

宋代，我国的饮茶方式逐渐从煎茶变为点茶。所谓的点茶，就是将茶叶碾磨成极为细小粉末，冲入热水后使用茶筅搅打。我国宋代的点茶法是日本抹茶道的源头，日本僧人南浦昭明、荣西和尚等人从寺院中习得茶法，带回日本，逐渐传播。唐代和宋代的茶叶以蒸青绿茶为主，宫廷用茶全部为蒸青，宋代将蒸青绿茶压制成特殊的形制，称为龙团凤饼。宋徽宗是一位茶叶行家，他的《大观茶论》是《茶经》之外的另一部茶学著作，他对茶的喜好直接推动宋代官茶的发展。在贵族阶层的带领下，饮茶的风尚逐渐普及到民间，文人间也开始流行斗茶。点茶的时候，茶筅搅打后的茶汤表面有了一层泡沫，称为"汤花"，如果茶叶制作较好，则汤花厚而均匀，持续的时间也较长，颜色则为白色，宋徽宗在《大观茶论》里说："点茶之色，纯白为上真，青白为次，灰白次之，黄白又次之。"宋代斗茶斗的是茶汤和汤花的色泽（纯白为上），以及汤花的均匀度和持久性。除此之外，宋代还有"分茶"，分茶是在点茶的基础上进一步发展起来的，即用筷子在汤花上勾勒出各种图案或者文字，如果汤花的均匀度和持久性好，则这些图案或者文字保持的时间也较久。

明代，草根皇帝朱元璋不接受贵族阶层繁复而讲究的品饮方式，罢团茶，兴散茶，导致了中国茶叶加工的重大变革，绿茶工艺从蒸青转为以炒青为主。此过程中，茶叶的品饮方式也发生了重大的变革，从唐宋时期的煮茶法、点茶法变为明清时期的撮泡法。与撮泡法相适应的茶具，例如宜兴的紫砂壶、景德镇的瓷器盖碗逐渐成为品饮茶叶的主流茶具，而宋代用来点茶的建窑茶盏则退出了历史舞台。现在传世的建盏很多存放在日本的博物馆里，是因为当时的僧侣们将茶盏带回日本后，近千年来日本还保留着我们宋代的品饮习惯。明清以来，撮泡逐渐成为主流的品饮方式，但同时在各地又形成了各具特色的饮茶习俗，比如潮汕地区喝工夫茶，江浙地区用大盖碗泡饮。潮汕工夫茶是我国最有特点和代表性的泡茶方式，广东福建一带主要以喝乌龙茶为主，在泉州、漳州、潮州等地家家户户都有工夫茶具，每天围坐在一起喝茶是不可或缺的生活内容。清代俞蛟在《梦厂杂著·卷十·潮嘉风月》

里说："工夫茶，烹治之法，本诸陆羽《茶经》，而器具更为精致。炉形如截筒，高约一尺二三寸，以细白泥为之。壶出宜兴窑者最佳，圆体扁腹，努咀曲柄，大者可受个升许。杯盘则花瓷居多，内外写山水人物，极工致，类非近代物。然无款志，制自何年，不能考也。炉及壶、盘各一，惟杯之数，则视客之多寡。杯小而盘如满月。此外尚有瓦铛、棕垫、纸扇、竹夹，制皆朴雅。壶、盘与杯，旧而佳者，贵如拱璧，寻常舟中不易得也。先将泉水贮铛，用细炭煎至初沸，投闽茶于壶内冲之；盖定，复遍浇其上；然后斟而细呷之，气味芳烈，较嚼梅花更为清绝，非拇战轰饮者得领其风味。"喝工夫茶要求工夫茶四宝：若琛杯（景德镇产的白瓷小杯，薄如蛋壳，比半个乒乓球还小）、孟臣罐（宜兴产的紫砂小壶，古代惠孟臣做的小壶最有名，因而得名）、玉书碨（烧水用的陶壶），以及潮汕风炉。潮汕工夫茶除了紫砂壶，也用白瓷盖碗进行冲泡，先将茶叶投入盖碗或紫砂壶，乌龙茶第一道洗茶，第二道开始分入白瓷小杯进行品饮，一般可以冲泡多次。

现在传统的工夫茶泡法已经被全国各地的茶叶爱好者所接受，不仅仅喝乌龙茶时可以用工夫茶的方式来冲泡，喝其他茶时也以采用工夫茶的泡法，所不同者，要根据茶叶的特性来选择相应的茶具。

第二节　茶叶品鉴

中国茶叶采摘、加工与饮用的历史十分悠久，目前我国通常沿用安徽农业大学已故陈橼教授的方法依据不同的制作工艺将茶叶划分为六大茶类，在六大茶类的基础上进一步进行窨花等工艺制成的茶叶称为再加工茶。通常根据品质等级，将茶叶分为名优茶和大宗茶，名优茶指原料嫩度好、造型和风味有特色的茶，大宗茶原料嫩度稍低、品质正常即可。名优茶与大宗茶的差异主要表现在两个方面：第一，名优茶对原料的要求有别于大宗茶，名优红茶、绿茶、黄茶、白茶的采摘标准往往高于一芽二叶，乌龙茶、黑茶不以粗老原料制作，紫芽、虫害芽、病变芽等均不采摘。第二，名优茶品质通常优于大宗茶。造型富有特色，色泽油润鲜明，外形匀整；香气浓郁高长或清鲜悠长；滋味甘鲜醇厚；叶底匀齐，芽叶完整，规格一致。

我国各大茶类的制作方法并不是同时形成的，茶农们在实际加工过程中逐渐创造发展出丰富多彩的茶叶品种，这些茶的感官品质各具特色。

一、品类鉴别

1. 绿茶

绿茶是我国最早生产的茶类，历史悠久，唐朝开始采用蒸青制法生产团饼茶，明代起按鲜叶老嫩分类炒制散茶，沿袭至今。基本加工工艺流程是鲜叶摊放、杀青、揉捻（做形）、干燥，具有"清汤绿叶"的品质特征。杀青是绿茶加工过程中的关键工艺，其主要目的是利用高温钝化多酚氧化酶的活性，防止茶多酚类物质氧化。

绿茶可分为炒青绿茶、烘青绿茶、蒸青绿茶和晒青绿茶四类。普通蒸青茶外形条索细紧，挺直呈棍棒形，色泽深绿或鲜绿油润，富有光泽，汤色绿亮，清香纯正，带海藻气，滋味醇和略涩，叶底显青绿。烘青茶的品质特征一般表现为外形条索较紧结、完整，显露锋毫，色泽深绿油润，汤色清澈明亮，香气清高，滋味鲜醇，叶底匀整绿亮。炒青茶分为长炒青、圆炒青和扁炒青，长炒青外形条索细嫩紧结带锋苗，色泽绿润，汤色绿明，香高持久，滋味浓爽，叶底嫩匀，绿亮；圆炒青颗粒圆结重实，色泽墨绿油润，汤色黄绿明亮，香气纯正，滋味浓厚，耐泡，叶底完整黄绿明亮；扁炒青外形扁平挺直，匀齐光洁。色泽嫩绿或翠绿，香气清高，滋味醇爽，叶底嫩匀成朵。晒青茶外形条索粗壮，带白毫，色泽深绿，香呈日晒风味，汤色黄绿，滋味浓而富有收敛性，叶底肥厚。

我国名优绿茶的种类丰富多彩，根据外形可分为条形、扁平形、卷曲形、兰花形、颗粒形、针芽形、松针形、瓜片形、玉兰花形等，具体见表5-1。

表 5-1　我国名优绿茶外形种类

形状	特点
条形	条形茶的长度比宽度大许多倍，有的外表圆浑，有的外表有棱角较毛糙，茶条均紧结有锋苗。各种毛尖、云雾和毛峰均属此类

形状	特 点
卷曲形	条索紧细卷曲，白毫显露。如碧螺春、高桥银峰、都匀毛尖、蒙顶甘露、南岳云雾等
颗粒形	圆珠形、腰圆形、拳圆形、盘花形等。呈圆珠形的有珠茶，其颗粒细紧滚圆，形似珍珠；腰圆形的如火青；茶条卷曲紧结如盘花形的如泉岗辉白
扁平形	包括扁条形和扁片形，茶条扁平挺直，制茶中有专门的做扁工艺。属此类型的茶有龙井、大方、湄江翠片、天湖风片、仙人掌茶等，以龙井茶最为典型
松针形	茶条紧圆挺直两头尖似针状。属此类型的茶有银松针、雨花茶、玉露等
针芽形	单芽茶、芽形似针或月芽。属此类型的茶有银针、开化龙顶等
花朵形	鲜叶较嫩，制造中不经或稍经揉捻，采用烘干的茶叶，芽叶相连似花朵，如小兰花、绿牡丹、建德苞茶等
玉兰花形	干茶两片抱芽呈自然伸展，不弯、不翘、不散开，两端略尖，二叶包芽扁展似玉兰花瓣，太平猴魁是此类型茶的代表
束形	加工经揉捻、烘成半干后，有专门理顺、捆扎的工序，将几十个芽梢理顺在一起，用丝线捆扎成不同形状，最后烘干的茶属此类型。束成似菊花形的叫菊花茶，束成似毛笔形的叫龙须茶
雀舌形	鲜叶为一芽一叶初展，制茶后形状似雀舌的属此类型。如顾渚紫笋、敬亭绿雪、黄山特级毛峰等
环钩形	茶叶条索紧细弯曲呈环状或钩状。属此类型的茶有鹿苑毛尖、歙县银钩、官庄毛尖、碣滩茶等

名优绿茶中西湖龙井为炒青绿茶，径山茶为烘青绿茶，恩施玉露为蒸青绿茶，普洱生茶原料为晒青绿茶。我国代表性的名优绿茶如下：

西湖龙井：原产地为杭州市西湖区。鲜叶采摘细嫩，要求芽叶均匀成朵，高级龙井做工特别精细，具有"色绿、香郁、味甘、形美"的品质特征。龙井茶外形嫩叶包芽，扁平挺直似碗钉，匀齐光滑，芽毫隐藏稀见，色泽翠绿，微带嫩黄光润，香气鲜嫩馥郁、清高持久，汤色绿清澈明亮，滋味甘鲜醇厚，有新鲜橄榄的回味，叶底嫩匀成朵。

碧螺春：原产地在江苏省苏州市太湖中的洞庭山，此茶系采自传统茶树品种或选用适宜的良种进行繁育、栽培的茶树的幼嫩芽叶，经独特的工艺加工而成，具有"纤细多毫，卷曲呈螺，嫩香持久，滋味鲜醇，回味甘甜"为主要品质特征的历史名茶。外形卷曲成螺、茸毫满披，色泽银绿隐翠，鲜活；汤色嫩绿，时有茸毫；香气清高、嫩鲜；滋味甘醇、鲜爽；叶底幼嫩、多芽，嫩绿明亮。

无锡毫茶：产于江苏省无锡市。外形肥壮卷曲似螺，披毫，隐绿鲜活；内质清高带嫩香，汤色嫩绿明亮，滋味醇厚鲜爽，叶底单芽、肥嫩，但欠完整。

古丈毛尖：产于湖南古丈县。鲜时采摘标准为一芽一二叶初展，条索紧细圆直，白毫显露，色泽翠绿；内质香高持久，有熟板栗香、汤色清明净、滋味浓醇、叶底嫩匀明亮的特征。

都匀毛尖：产于贵州都匀市。外形条索紧细卷曲，毫毛显露，色泽绿润；内质香气清嫩鲜，滋味鲜浓回甜，汤色清澈，叶底嫩绿匀齐。

桂平西山茶：产于广西桂平市。外形条索紧细微曲，有锋苗，色泽青翠；内质香气清鲜，汤色清澈明亮，滋味醇甘爽口；叶底柔嫩成朵，嫩绿明亮。

金奖惠明茶：产于浙江云和县。曾于1915年巴拿马万国博览会上获金质奖章而得名。外形条索细紧匀齐，苗秀有锋毫，色泽绿润；内质香高而持久，有花果香，汤色清澈明亮，滋味甘醇爽口，叶底细嫩、嫩绿明亮。

凌云白毫：又称凌云白毛茶，产于广西凌云、乐业两县的云雾山中，外形条索壮实，满披白毫，色泽银灰绿色；内质香气清高，有熟板栗香，汤色清澈明亮，滋味浓厚鲜爽耐冲泡，叶底芽叶肥嫩柔软。

蒙顶甘露：产于四川名山区蒙山顶的甘露峰，蒙山种茶已有2 000年左右历史，品质极佳。外形条索紧卷多毫，嫩绿油润；内质香气鲜嫩馥郁芬芳，汤色碧绿带黄，清澈明亮，滋味鲜爽，醇厚回甜，叶底嫩绿，秀丽匀整。

径山茶：产于浙江省余杭区径山。外形细嫩紧秀显毫，色泽绿翠鲜艳；香气高鲜具独特的板栗香且持久，滋味甘醇爽口耐冲泡，汤色嫩绿明亮，叶底细嫩匀净成朵。

休宁松萝：产于安徽休宁县琅源山而得名。外形条索紧结卷曲光滑，色泽灰绿；内质香气高爽持久，滋味浓厚带苦，汤色、叶底绿亮。

高桥银峰：产于湖南长沙高桥。制法特点是杀青、初揉后在烘干时做条和提毫。外形条索呈波形卷曲，锋苗好，嫩度高，银毫显露，色泽翠绿；内质香气鲜嫩清高，汤色清亮，滋味醇厚，叶底嫩绿明净。

洞庭春：产于湖南省洞庭湖畔岳阳县黄沙街，条索紧结微曲，芽叶肥硕、匀齐，满披白毫；香气鲜浓持久，滋味醇厚鲜爽，汤色清澈明亮，叶底嫩绿明亮。

阳羡雪芽：产于江苏省宜兴市。外形纤细挺秀，色绿润，银毫显露；香气清鲜；滋味浓厚清爽；汤色清澈明亮；叶底幼嫩匀齐，嫩绿明亮。

黄山毛峰：黄山毛峰产于安徽黄山市。外形细嫩，芽肥壮、匀齐，有锋毫，形似"雀舌"，鱼叶呈金黄色，俗称金黄片，色泽嫩绿金黄油润，俗称象牙色；香气清鲜高长，汤色清澈杏黄明亮，滋味醇厚鲜爽回甘，叶底芽叶成朵，厚实鲜艳。

安吉白茶：安吉白茶产于浙江省安吉县。该茶由于其品种独特，嫩叶有"阶段性返白"的特点。鲜叶幼嫩时叶绿素含量特低，以鲜叶呈嫩白色而得名。安吉白茶的另一特点为多酚类含量低，只有 10% 左右，氨基酸含量高，达 6% 以上。因此，其品质奇特。滋味表现为醇和且特别鲜爽，香气清鲜，汤色绿而清澈明亮，外形自然呈兰花形，干茶色泽鲜绿带嫩黄，叶底色泽嫩白似玉，叶脉翠绿。

长兴紫笋：产于浙江长兴县顾诸山。形状卷叠呈兰花形，银毫显露，色泽翠绿；内质清香馥郁，汤色清澈明亮，滋味鲜醇回甘，叶底幼嫩成朵，嫩绿明亮。

敬亭绿雪：产于安徽宣城市敬亭山。外形芽叶相合，形似雀舌，挺直饱满，色泽翠绿，多白毫；内质香气清鲜持久，有花香，汤色清绿明亮见"雪飘"，滋味醇爽甘甜，叶底肥壮、匀齐、成朵，嫩绿明亮。

岳西翠兰：产于安徽省大别山腹部的岳西。外形芽叶相连，舒展成朵，色泽翠绿，形似兰花；香气清高馥郁持久，汤色浅绿明亮，滋味浓醇鲜爽，叶底嫩绿明亮。

雨花茶：产于南京市中山陵园和雨花台一带。外形呈松针状，条索紧直浑圆，锋苗挺秀，白毫显露，色泽绿翠；内质香气清高幽雅，汤色绿、清澈明亮，滋味鲜爽，叶底细嫩匀净。

安化松针：产于湖南安化县。外形细直秀丽，状似松针，白毫显露，色泽翠绿；内质香气馥郁，汤色清澈明亮，滋味甜醇，叶底嫩匀。

恩施玉露：产于湖北恩施市东郊五峰山。条索紧细圆直，匀齐挺直，状如松针；光滑鲜绿，茶汤清澈明亮，香气清鲜，滋味甘醇，叶底绿明亮。"三绿"（茶绿、汤绿、叶底绿）为其显著特点。

涌溪火青：产于安徽泾县。外形颗粒如腰圆形的绿豆，多白毫，身骨重，色泽墨绿油润；内质香气清高鲜爽，有自然的兰花香，汤色浅黄透明，滋味醇厚回甜，叶底匀嫩，色泽绿微黄明亮。

羊岩勾青：产于浙江省临海市河头镇。外形呈腰圆盘花形，色泽隐绿有毫，汤色嫩绿明亮，香气高爽有栗香，滋味醇爽，叶底嫩厚成朵、匀齐、嫩绿。

开化龙顶：产于浙江省开化县，外形挺直、叶抱芽似含苞的白玉兰，白毫披霹，银绿隐翠；香气鲜嫩清幽，滋味醇鲜甘爽，汤色嫩绿清澈明亮，叶底嫩匀成朵。

太湖翠竹：产于江苏省无锡市。外形芽略弯曲似月牙形、翠绿油润；香气嫩香高长，滋味鲜嫩爽口，汤色嫩绿明亮，叶底肥嫩匀整、嫩绿明亮。

金坛雀舌：产于江苏省金坛区，外形扁平挺直完整，状如雀舌，色泽绿润；香气清高，滋味醇爽，汤色明亮，叶底嫩匀。

竹叶青：产于四川峨眉山。外形纤秀，全芽如眉，色泽绿润，内质香高味鲜醇，叶绿汤清，全芽完整。

太平猴魁：产于安徽太平县（今黄山市黄山区）猴坑一带。外形平展、整枝挺直，两叶抱一芽，如含苞的白兰花，叶质肥壮重实，含毫而不露，色泽苍绿匀润；内质香气高爽持久，含花香，汤色清绿明净，滋味鲜醇回甜，叶底芽时肥壮，嫩匀成朵，嫩绿明亮。外形与之相似的有泾县尖茶（极品为提魁与特尖）。

六安瓜片：产于安徽六安和金寨两县，以齐云山蝙蝠洞一带所产的品质最好，称"齐山瓜片"。六安瓜片品质特征为外形平展，单片叶不带芽和茎梗，叶绿微向上重叠，形似瓜子，故称瓜片。其色泽翠绿光润；内质香气清高，汤色碧绿，滋味鲜醇回甜，叶底厚实明亮。

2. 乌龙茶

乌龙茶是具有一定成熟度的鲜叶原料，经过晒青、晾青、摇青、等青、杀青、（包揉）、干燥等工序制出的半发酵茶。乌龙茶品质特征的形成，与它选择特殊的茶树品种、特殊的采摘标准和特殊的初制工艺分不开。鲜叶采摘掌握茶树新梢生长至一芽四五叶顶芽形成驻芽时，采其二三叶，俗称"开面采"。鲜叶经晒青、凉青、做青，使叶子在水筛或摇青机内，通过手臂或机器的转动，促使叶缘组织受摩擦，破坏叶细胞，有效控制多酚类发生酶促氧化聚合，生成茶黄素（橙黄色）和茶红素（棕红色）等物质，形成绿叶红边的特征，而且激活糖苷酶活性，促进与香气结合的糖苷水解，形成游离态芳香物质，散发出一种特殊的芬芳香味，再经高温炒青，彻底破坏酶活性，并且经过揉捻，使青茶形成紧结粗壮的条索，最后烘焙，使茶香进一步发挥。

乌龙茶产于福建、广东和台湾三省。福建乌龙茶又分闽北和闽南两大产区。闽北主要是武夷山、建瓯、建阳等县，产品以武夷岩茶为极品。闽南主要是安溪、永春、南安、同安、平和、华安等县，产品以安溪铁观音久负盛名，闽西漳平产水仙茶饼。广东乌龙茶主要产于汕头市的潮安、饶平、梅州等县，产品以潮安凤凰单丛和饶平岭头单丛品质为佳，台湾乌龙茶主要产于新竹、桃园、苗栗、台北、文山、南投等县，产品有乌龙和包种。

乌龙茶的发酵程度介于红茶和绿茶之间，但是风味却和红茶、绿茶不同，乌龙茶由于发酵程度各异，香气和滋味也不同。从香气看，有清花香、熟甜花香、果香、品种香、地域香等多种类型，从滋味看，有鲜醇、醇厚、浓醇等多种口感。

我国代表性的乌龙茶如下：

安溪铁观音：原产于安溪县，是历史名茶。铁观音既是茶名，又是茶树品种名，因身骨沉重如铁，形美似观音而得名。是闽南青茶（闽南乌龙茶）中的极品。品质特征是外形条索圆结匀净，多呈螺旋形；身骨重实，色泽砂绿翠润，青腹绿蒂，俗称"香蕉色"；内质香气清高馥郁，具天然的兰花香，汤色清澈金黄，滋味醇厚甘鲜，"音韵"明显。耐冲泡，七泡尚有余香，叶底开展，肥厚软亮匀整。

永春佛手：也称永春香橼。佛手别名香橼、雪梨，原产安溪金榜骑虎岩，无性繁殖系品种，是我国特有的茶树良种，系灌木大叶型。主产区在永春，2007 年获得地理标志产品。成茶品质具有条索肥壮紧卷似牡蛎干，沉重，色泽青褐乌油润。香气浓长，品种特征近似香橼香，显悠长，滋味醇、甘厚，汤色橙黄明亮，叶底柔软黄亮红边明，叶张圆而大。

漳平水仙：漳平水仙茶饼产自福建漳平市，方饼形，外形属紧压茶类，传统茶饼外形呈小方块，边长约为 50 毫米×50 毫米，厚约 10 毫米左右，形似方饼，干色乌褐油润，干香纯正。内质香气高爽，具花香且香型优雅，有兰花香型、桂花香型等，滋味醇正甘爽且味中透香，汤色橙黄，清澈明亮，叶底肥厚黄亮，红边鲜明。现行的漳平市制订水仙茶饼标准规格边长约为 3.80 毫米，方便冲泡。

白芽奇兰：主产于漳州平和、南靖一带，茶园大都分布在西半县海拔800 米，大芹山、彭溪岩壑之处，具山骨风韵。外形条索紧结、匀整，色泽青褐油润。香气清锐，品种特征香突出，似花香高长，滋味醇爽，汤溢品种香，汤色橙黄明亮，叶底软亮，色泽稍深。

黄金桂：原产于安溪县，黄金桂品质具有"一早二奇"的特点，一早即萌芽、采制、上市早，二奇即外形"黄、匀、细"，内质"香、奇、鲜"。成茶条索紧结卷曲，色泽黄绿油润，细秀匀整美观。内质香气高强清长，香型优雅，有"露在其外"之感，俗称"透天香"，滋味清醇鲜爽，汤色金黄明亮，叶底柔软黄绿明亮，红边鲜亮。

大红袍：既是茶树名，又是茶叶商品名，其成茶以无性繁殖的大红袍茶叶为主，并辅之以恰好的火功技术（用武夷岩茶传统的焙制方法），它既保持母树大红袍茶叶的优良特性，又有其特殊的香韵品质。大红袍茶的品质特征是条索扭曲、紧结、壮实，色泽青褐油润带宝色，香气馥郁，有锐、浓长，清、幽远之感，滋味浓而醇厚、鲜滑回甘、岩韵明显，杯底余香持久，汤色深橙黄且清澈艳丽，叶底软亮、匀齐、红边鲜明。

武夷肉桂：在武夷山有 100 多年栽培史，武夷肉桂是 20 世纪 80 年代选育推广的品种，以香气辛锐浓长似桂皮香而突出。肉桂外形条索匀整卷曲；色泽褐禄，油润有光，干茶嗅之有甜香。香气浓郁持久，以辛锐见长，有蜜桃香或桂皮香，佳者带乳香，滋味醇厚鲜爽、强、回甘快且持久，汤色金黄清澈，叶底黄亮柔软，红边明显。

武夷水仙：用水仙品种制成的为武夷水仙。水仙为传统的外引品种，种植在武夷茶区将近百年。武夷水仙品质特性优良稳定，外形条索肥壮、重实、叶端扭曲，主脉宽大扁平，色泽绿褐油润或青褐油润，香气浓郁清长，具特有的兰花香，滋味浓厚、甘滑清爽、喉韵明显，汤色清澈浓艳、呈深金黄色，耐冲泡，叶底肥厚软亮、红边鲜明。

凤凰单丛茶：采制于凤凰水仙群体之优异单株。历经数百年历代茶农单株选优，单株培育，单株采制而得名。凤凰当地群众习惯以茶树叶型、树型及其成茶香型来对各种单丛给予冠名，由株系和品质特征结合，划分十种香型，即黄枝香、芝兰香、蜜兰香、桂花香、玉兰香、姜花香、夜来香、茉莉香、杏仁香、肉桂香。产品名称常见的有黄枝香单丛、桂花香单丛、玉兰香单丛、蜜兰香单丛等。

石古坪乌龙：外形条索卷曲较细，紧结，色油润带翠，内质香气清高持久，有特殊的花香味，滋味鲜醇爽滑，有独特山韵，叶底青绿微红边。

文山包种茶：轻度半发酵乌龙茶。盛产于台湾省北部的台北市和桃园等县，属轻发酵茶类，外观呈条索状，色泽墨绿，水色蜜绿鲜艳带黄金，香气清香幽雅似花香，滋味甘醇滑润。

冻顶乌龙：属"半球形包种茶"，产于台湾省的南投县、云林县、嘉义县等地。外形条索自然卷曲成半球形，整齐紧结，白毫显露，色泽翠绿鲜艳有光泽，干茶具强烈芳香，冲泡后清香明显，带自然花香-果香，汤色蜜黄-金黄，清澈而鲜亮，滋味醇厚甘润，富活性，回韵强，叶底嫩柔有芽。

白毫乌龙茶：又名椪风茶、东方美人茶、香槟乌龙茶，产于夏季，在新竹县北埔、峨眉及苗栗县头份等地的青心大冇品种，限用手采茶菁，且唯有经小绿叶蝉感染者才能制成较佳品质之白毫乌龙茶，是台湾新竹、苗栗特产。典型的白毫乌龙茶品质特征外观艳丽多彩具明显的红、白、黄、褐、绿五色相间，形状自然卷缩宛如花朵，香气带有明显的天然熟果香，滋味似蜂蜜般的甘甜，茶汤鲜艳橙红，叶底淡褐有红边，叶基部呈淡绿色，叶片完整，芽叶连枝。

金萱：外形紧结呈半球形状或球状，色泽翠润。内质香气具有特殊的品种香，其中以表现牛奶糖香者为上品，滋味甘醇，汤色蜜绿明亮。选用台茶12号制作。

3. 红茶

红茶属于全发酵茶，在初制时，鲜叶先经萎凋，然后再经揉捻或揉切、发酵和烘干，形成"红汤红叶、香味甜醇"的品质特征。干茶除了芽毫部分显金色，其余以乌黑油亮为好，所以英语中红茶称为"Black tea"。明朝末期，红茶正式在中国出现，武夷山地区在制作茶叶时出现了汤色红赤的记载，武夷山的正山小种，是世界红茶的鼻祖。我国的红茶主要分为三种：小种红茶、工夫红茶、红碎茶。小种红茶以正山小种为代表，茶汤具有桂圆香，干燥时用松木熏制，又具有松烟香；工夫红茶比较有名的是祁门工夫、滇红工夫、川红工夫等；我国红碎茶的主要产地在云南和海南省。

我国及世界代表性的红茶如下：

祁红：产于安徽祁门及其毗邻各县。制工精细。外形条索细秀而稍弯曲，有锋苗，色泽乌润略带灰光；内质香气特征最为明显，带有类似蜜糖香气，持久不散，在国际市场誉为"祁门香"，汤色红亮，滋味鲜醇带甜，叶底红明亮。

川红：外形条索紧结壮实美观，有锋苗，多毫，色泽乌润；内质香气鲜而带橘糖香，汤色红亮，滋味鲜醇爽口，叶底红明匀整。

闽红：闽红工夫分白琳工夫、坦洋工夫和政和工夫三种。①白琳工夫：外形条索细长弯曲，多白毫，带颗粒状，色泽黄黑；内质香气纯而带甘草香，汤色浅而明亮，滋味清鲜稍淡，叶底鲜红带黄。②坦洋工夫：外形条索细薄而飘，带白毫，色泽乌黑有光；内质香气稍低，茶汤呈深金黄色，滋味清鲜甜和，叶底光滑。③政和工夫：分大茶和小茶两种：大茶用大白茶品种制成。外形近似滇红，但条索较瘦小，毫多，色泽灰黑；内质香气高而带鲜甜，汤色深，滋味醇厚，叶底肥壮尚红。小茶用小叶种制成。外形条索细紧，色泽灰暗；内质香气像祁红，但不持久，滋味醇和、欠厚，汤色、叶底尚鲜红。

滇红工夫：产于云南凤庆、临沧、双江等地，用大叶种茶树鲜叶制成，品质特征明显，外形条索肥壮紧结重实，匀整，色泽乌润带红褐，金毫特多；内质香气高鲜，汤色红艳带金圈，滋味浓厚刺激性强，叶底肥厚，红艳鲜明。

正山小种：外形条索粗壮长直，身骨重实，色泽乌黑油润有光；内质香高，具松烟香，汤色呈糖浆状的深金黄色，滋味醇厚，似桂圆汤味，叶底厚实光滑，呈古铜色。

阿萨姆红碎茶：用阿萨姆大叶种制成。品质特征是外形金黄色毫尖特多，身骨重；内质茶汤色深味浓，有强烈的刺激性。

大吉岭红碎茶：用中印杂交种制成。外形大小相差很大，具有高山茶的品质特征，有独特的馥郁芳香，称为"核桃香"。

斯里兰卡红碎茶：按产区海拔不同，分为高山茶、半山茶和平地茶三种。茶树大多是无性系的大叶种，外形没有明显差异，芽尖多，做工好，色泽乌黑匀润；内质高山茶最好，香气馥郁，滋味浓。半山茶外形美观，香气高。平地茶外形美观，滋味浓而香气低。

肯尼亚红碎茶：90%茶厂采用 C.T.C 工艺，外形颗粒紧结重实，色泽纯润；内质香味浓强鲜爽，汤色红亮，加奶后奶色红艳，叶底红匀柔嫩，质量优良。

4. 黑茶

黑茶属后发酵茶，是我国特有的茶类，生产历史悠久，花色品种丰富。各种黑茶的紧压茶是藏族、蒙古族和维吾尔族等兄弟民族日常生活的必需品。黑茶以边销为主，部分内销，少量外销。

黑茶的基本工艺流程是杀青、揉捻、渥堆、干燥，一般原料较粗老，加之制造过程中往往堆积发酵时间较长，因而叶色油黑或黑褐，故称黑茶。渥堆是黑茶初制独有的工序，也是黑毛茶色、香、味品质形成的关键工序。由于特殊的加工工艺，使黑毛茶香味醇和不涩，汤色橙黄不绿，叶底黄褐不青。

黑茶因产区和工艺上的差别有湖南黑茶、湖北老青茶、四川边茶和滇桂黑茶之分。黑茶按加工方法不同分为黑毛茶、砖茶、普洱茶、篓装茶等；按压制的形状不同，分为砖形茶，如茯砖茶、花砖茶、黑砖茶、老青砖、云南砖茶（紧茶）等；枕形茶，如康砖茶和金尖茶；碗臼形茶，如普洱沱茶、四川沱茶；篓装茶，如六堡、方包茶等；圆形茶，如饼茶、七子饼茶等。

普洱（熟茶）散茶：普洱散茶属黑茶类。普洱茶是晒青毛茶经过后发酵而成的，采用人工陈化工艺，加速了普洱茶的后熟作用，达到外形色泽褐红、汤色红浓、陈香浓郁、滋味醇和、爽滑的品质要求。

普洱（生茶、熟茶）紧压茶：普洱（生茶、熟茶）紧压茶外形有圆饼形、碗臼形、方形、柱形等多种形状和规格。普洱茶（生茶）紧压茶外形色泽墨绿，形状匀称端正、松紧适度、不起层脱面；洒面、包心的茶，包心不外露；内质香气清纯、滋味浓厚、汤色明亮，叶底肥厚、绿黄。普洱茶（熟茶）紧压茶外形色泽红褐，形状端正匀称、松紧适度、不起层脱面；洒面、包心的茶，包心不外露；内质汤色红浓明亮，香气独特陈香，滋味醇厚回甘，叶底红褐。

广西六堡茶：六堡茶原产于广西苍梧县六堡乡的黑茶而得名，已有 200 多年的生产历史。主产梧州地区，以及浔江、郁江、贺江、柳江和红水河两岸，有苍梧、贺县、横县、恭城、钟山、富川、贵县、三江、河池、柳城等 20 多个县市均生产六堡散茶。以及邻近的广东罗定、肇庆等也有少量生产。六堡毛茶外形条索粗壮，长整不碎，色泽黑褐油润；内质汤色红黄明亮，香气醇纯带烟香，滋味浓醇爽口，叶底绿褐稍红，较嫩匀。

天尖：用一级黑毛茶压制而成。外形条索伸直，较紧，色泽乌润，内质香气清纯带松烟香，滋味浓厚，汤色橙黄明亮，叶底尚嫩、黄褐。

花砖：由湖南白沙溪茶厂生产。花砖和花卷的原料相同，压制花砖的原料大部分为三级黑毛茶及少量降档的二级黑毛茶，总含梗量不超过 15%。花砖茶不分等级，规格为 350 毫米×180 毫米×3.50 毫米。花砖茶砖面上方压印有"中茶"商标图案，下方压印有"安化花砖"字样，四边压印斜条花纹。花砖茶外形要求砖面平整，花纹图案清晰，棱角分明，厚薄一致，色泽黑褐，无黑霉、白霉、青霉等霉菌；内质则香气纯正或带松烟香，汤色橙黄，滋味醇和。

花卷：筑制在长形筒的篾篓中呈圆柱形的紧压茶，高 1 470 毫米，直径

200 毫米，一卷茶净重合老秤 1 000 两，别名"千两茶"源于此。

茯砖：砖面平整，花纹图案清晰，棱角分明，厚薄一致，发花普遍茂盛；特茯为褐黑色，普茯为黄褐色，砖内无黑霉、白霉、青霉、红霉等杂菌。香气纯正，汤色橙黄，特茯滋味醇和，普茯滋味醇和、无涩味。茯砖茶特别要求砖内金黄色冠突散囊菌霉苗（俗称"金花"）颗粒大，干嗅有菌花清香。

青砖：青砖主要产于湖北的咸宁地区，以老青茶为原料压制而成的砖茶，不分等级，规格为 340 毫米×170 毫米×40 毫米。最外一层称洒面，原料的质量最好；最里面的一层称二面，质量次之；这两层之间的一层称里茶，质量较差。洒面茶以青梗为主，基部稍带红梗，条索较紧，色泽乌绿；二面茶以红梗为主，顶部稍带青梗。叶子成条，叶色乌绿微黄；里茶为当年生红梗，不带麻梗叶面卷皱，叶色乌绿带花。一般而言，洒面、二面各为0.125 千克，里茶 1.75 千克。青砖茶要求砖面光滑、棱角整齐、紧结平整、色泽青褐、压印纹理清晰，砖内无黑霉、白霉、青霉等霉菌；香气纯正、滋味醇和、汤色橙红、叶底暗褐。

米砖：米砖产于湖北省赵李桥茶厂，唯一以红茶片、末为原料蒸压而成的砖茶，分为特级米砖茶和普通米砖茶。米砖规格为 23.70 毫米×18.70 毫米×20 毫米，重 1.125 千克，洒面茶和底面茶各 0.125 千克，里茶 0.875千克。米砖茶外形美观，印有"牌楼牌""凤凰牌""火车头牌"等牌号。米砖茶洒面及里茶均用茶末，品质均匀一致。砖面平整、棱角分明、厚薄一致、图案清晰，砖内无黑霉、白霉、青霉等霉菌。特级米砖茶乌黑油润，香气纯正、滋味浓醇、汤色深红、叶底红匀；普通米砖茶黑褐稍泛黄，香气平正、滋味尚浓醇、汤色深红、叶底红暗。

康砖：是以康南边茶、川南边茶为主要原料，经过毛茶筛分、半成品拼配、蒸汽压制定型、干燥、成品包装等工艺过程制成，净重 500 克，不分等级，规格为 170 毫米×90 毫米×60 毫米。康砖茶品质要求为：外形圆角长方形，表面平整、紧实，洒面明显，色泽棕褐。砖内无黑霉、白霉、青霉等霉菌。内质方面包括香气纯正，汤色红褐、尚明，滋味纯尚浓，叶底棕褐稍花。

5. 白茶

白茶制法一般不经炒揉，毛茶芽叶完整，形态自然，白毫不脱，毫香清鲜，汤色浅淡，滋味甘和，持久耐泡。白茶加工分萎凋、干燥两个工序。根据天气条件，采用不同的加工方法。在正常气候条件下，萎凋与干燥连续进行。白茶可分为白毫银针、白牡丹、贡眉和寿眉。其中以白毫银针最为名贵。

白毫银针：白毫银针外形芽针肥壮，满披白毫，色泽银亮。内质香气清鲜，毫味鲜甜，滋味鲜爽微甜，汤色清澈晶亮，呈浅杏黄色。产于福鼎的北路银针芽头肥嫩，茸毛疏松，呈银白色，滋味清鲜。产于政和的西路银针，芽壮毫显，呈银灰色，滋味浓厚。

白牡丹：外形自然舒展，二叶抱芯，色泽灰绿，毫香显，滋味鲜醇，汤色橙黄清澈明亮，叶底芽叶成朵，肥嫩匀整。因鲜叶采自不同品种的茶树，成茶有大白、小白、水仙白之分，品质也有差异。

贡眉：以菜茶为原料，采一芽二三叶，品质次于白牡丹。菜茶的芽虽小，但要求原料必须符合产品的规格，含有嫩芽、壮芽。鲜叶原料不能带有对夹叶。

6. 黄茶

黄茶属轻发酵茶，在绿茶制作工艺的基础上增加了闷黄工序，具有"黄汤黄叶"的品质特征。该特点通过热化作用，使内含物发生变化，产生一些黄色物质。热化作用有两种，即湿热作用和干热作用：在制品水分含量较高时，如平阳黄汤的闷黄以湿热作用为主，在制品水分含量较低时，如蒙顶黄芽的闷黄以干热作用反复多次闷黄。我国黄茶根据嫩度的不同，可以分为黄芽茶、黄小茶和黄大茶。黄芽茶有君山银针、蒙顶黄芽、霍山黄芽等。黄小茶有远安鹿苑、北港毛尖、沩山毛尖、平阳黄汤等。黄大茶有霍山黄大茶、广东大叶青。

君山银针：产于湖南省岳阳君山。君山银针全由未展开的肥嫩芽头制成。制法特点是在初烘、复烘前后进行摊凉和初包、复包，形成变黄特征。

君山银针外形芽头肥壮挺直，匀齐，满披茸毛，色泽金黄光亮，称"金镶玉"；内质香气清鲜，汤色浅黄，滋味甜爽，冲泡后芽尖冲向水面，悬空竖立，继而徐徐下沉杯底，状如群笋出土，又似金枪直立，汤色茶影，交相辉映，极为美观。

蒙顶黄芽：产于四川名山区。鲜叶采摘标准为单芽至一芽一叶初展，每500克鲜叶有 8 000～10 000 个芽头。初制分为杀青、初包、复锅、复包、三炒、四炒、烘焙等过程。外形芽叶整齐，形状扁直，肥嫩多毫，色泽金黄；内质香气清纯，汤色黄亮，滋味甘醇，叶底嫩匀，黄绿明亮。

莫干黄芽：产于浙江德清县莫干山。鲜叶采摘标准为一芽一叶初展，每500 克干茶约含 4 万多个芽头。初制分为摊放、杀青、轻揉、闷黄、初烘、锅炒、复烘七道工序。外形紧细匀齐略勾曲，茸毛显露，色泽黄绿油润；内质香气嫩香持久，汤色澄黄明亮，滋味醇爽可口，叶底幼嫩似莲心。

霍山黄芽：产于安徽霍山县大化坪金字山、金竹坪、磨子潭一带。鲜叶采摘标准为单芽或一芽一叶初展。初制分为摊青、杀青、轻揉、初烘、闷黄、烘焙等过程。外形芽叶肥壮、扁直，形似雀舌，色泽嫩黄；内质香气嫩甜带熟板栗香，汤色浅黄明亮，滋味醇和回甘，叶底嫩匀完整、绿黄明亮。

平阳黄汤：产于浙江泰顺县及苍南县，新中国成立前，泰顺县生产的黄汤，主要由平阳茶商收购经销，因而称平阳黄汤。初制分杀青、揉捻、闷堆、干燥四道工序。外形条索紧结匀整，锋毫显露，色泽绿中带黄油润；内质香高持久，汤色浅黄明亮，滋味甘醇，叶底匀整黄明亮。

沩山毛尖：产于湖南宁乡市沩山。外形叶边微卷成条块状，金毫显露，色泽嫩黄油润；内质香气有浓厚的松烟香，汤色杏黄明亮，滋味甜醇爽口，叶底芽叶肥厚。为甘肃、新疆等消费者所喜爱。形成沩山毛尖黄亮色泽和松烟味品质特征的关键在于杀青后采用了"闷黄"和烘焙时采用了"烟熏"两道工序。

霍山黄大茶：鲜叶为一芽四五叶。初制为杀青与揉捻、初烘、堆积、烘焙等过程。堆积时间较长（5～7 天），烘焙火功较足；下烘后趁热踩篓包装，是形成霍山黄大茶品质特征的主要原因。外形叶大梗长，梗叶相连，色泽黄褐鲜润；内质香气有突出的高爽焦香，似锅巴香，汤色深黄明亮，滋味浓厚，耐冲泡，叶底黄亮。为山东沂蒙山区的消费者所喜爱。

7. 再加工茶

再加工茶以花茶为主，花茶又称窨制茶，或称香片，是精制茶配以香花窨制而成。既保持了纯正的茶香，又兼备鲜花馥郁的香气，花香茶味别具风韵。用于窨制花茶的茶坯主要是绿茶，其次是乌龙茶和红茶。花茶总的品质特征是：花香馥郁、滋味醇和。

茉莉烘青：茉莉花茶以烘青绿茶为主要原料，统称茉莉烘青。茉莉烘青根据其采用原料的嫩度与加工的精细程度，分为高档茉莉烘青（四窨及四窨以上的茉莉花茶，也称特种茉莉花茶）、中档茉莉烘青和低档茉莉烘青。

二、品鉴要点

除了品类风格和茶品特色外，在茶叶品鉴时还有一些注意点。

1. 新陈茶

就绿茶、轻发酵的乌龙茶来说，陈茶的品质远逊于新茶，因为茶叶陈化过程中产生了令人不愉快的气味，民间又称为失风（浙江地区说法）、走气（福建地区说法）。品鉴时，首先要看干茶的颜色和光泽度，新茶色泽嫩绿、翠绿、油润度好，陈茶则偏黄发暗。第二要看冲泡的汤色，新茶汤色嫩绿、杏绿，陈茶汤色发黄。第三要闻香气、尝滋味，新茶清鲜度高，陈茶陈闷、油腻，令人不爽。对于普洱茶等需要存放转化的茶类，陈放后的茶散发出令人愉快的香气，被称为陈香，和绿茶的陈味有很大的区别。

2. 茶叶等级

我国针对不同的茶叶设立了不同的产品标准。在产品标准中，对各种茶类的等级划分做了明确的规定，同一茶叶不同等级的感官品质完全不同。

以西湖龙井为例，国家标准 GB/T 18650 将其划分为特级、一级、二级、三级、四级、五级，部分企业在制定企业标准时在特级之上又增加了精品级。特级龙井茶外形扁平、光滑、尖削、挺直、色泽嫩绿油润；汤色嫩绿、清澈明亮；香气高鲜或高爽、具有嫩香或嫩栗香；滋味甘醇、鲜爽；叶底嫩厚成朵、嫩绿明亮。而五级龙井外形尚扁平、有宽扁条、色泽深绿较暗、有青壳碎片；汤色黄绿；香气尚纯正；滋味平和；叶底尚嫩欠匀、稍有青张、色泽绿稍深。两个等级具有明显的区别，随着等级的降低，西湖龙井的光滑度、扁平度、挺直度、尖削度均明显降低，干茶和茶汤色泽黄变，香气和滋味平淡无特色，叶底从厚软有弹性变为触手薄硬。这主要是由于原料的嫩度逐渐降低所致。因此品饮不同等级的龙井茶感官体验完全不同。

3. 茶叶产地

某些名优茶往往生产在特定的区域。为了规范产地标识，管理部门设立了专门的地理标志产品标识。地理标志产品是指产自特定地域，所具有的质量、声誉或其他特性本质上取决于该产地的自然因素和人文因素，经审核批准以地理名称进行命名的产品。地理标志主要用于鉴别某一茶叶的产地，是该产品的产地标志。

以西湖龙井为例，根据国家标准，目前龙井茶可以分为西湖产区、越乡产区和钱塘产区。茶叶的品质受到产地、肥培管理、品种、采摘标准、制作工艺等多种因素的影响，要对于市场上销售的所有茶叶完全做出准确的产地判断难度非常大，对于普通的消费者来说更是难上加难。2004 年，杭州市专门制定了《杭州市西湖龙井茶基地保护条例》，对一级保护区和二级保护区的范围进行了明确的规定。保护区范围内生产的茶叶才能申请专门的西湖龙井原产地保护标志，粘贴于茶叶外包装上，消费者在购买西湖龙井时要认准专门的原产地保护标志。

当然和其他地区龙井茶相比，西湖龙井还具有以下特点，在产地鉴别时应加以考量：①生长区域较佳、制作工艺良好的西湖龙井素以"色绿、香郁、味甘、形美"著称，香气的馥郁度、滋味的甘醇度是其典型风格，但这并不代表其他产区没有品质优异的龙井茶；②通过品种来判断，西湖龙井基本为龙井 43 和龙井群体种，乌牛早、白茶品种均不是西湖龙井茶；③通过上市时间来判断，西湖龙井茶的上市时间最早在每年的 3 月中旬，而其他地区的龙井茶，3月上旬甚至2月下旬就上市了，太早上市的反而不是真正的西湖龙井。普通消费者要根据①、②条对茶叶是否为西湖龙井加以判断有一定的难度，第③条是比较直观的参考依据。

以上即为鉴别西湖龙井产地的主要方法。其他名优茶的产地鉴别和西湖龙井类似，专业人员可以通过品质特征加以鉴别，普通消费者在了解有限的情况下，可以通过查看地理标志产品标识加以确认。

第三节　科学冲泡

一、泡茶的基本要素

冲泡一壶好茶，受到各种因素影响，且不论茶有好坏，不同的泡茶者受其冲泡习惯的影响，冲泡出的茶汤的香气、滋味往往也有差别。有经验的泡茶者了解所泡茶叶的特性，能够根据茶性选择合适的泡法，控制呈味物质浸出速率，突出其品质特点中令人愉悦之处，降低品质缺陷造成的不悦感。合适的泡茶方法，可以归纳以下六个方面：①冲泡用水：水中含有的矿物元素或其他物质对冲泡结果有影响；②冲泡水温：茶叶呈味物质和香气成分在不同温度下浸出率和挥发率不同对冲泡结果的影响；③茶具：茶具不同的造型与材质对冲泡结果的影响；④茶水比：不同的茶水比对冲泡结果的影响；⑤冲泡时间：不同的浸泡时间对冲泡结果的影响；⑥冲泡程序：上述五个方面分别组合对最终冲泡结果的影响。

二、泡茶用水的选择

明代张大复在《梅花草堂笔谈》提到，"十分茶七分水，茶性必发于水，八分之茶遇十分之水亦十分矣，十分之茶遇八分水亦八分耶"。这说明了泡茶用的水对茶叶的重要性。要泡出好茶，七成的把握在水，茶的特性由水来体现，水的好坏直接影响到茶的色、香、味。古人对泡茶用水提出了"清、活、轻、甘、冽"五字的要求。

清。要求无色透明，无沉淀物。如果水质不清，古人也想方设法使之变清。《煮泉水记》云，移水取石子置之瓶中，虽养水，亦可澄水，令之不淆。

活。所谓活是要用流动的水。苏东坡《汲江水煎茶》，在月色朦胧中用大瓢将江水取来，当夜使用活火烹饮，方能煎得好茶。

轻。这是古人的一条标准，现代科学中，运用化学分析的方法，将每毫升含有 8 毫克以上钙镁离子的水称为硬水，不到 8 毫克的称为软水，硬水重于软水。实验证明，用软水泡茶，色香味俱佳；用硬水泡茶，则茶汤变色，香味也大为逊色。古人凭感觉与长期饮水体验，认为水轻为佳，与现代科学暗合。

甘。水是用来喝的，最终要求还是要有滋味，宋代诗人杨万里有"下山汲井得甘冷"之句，就说明这一点。古人品水味，尤崇甘冷或曰甘洌。所谓甘就是水一入口，舌与两颊之间产生的甜感，水泉甘者能助茶味。

洌。就是冷、寒。古人认为寒冷的水，尤其是冰水、雪水，滋味最佳。这个看法也有依据，水在结晶过程中，杂质下沉，结晶的冰相对而言比较纯净，至于雪水，更为宝贵。古人凭感觉获得这条宝贵经验，称雨水、雪水为天泉。

现在我们泡茶时，用水应符合国家饮用水规定，清洁无味。可用无污染的深井水，自然界中的矿泉水及山区流动的溪水。要求浑浊物不超过每升 5 毫克，无色透明；原水和煮沸水中无气味，不得有游离氯、氯酚等；总硬度不得超过 5 度；pH 为 6.5～7.0，不使用碱性水冲泡审评，铁量低于每升中 0.02 毫克。为了弥补水质之不足，使用纯净水能明显除去杂质，提高茶汤的可口性。此外不同品牌的矿泉水，矿物质含量不同，也会对冲泡结果产生影响。

三、温度的选择

温度是泡茶时最重要的要素之一，唐陆羽《茶经·五之煮》中记载煮茶："其沸，如鱼目，微有声，为一沸；缘边如涌泉连珠，为二沸；腾波鼓浪，为三沸"，"第二沸，出水一瓢，以竹环激汤心，则量末当中心而下。有顷，势若奔涛溅沫，以所出水止之，而育其华也"。在二沸时，为了防止接下来水温过高难以控制，先取了一瓢二沸的水置于一旁，待到茶水沸腾时，以微冷却的二沸水投之，即"势若奔涛溅沫，以所出水止之"。古时没有温度计，陆羽通过观察水的形态来控制煮茶温度，可见唐人在温度会对茶汤风味产生影响方面已有认识。

大多数茶有最佳冲泡温度，一方面过高的温度会破坏风味，而另一方面温度过低无法展现茶叶特征风味。一般名优绿茶用 80～95℃ 水温冲泡，细嫩的碧螺春，用沸水冲泡会将原本清鲜感明显的茶叶烫熟，汤色、叶底变黄，香气熟闷。明代·张源《茶录》中曾有论述："探汤纯熟，便取起。先注少许壶中，祛荡冷气倾出，然后投茶。茶多寡宜酌，不可过中失正，茶重则味苦香沉，水胜则色清气寡。两壶后，又用冷水荡涤，使壶凉洁。不则减茶香矣。罐熟则茶神不健，壶清则水性常灵。稍俟茶水冲和，然后分酾布饮。酾不宜早，饮不宜迟。早则茶神未发，迟则妙馥先消。"说的就是冲泡名优绿茶的水温问题，用冷水荡涤茶壶，降低壶温，从而降低冲泡温度，保证茶汤风味。冲泡乌龙茶、红茶、黑茶、白茶、黄茶等茶类一般用沸水进行冲泡，冲泡乌龙茶如温度较低，则香气不易挥发，无法体现乌龙茶以香抓人的特点。沸水冲泡乌龙茶，香气可弥漫至整个房间，品饮者通过闻盖香、辨水香来把握茶叶的香气特征，而冲泡温度不够时，香气不易挥发，这些特征往往不明显。实际冲泡时还需要根据不同的器具加以调整，近年逐渐流行的冷泡法，打破了过去人们对茶叶冲泡温度的固有认知，采用低温长时间浸泡茶叶，由于温度较低时，氨基酸的浸出比例高于茶多酚的浸出比例，因此茶汤的酚氨比较低，茶汤甘鲜感高、涩感低，此时也别具一番风味，尤其是用来冲泡氨基酸含量高的安吉白茶、玉露等高档名优绿茶，茶汤的鲜爽味特别明显。

四、茶具的选择

茶具依据功能可以分为：①主茶具：茶壶、盖碗、茶杯等；②辅助茶具：注水壶、公道杯、茶漏、茶则、茶巾、茶叶罐等。茶具依质地可分为：

①瓷器：一般制作盖碗、公道杯和茶杯，也有少量制作茶壶；②砂器：以宜兴紫砂为代表，可制作壶、杯、盏，以茶壶为主；③玻璃：透明度好，便于泡饮名茶，以观汤色和茶叶形状；④金属：坚固耐用，导热性好，可浇铸或冲压成形，一般制作注水壶，常见的有铁壶和银壶；⑤竹器：竹壳瓷心，野趣飘逸，多用制作辅助茶具，如茶漏、茶则等。

选用茶具主要应着眼于蕴香育味，在泡好茶的基础上考虑美感和搭配的要求。不同的茶叶适合不同的茶具。冲泡乌龙茶时，紫砂壶具有最好的保温效果和聚香效果，茶汤中的水香较好；盖碗的保温效果次之，但冲泡过程中对香气的体验感受更为直接；玻璃杯和普通瓷杯的保温效果和聚香效果最差。而冲泡绿茶时，紫砂壶容易温度过高，烫熟茶叶，玻璃杯和盖碗易于控制温度，且玻璃杯视觉效果好，可观汤色和茶叶形状。当然选择茶具时还要关注材质是否理想，有无异味，密合度好坏，出水是否流畅，重心是否顺手等。

在所有茶具中，使用最广泛的是紫砂壶茶具和瓷质茶具，紫砂壶是一种兼具功能性、艺术性的茶具，选购时要针对所泡的茶考虑容积和容量，使用时壶把便于端拿、壶嘴出水的流畅、高矮得当、口盖严谨，另外壶的流、把、钮、盖、肩、腹、圈足应与壶身整体比例协调，点、线、面的过渡转折也应清晰与流畅。另外紫砂壶的壶形有很多种，可以根据自己的需求选择合适的壶形。只有符合上述要求，品茗沏茶才能得心应手。

目前用来制作茶具的瓷器类型有龙泉青瓷、龙泉哥窑、景德镇瓷器（青花、彩绘）、汝瓷等传统品类，也有德化瓷、骨瓷等现代品类，制作的茶具类型包括盖碗、品茗杯、公道杯等。选购时查看瓷器本身的器形是否周正，有无变形；釉色是否光洁，色度一致，有无砂钉、气泡眼、脱釉等。如果青花或彩绘则看其颜色是否明艳，是否有光泽。

五、时间的选择

冲泡时间对茶汤滋味也有明显的影响，冲泡时间越长，茶汤中的呈味物质浸出量越大，茶汤中的水浸出物含量就越高。而茶汤中的水浸出物含量和滋味浓度成正比，因此冲泡时间长，茶汤浓度就高；冲泡时间短，茶汤浓度低。不同人饮茶时喜好的浓度存在较大的差别，有人喜欢喝浓茶，有人喜欢喝淡茶，但人可以接受的茶汤浓度还是在一定的范围之内，因此冲泡时要根据品饮喜好调整茶汤浓度。

六、泡茶程序的选择

泡茶程序对于茶汤的品质具有决定性的作用，对于不同的茶叶应采用不同的冲泡方法，选择不同的泡茶用水、茶具、水温、茶水比、时间，搭配成不同的泡茶程序。常见的冲泡方法有杯泡法、盖碗泡法、小壶泡法、大壶煮茶法、容器冷泡法。

杯泡法适用于不能长时间闷泡的茶，如细嫩绿茶、黄茶，杯泡法的冲泡处理还可分为上投法、中投法、下投法。上投法是指先在杯中冲入水，然后加入茶叶，此时茶叶在水面缓缓舒展、徐徐下降，这种方法的优势在于不易使茶叶焖黄，适合于芽叶细嫩、茸毫含量高易毫浑的茶；中投法是指冲入1/2的水，然后加入茶叶，最后再将水冲满，适合于既不过分细嫩、又不十分难于下沉的茶叶；下投法是指先加入茶叶，然后注水冲满，适合于不易沉底、芽叶肥壮的茶叶。杯泡法茶水比一般为1∶50至1∶75，如冲泡名优绿茶，根据不同的茶类水温控制在85~90℃，其他茶类可用沸水冲泡。杯泡法茶叶浸泡在茶汤中，茶叶中的内含物质浸出率较高，因此在饮茶至茶汤还剩二分之一时，要及时续水，避免客人饮干茶汤再次续水，茶汤已然淡而无味。

盖碗泡法适合于绿茶、黄茶、红茶、白茶、花茶、乌龙茶。盖碗有大盖碗、小盖碗之分。大盖碗直接品饮，一般用于绿茶、黄茶、白茶、花茶、小叶种红茶；小盖碗分汤品饮，一般用于乌龙茶。对于绿茶也可分别采用上、中、下投法分别冲泡。绿茶一般采用80~95℃水温冲泡，其他茶类一般采用沸水冲泡。

小壶泡法适用于白茶、大叶种红茶、乌龙茶、黑茶，一般使用紫砂壶，采用分汤法进行品饮，采用沸水冲泡。

大壶煮茶法适用于老白茶、黑茶等，常用陶壶、银壶、铁壶，一般煮沸茶汤 5～10 分钟。

具体方法适用的茶品见表 5-2。

表 5-2　典型茶叶冲泡方法汇总

茶具	泡法	茶类	茶品	冲泡温度
杯泡法	上投法	绿茶	碧螺春、信阳毛尖	85℃
	中投法	绿茶	径山茶、安吉白茶	90℃
	下投法	绿茶	西湖龙井、松阳银猴	95℃
	下投法	黄茶	蒙顶黄芽、莫干黄芽	100℃
大盖碗泡法	上投法	绿茶	碧螺春、信阳毛尖	85℃
	中投法	绿茶	径山茶、安吉白茶	90℃
	下投法	绿茶	西湖龙井、松阳银猴	95℃
	下投法	黄茶、白茶、花茶、小叶种红茶	蒙顶黄芽、莫干黄芽、白毫银针、茉莉银针、祁门红茶	100℃
小盖碗泡法	分汤法	乌龙茶	铁观音、武夷岩茶、凤凰单丛、台湾乌龙	100℃
小壶泡法	分汤法	白茶、大叶种红茶、乌龙茶、黑茶	铁观音、武夷岩茶、凤凰单丛、台湾乌龙、白毫银针、滇红工夫、生普、熟普、砖茶	100℃
大壶煮法	分汤法	白茶、黑茶	白牡丹、贡眉、生普、熟普、砖茶	100℃
容器冷泡法	—	所有茶类	所有茶品	室温

在人们日常生活中喝茶要求方便、快捷为宜，无论是繁杂的工作间隙抽空独饮一杯茶的解渴小憩，抑或是亲朋来访时依循传统的客来敬茶，还是三五好友小聚叙谊时的品茗畅谈，一般都不讲求泡茶的仪式感，而是选择使用较为简单的泡茶器具和快速的冲泡流程，并且更注重茶汤呈现出来的品质，即如何简单快速地泡出一杯好喝的茶。

生活泡茶器具不易繁多，只要准备基础、必需的茶具即可，一般包含：泡茶器、茶叶（罐）、小茶船（湿泡，可蓄水）或小茶盘（干泡，不可蓄水）、品茗杯。水壶、水盂、茶巾、茶道六君子等皆为非必需项，视场地环境情况而定。比如我们在办公桌上布置的话只要最最基础的茶具即可，以节省空间，保持办公桌干净整洁。

玻璃杯、同心杯、飘逸杯、盖碗、紫砂壶等都是我们生活中常常会用到的泡茶器。每一种器具都可以冲泡所有茶类，但冲泡不同茶类时又有着自己独特的优劣表现，有的可能更适合泡绿茶时使用，有的更适合泡乌龙茶时使用，就像每一片茶叶原则上可以加工成六大茶类中的任意一类，但有的茶树品种更适合做成色郁形美的西湖龙井，有的茶树品种更能体现大红袍的岩骨花香，是一样的道理。每一种器具都有相对更适宜冲泡的茶类，比如玻璃杯相对更适宜冲泡名优绿茶，可以欣赏茶叶在水中曼妙的身姿，又比如紫砂壶保温透气，更适宜需要高温冲泡的普洱和乌龙茶等。

　　一般来说，我们推荐茶水分离的冲泡方式，即茶叶注水冲泡一定时间后，茶汤及时过滤出来，避免茶叶长时间浸泡在茶汤中的方法。一来可以避免茶叶经过长时间浸泡产生苦涩的口感，二来可以减缓茶叶氧化变质的速度，增加茶叶冲泡次数。同时，要泡好一杯茶，还需要泡茶者掌握好投茶量、水温、冲泡时间等泡茶基本要素。初学者，可以只选择一种器具，冲泡不同茶类，通过不断练习来熟悉茶性和掌握泡茶要领；熟练者，可以选择使用最顺手或器型最心仪的茶具来泡茶，以期通过泡茶、喝茶为身心带来愉悦和享受。

七、生活茶艺冲泡方法

　　简单的器具和步骤也能泡出好喝的茶，下面以不同的泡茶器具分类，为大家介绍几种适合日常生活中使用的泡茶方法。

1. 同心杯法

准备器具：同心杯、茶叶（罐）。

打开杯盖，在杯中投入适量茶叶（1.5～2 克为宜，视个人口味而定）。

加水，至少没过茶叶，如滤网漏水较慢可缓慢加水防止溢出。

静置一段时间。

待茶汤浓度适宜后，将茶汤滤尽，取出过滤层放在杯盖上。

品饮。

优点：操作简便，泡茶器和品杯合二为一，适合饮茶量比较大的人群，适合个人饮用，干净卫生。

缺点：一次冲泡茶汤量较大，如不及时饮用茶汤容易变凉、汤色发暗；杯口大散热快，冲泡过的茶叶易敞露在外。

2. 玻璃杯法

准备器具：玻璃杯，茶叶（罐）。依据人数准备玻璃杯数量，建议平时玻璃杯存放时干燥倒置。

可先将玻璃杯用热水温润一次，提高杯温，投入茶叶后，可先闻干茶香。

先往杯中注三分之一的水。

将茶叶温润泡，可以轻轻摇晃一下，闻香。

注水。俗话说"从来茶道七分满，留下三分是人情"，玻璃杯中注水过满，在拿取的时候容易晃出烫伤手，一般注水七分满为宜。

品饮。夏天水温下降较慢，可以提前 5～10 分钟用较低的水温进行温润

泡，待客人到达以后再冲泡，可以有效降低茶汤温度，让客人不用等就能喝上一杯温度适宜的茶。

优点：可以欣赏名优茶细嫩芽叶在杯中茶舞，观察茶叶原料等级、茶汤颜色、亮度较易，适合个人饮用。

缺点：茶水不能及时分离，如不及时饮用茶汤容易变凉、汤色发暗；不适合冲泡芽叶较粗老的茶叶；茶汤水温下降慢，冲泡后较长时间才能饮用，如果招待客人时间较短易浪费。

3. 盖碗法

准备器具：盖碗，茶叶（罐）。

投入适量茶叶。

加水冲泡，盖上杯盖后，稍静置一段时间。

滤出茶汤。不建议冲泡较碎的茶叶，如芽叶较细碎可配合使用茶滤过滤。

优点：方便清洗，冲泡各种茶均可，泡茶量可多可少，盖碗造型传统营造饮茶文化氛围较好，适用于单人或 3～8 人。

缺点：初学者不易掌握盖碗使用方法，操作难度稍高；茶汤易未出尽而长时间浸泡，如单人饮用建议选配公道杯或使用大容量品杯。

4. 茶盅法

准备器具：带滤网的茶盅，茶叶（罐），品杯。不饮用时品杯建议倒置。

翻开品杯。

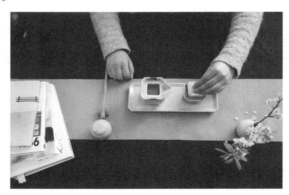

将茶盅盖放置在品杯中，做杯托之用。

取茶、投茶。

注水。

滤尽茶汤。如品杯较小可以配合公道杯使用。

品饮。

优点：介于同心杯法和盖碗法之间，使用原理和同心杯相近，但操作较盖碗简单，适用于单人或 3～8 人。

缺点：茶汤易未出尽而长时间浸泡，如单人饮用建议选配公道杯或使用大容量品杯。

5. 紫砂壶法

准备器具：紫砂壶，公道杯，茶叶（罐），品杯。

投茶。

注水。

盖上壶盖，静置。

将茶汤注入公道杯。

分茶。

品饮。

优点：适用于冲泡水温要求较高的茶类，茶汤聚香效果好，饮茶文化氛围浓，适用于单人或 3～8 人。

　　缺点：需要能蓄水的壶承或茶船，建议一个紫砂壶尽量只冲泡一类茶，清洗保养相对较复杂。

6. 大茶壶法

　　准备器具：带滤网的大茶壶，茶叶（罐），品杯。图示所用为袋泡茶。

　　将茶包放入大茶壶，注水。

静置 30 秒至 1 分钟。

手提茶包线，上下反复浸提茶包 3～4 次后，取出茶包。

将茶汤分至品杯。

品饮。如需调饮，可依个人口味搭配果汁、牛奶、砂糖、蜂蜜等。

优点：一次可以冲泡较多茶量，适合多人共同喝茶，也可以使用能持续加热的大壶煮茶，制作调饮茶。

缺点：投茶量不易控制，清洗相对麻烦，没有持续加热功能的大壶茶汤保温时间较短。

第四节　品饮要点

茶叶品饮是依靠我们的感觉器官体验茶叶的风味特色，可运用看、尝、闻等技巧，要相信自身的感官，欣赏茶叶的色、香、味、形特色。

一、观察茶叶

在品饮时，视觉占有重要位置。观察的对象包括茶叶的外形、汤色和叶底。

1. 观察外形

外形包括形状、嫩度、色泽、匀度（整碎）、净度等要素。形状指茶叶的造型、大小、粗细、宽窄、长短等。嫩度指产品原料的生长程度，细嫩的茶芽上有细密的茸毛，加工成茶后称为茶毫，白茶、绿茶毫色银白，黄茶毫色嫩黄，红茶毫色金黄，是从外观辨别茶叶嫩度的重要手段之一。色泽是指茶叶表面颜色的深浅程度，匀整度指茶叶的完整程度。

名优茶外形整齐、匀净，色泽鲜活油润。一般名优绿茶外形可分为扁平形、燕尾形、松针形、针芽形、卷曲形、颗粒形、片形、玉兰花形等；名优红茶外形一般为卷曲形、松针形或颗粒形，少部分为芽形，高档茶金毫显露甚至满披金毫；名优黄茶和白茶一般为芽茶或小茶，即嫩度一芽二叶初展以上；名优乌龙茶和黑茶较难完全依靠外形进行判断，但仍可以评估茶叶的紧结度和重实度，紧结度、重实度高的为好。

2. 观察汤色

观察冲泡后沥出的茶汤颜色、亮暗程度、清浊状况等，汤色以嫩绿、嫩黄、杏绿、绿为好，黄、黄绿稍差；明亮度以清澈明亮为好，部分细嫩茶叶含毫多，冲泡后茶汤表面浮有一层茸毫，俗称"毫浑"，也是好茶的标准之一。

3. 观察叶底

观察冲泡后的茶叶的嫩度、色泽、完整度和均匀性等。名优绿茶嫩度好于一芽二叶，叶底匀齐，绿茶嫩绿，红茶红艳，乌龙茶黄绿或绿褐，白茶银白披毫，黄茶嫩黄，黑茶乌黑，叶色鲜亮，无焦叶、劣变叶、掺杂叶。

二、嗅闻茶香

茶叶的香气分为干茶的干香和冲泡后的湿香，一般所说的茶香指的是冲泡后的香气，由茶叶冲泡后随水蒸气挥发出来的各种气味分子共同作用于嗅觉器官而产生。在品尝时对冲泡后茶叶所散发香气的纯异、香型、高低和持久度等进行鉴评。可分为三步闻香，分别是热嗅、温嗅和冷嗅，即在不同温度和时间段分别感受每泡茶叶的香气特征及其变化，其中热嗅辨纯异、温嗅辨香型、冷嗅辨持久性。品饮时也可先对干茶注入少量沸水激发茶香后进行嗅闻。名优茶往往具有独特的香型，如绿茶的嫩香、花香、栗香；乌龙茶的花香、果香；白茶的毫香（茶叶茸毫产生的香气）、黑茶的陈香（黑茶经年干仓存放后产生的香气）等，以香型高雅纯正悦鼻、余香经久不散为好。

三、品尝茶汤

品尝茶汤滋味时需将茶汤均匀分布在舌头表面，使之充分接触，以更好地感受茶叶品质特点。品尝时主要关注茶汤滋味浓度、甘度、鲜度、苦涩度四方面，甘鲜度高、苦涩度低者为佳，这里的浓度是指茶汤入口的刺激性，甘度和鲜度是指饮茶时口腔中感受到的甜味和鲜味，苦涩度包括苦味和涩味，分别对应黄连产生的苦和柿子产生的涩。名优茶口感要求涩味低或无涩味，顶级茶不应出现涩味，其次茶叶的甘度、鲜度、滑度（与粗糙感相对）、厚度（与淡薄感相对）等方面必须有独特之处，浓度不是好茶的判断标准，但亦不可过于淡薄。此外香气和滋味必须协调，口感清淡的茶汤如果香气过于浓郁，可能让人觉得不太舒服。品尝名优茶可以通过啜吸法充分感受茶叶的品质特征，让茶汤在口腔表面反复滚动，其目的是让舌面的不同部位都能充分感受茶汤，同时茶汤中的香气也能更好地通过鼻腔被嗅闻到。通常好茶具有饮后齿颊留香的效果，香气残留在鼻腔、口腔及整个呼吸道，让人感觉回味绵长。元代虞伯生游龙井中云："烹煎黄金芽，不取谷雨后，同来二三子，三咽不忍漱。"说的就是品饮茶叶后让人不忍漱口的回味，日常会客要避免由于啜吸声音过大影响他人。

第六章

饮茶与健康

第一节　茶叶中的主要保健成分

1. 茶叶保健成分概述

茶叶是我国人民日常生活当中必不可少的必需品，受到广大消费者的喜爱，这与茶叶带给人们愉悦的品饮享受和人体保健作用紧密相关。茶叶的这些作用，其根本原因在于其中所含有的化学成分。作为大自然中绚丽多彩的一员，茶叶中也含有形形色色、多种多样的化学成分，包含有许多种无机化合物，以及大量的有机化合物。迄今为止，从茶叶中分离并得到鉴定的化合物种类达到 700 种以上，其中有机化合物有 500 种以上。

茶叶的保健作用，主要来自其中的有机化合物（含 15％～21％）。组成茶叶中有机化合物的种类众多，其中包含有 20％～30％的蛋白质，1％～4％的氨基酸，2％～5％的生物碱，20％～35％的酚类物质，20％～25％的糖类物质，3％左右的有机酸，8％左右的脂肪，1％左右的色素物质，0.005％～0.03％的芳香物质，0.6％～1.0％的维生素。茶叶中的一些无机元素，对于生命健康而言，也有着不可忽视的作用，例如其中所含的钾、镁、氟、硒、锌等。

由于茶叶的食用或饮用，必须经过加工过程（含传统的初加工和现代的精深加工）才能利用，而加工过程将促使茶叶中的部分化学物质发生化学反应而形成新的化学物质，此外，还可能混入微量的化学物质。茶叶加工中的少数工艺将导致某些特殊成分的大量增加。

2. 茶多酚

茶叶中富含一类多羟基的酚性物质，俗称为"茶多酚"，是茶叶中最具有特征的次生代谢产物。按照化学物质的分类，茶叶中的多酚类物质一般可分为四大类，分别是黄烷醇类、黄酮类、酚酸类、花色苷及其苷元。

茶多酚类物质在茶叶中的含量可达到 $18\%\sim46\%$，其中儿茶素类物质的含量约占多酚类总量的 70%，是其他植物难以比拟的。茶叶中的多酚类物质，已被我国于 1990 年列为一种新型的天然食品抗氧剂，并制订了国家标准。现代研究表明，茶多酚具有高效的抗癌、抗衰老、抗辐射、清除人体自由基、降血糖血脂等一系列药理功能，在油脂、食品、医药、日化等领域具有广阔的应用前景。

不同的茶树品种，其生化特性往往存在一定的差异，对茶叶而言，儿茶素的含量与组成也存在明显的品种差异。一般来说，云南、广东、海南等地的大叶种茶树中含有较多比例的儿茶素，而浙江、江苏、安徽等地的小叶种茶树中，儿茶素的含量则较低。就具体儿茶素种类的组成来说，一般酯型儿茶素的含量要高于非酯型儿茶素，以 L-EGCG 含量最高，L-ECG 和 L-EGC 次之，其他种类的简单儿茶素则含量较少。但是，云南、贵州、四川等地的大叶种茶树，其儿茶素的组成与含量则表现出原始品种的特性，具体表现是 L-ECG 的含量较多，甚至与 L-EGCG 含量相当，简单儿茶素 L-EC 和 D,L-C 的含量较高，甚至超过 L-EGC 的含量。云南大叶种茶树所含有的这种儿茶素组成特点，可用于鉴别茶树品种的原始性。

茶树中儿茶素的含量，随生长季节的不同而不同，就茶树生长季节来说，夏季茶树新梢中儿茶素含量最高，秋季次之，春季则最少。从其组成来看，各种儿茶素含量的变化，与儿茶素总量的变化规律均较相似，L-EGCG 等儿茶素的含量也可反映出茶树的生长季节特性。

同一茶树不同部位中儿茶素的含量分布，与儿茶素的生物合成代谢密切相关，一般以茶树新梢等生长旺盛的部位含量最高，而老叶、茎等部位含量较少，根中含量极微。不同部位中，儿茶素的组成差别也很大，尤其是 L-

EGCG、L-ECG 和 L-EGC 的含量变化较为显著，一般 L-EGCG 和 L-ECG 与茶树叶片生育年龄呈反比关系，而 L-EGC 反而有增加的趋势。根中一般只含有 L-EC 和 D，L-C 等非酯型的简单儿茶素类。

3. 茶色素

茶叶的色泽，是由其含有的色素类物质决定的。茶叶中的色素，一般可分为水溶性色素和脂溶性色素两大类。

脂溶性色素主要有叶绿素和类胡萝卜素等，这类色素不溶于水，易溶于非极性有机溶剂中。叶绿素属吡咯类有机化合物，是茶树鲜叶中含量最高、最为重要的绿色色素。叶绿素主要存在于茶树叶片中，鲜叶中叶绿素含量占茶叶干重的 0.3%～8%。叶绿素 a 含量为叶绿素 b 的 2～3 倍。叶绿素的含量依品种、季节、成熟度的不同而有较大差异。叶色黄绿的大叶种中叶绿素含量较低，叶色深绿的小叶种含量较高。叶绿素是形成绿茶外观色泽和叶底颜色的主要物质，其组成与含量对茶叶品质有重要影响。一般而言，加工绿茶以叶绿素含量高的小叶品种为宜，在组成上以高含量叶绿素 b 为好，红茶、乌龙茶、白茶、黄茶等对叶绿素含量的要求比绿茶低，如果含量过高，反而会影响干茶和叶底色泽。

类胡萝卜素是一类具有黄色或橙红色的化合物，属四萜类衍生物，自然界中已经分离鉴定的类胡萝卜素化合物有 300 种以上，茶叶中已发现的有 17 种。胡萝卜素的颜色多为橙红色，不溶于水，在茶叶叶底色泽和外形色泽中起重要的作用。茶叶中的胡萝卜素含量约 0.06%，其中 β-胡萝卜素约占胡萝卜素总量的 80%，成熟叶比嫩叶含量多。在茶叶制造过程中，尤其是红茶制造过程中，胡萝卜素类会大量氧化降解，形成紫罗酮系列化合物，如 α-紫罗酮、β-紫罗酮等。在红茶发酵期间，β-胡萝卜素能部分转化为 β-紫罗酮、二氢海葵内酯和茶螺烯酮等，从而对红茶香气的形成起十分重要的作用。

水溶性色素则以红茶加工过程中形成的茶黄素类（TFs）、茶红素类（TRs）和茶褐素类（TBs）最为突出。这些红茶色素，是多酚类及其衍生物氧化聚合的缩合产物，对红茶的色香味及品质有着决定性的作用。

茶黄素呈金黄色针状结晶，水溶液呈鲜明的橙黄色，滋味颇辛辣，具有强烈的收敛性。茶红素是一类异质酚性色素物质，含量很高，占红茶干物量的 9%～19%。茶红素组分和结构更为复杂，至今还未能分离纯化出单体，分子量分布范围较宽，为 700～40 000，是一类分子量差异很大的异源物质，既包括有儿茶素酶促氧化聚合、缩合反应的产物，也有儿茶素氧化产物与多糖、蛋白质、核酸和原花色素等产生非酶促反应的产物，是一类复杂不均一的红褐色的酚型化合物。茶褐素，是由茶黄素、茶红素及其他酚类物质发生深度氧化反应后，与其他化合物产生聚、缩合反应而形成的复杂的暗褐色复合物。一般来说，茶褐素的化学组成极其复杂，除含有多酚类的氧化聚、缩合产物外，还含有多糖、蛋白质和核酸类物质，其组分表现出非透析性能。三类物质的浓缩液颜色，也呈现不同特征，茶黄素为橙黄色，茶红素为鲜棕红色，茶褐素为暗褐色。

　　茶黄素和茶红素是红茶汤的主要成分，对红茶的汤色和滋味都起着重要的作用，在红茶品质中占据着主要地位。茶黄素是红茶汤色"亮"的主要成分，滋味强度和鲜爽度的重要成分，同时也是形成"金圈"的最主要物质。茶红素是红茶汤色"红"的主要成分，汤味浓度的重要物质，并且与茶汤的强度也有关。它们与红碎茶茶汤品质的相关系数分别为：茶黄素 0.875，茶红素 0.633。实验表明，左右红茶品质的成分主要是茶红素和茶黄素。

　　茶黄素首先与红茶汤色密切相关。茶黄素含量越低，红茶汤色越差，反之则汤色明亮度越好，呈金黄色。红茶的茶汤色泽，除黄烷卓酚酮、三策啶和可能褐变的非酶性产物有少量作用外，汤色构成应归因于茶黄素和茶红素。越是高级的红茶，茶黄素和茶红素含量越高，茶褐素含量越低。水不溶性茶黄素，即与蛋白质结合形成的不溶性复合物，与叶底色泽有关。与蛋白质结合的茶黄素较多时，叶底较红亮。

　　茶黄素对红茶茶汤的滋味起着极为重要的作用，影响着红茶茶汤的浓度、强度和鲜爽度，尤其是强度和鲜爽度。红茶茶汤的浓度，决定性成分是茶红素和未氧化的多酚类；茶汤的强度，决定性成分是茶黄素和未氧化的儿茶素，以及茶红素与茶黄素的协调关系；茶汤的鲜爽度，决定性成分是茶黄素和氨基酸等。

涩味与茶黄素没有相关性，与儿茶素总量及各组分分量之间有显著相关性。茶黄素和茶红素还能跟化学性状比较稳定而微带苦味的咖啡碱结合形成络合物，这种络合物具有鲜爽滋味。当红茶茶汤冷后，常见有乳状物析出沉淀，即是所谓的"冷后浑"现象，其主要成分亦是这种络合物。冷后浑的形成过程中，茶黄素和茶红素具有协调作用。一般来说，茶汤冷后浑出现较快，黄浆状较明显，乳状物颜色鲜明，汤质较好些。

4. 茶叶中的咖啡碱

茶叶也是一种富含生物碱的特殊植物，其生物碱绝大多数属于嘌呤碱类，主要是咖啡碱、可可碱和茶叶碱等三种甲基嘌呤衍生物，三者的含量分别为茶叶干物重的 $2\%\sim5\%$、0.05%、0.002%，占据了茶叶生物碱的绝大部分。咖啡碱纯品为无色结晶，有苦味，易溶于热水。在茶叶冲泡过程中，咖啡碱还会与多酚类及其氧化产物络合，形成茶汤中的特征性现象"冷后浑"。咖啡碱与儿茶素及其氧化产物，在高温（如 100℃）条件下各自呈现游离状态，但当茶汤温度下降时，可通过羟基和羰基间形成的氢键而缔合成络合物。

在茶树种子萌发期，仅在种皮上发现咖啡碱的存在。4 月龄茶树的幼嫩叶片中可检测到咖啡碱，以幼苗茎部的老叶含量最高。可可碱仅在新发的幼嫩叶片中发现，茶叶碱仅为痕量或几乎没有。

成年茶树中，咖啡碱在茶树体内分布的差异较大，除种子外，各部位均含有咖啡碱，其中以叶部最多，茎梗较少，花果最少。新梢中咖啡碱的含量，随叶片的老化而下降。

5. 茶叶中的特殊氨基酸

氨基酸是茶叶中一类极为重要的化学成分。它不仅是组成蛋白质的功能分子，也是生物酶、活性多肽以及其他一些生物活性物质的重要组成部分。氨基酸以及它们的降解或转化产物对茶叶品质也有着重要的作用，例如有些氨基酸分子在茶叶加工中所转化形成的醛、酮等产物，是茶叶香气的重要成分；有些氨基酸是茶叶中重要的滋味因子，尤其是茶氨酸，是构成绿茶品质极为重要的成分之一，甚至是绿茶品质的化学指标。

迄今为止，除了 20 种蛋白质组成氨基酸之外，还从茶叶中发现了 6 种特殊的非蛋白组成氨基酸，分别是茶氨酸、豆叶氨酸、谷氨酰甲胺、γ-氨基丁酸、天冬酰乙胺和 β-丙氨酸。其中，茶氨酸在茶叶中含量高达干物重的 1％以上，约占茶叶中所有游离氨基酸总量的 50％。此外，γ-氨基丁酸作为一种神经传递物质，现也得到许多科学家的重视。

在茶叶中所含有的游离氨基酸中，一般以 5 种氨基酸含量最高，依次为茶氨酸、谷氨酸、天冬氨酸、精氨酸和丝氨酸，其总量约占茶叶游离氨基酸总量的 80％以上。

茶氨酸与绿茶滋味品质呈现出强的正相关，相关系数达到 0.787～0.876，是茶叶鲜爽味的主要来源。品质越好的茶叶，其茶氨酸含量也越高，因而茶氨酸也一直被作为评价茶叶品质的主要指标之一。

茶氨酸在茶叶中的含量较高，可达到茶叶干重的 0.4％～3.0％，占茶叶 26 种游离氨基酸总量的 50％以上，因此，茶氨酸一直被认为是茶叶的特征性氨基酸，甚至被作为鉴别茶叶真假的重要化学成分指标。

茶氨酸大量存在于茶叶中，占干茶的 1％～2％，占氨基酸总量的 50％以上，部分特殊茶树品种中茶氨酸含量可达到 4％。茶氨酸含量受季节的影响也较大，一般春茶中含量明显高于夏茶和秋茶，并且随茶季的推移，茶氨酸含量逐渐减少。茶树体内各部位均含有茶氨酸，以侧根、绿茎及新芽中含量最高，因此，一般嫩芽叶制作的品质较好的茶叶中茶氨酸含量较高，相反，老叶或品质差的茶叶中茶氨酸含量相对较低。在不同树龄茶叶中，小龄茶树所含的茶氨酸含量比老茶树高。

6. 茶多糖

茶叶中的糖类物质，包括单糖、寡糖、多糖，以及少量复合糖、衍生糖类。单糖和双糖是构成茶叶可溶性糖的主要成分，一般具有甜味。茶叶中的多糖类物质主要包括纤维素、半纤维素、淀粉和果胶等。

茶树新梢在合成糖类物质时，因叶片发育阶段的不同合成糖的种类也有差异。在幼嫩的茶梢中合成的主要是单糖和蔗糖，为细胞的快速增长提供能量；成熟叶片中除合成单糖和蔗糖外，还合成并积累大量的多糖。

多糖是由多个单糖基以糖苷键相连而形成的高聚物。茶叶中的多糖类物质占茶叶干重的 $25\% \sim 30\%$，主要有纤维素（$4\% \sim 9\%$）、半纤维素（$3\% \sim 10\%$）、淀粉（$0.2\% \sim 2.0\%$）和果胶（11%）等。构成植物支持组织的纤维素和半纤维素是不溶于水的，淀粉则难溶于水，果胶物质的溶解性则与其甲酯化程度、是否带支链结构有关。多糖均不溶于乙醇或其他有机溶剂，无还原性，也无甜味。

茶叶中还含有一类特殊的水溶性复合多糖，是一类与蛋白质结合在一起的酸性多糖或酸性糖蛋白，主要由葡萄糖、阿拉伯糖、果糖、木糖、半乳糖及鼠李糖等组成，聚合度大于 10，具有复杂的多方面的生理功能。这一类水溶性多糖，也被称为茶叶活性多糖或是茶叶多糖、茶多糖，在茶叶中含量为 $0.5\% \sim 3\%$，在粗老茶中含量较高。茶多糖的组成和含量因茶树品种、茶园管理水平、采摘季节、原料老嫩及加工工艺的不同而异。据报道，乌龙茶中的含量高于绿茶和红茶；原料越老，茶多糖的含量越高；六级炒青绿茶中多糖的含量是一级茶的 2 倍；乌龙茶中，茶多糖的含量约占干重的 2.63%。

7. 维生素

维生素是指人体组织自身不能合成、必须从膳食中获得、以维持人体正常机能所必需的一些微量物质。

茶叶中含有较为丰富的维生素，其中以维生素 C 含量最为丰富。六大茶类中，以绿茶中维生素 C 的含量最高。高级绿茶中，维生素 C 含量可达到 0.5%，质量较差的红茶和绿茶中含量约 0.1%，甚至更少。茶叶中维生素 C 的含量，与茶树鲜叶的老嫩度有关，一般来说，茶树芽叶中以第二、三叶含量较多，顶芽和第一叶含量较少，粗老叶更少。

由于维生素 C 的化学性质活泼，因而在茶叶的贮藏和加工过程中极易受到多种条件的影响而发生变化。维生素 C 的破坏，主要与氧化、高温、酶、金属等因素有关。当温度高达 $210{}^\circ\!C$，茶叶中的维生素 C 可能全部被破坏。在有氧的条件下，维生素 C 易受抗坏血酸氧化酶、酚酶、细胞色素氧化酶和过氧化酶等多种酶的催化作用而氧化。

在制茶过程中，茶树鲜叶中的维生素 C 会因氧化而减少，尤其是红茶的发酵工艺使维生素 C 含量下降最为明显。绿茶的加工，由于高温杀青方式可以杀灭或抑制酶的活性，包括阻止抗坏血酸酶的活性，从而以最大程度保留茶叶中维生素 C 原有的含量。但如果绿茶加工中工艺掌握不够，以致抗坏血酸酶的活性得以保留或复活，则维生素 C 会因氧化而减少。就茶类而言，一般情况下绿茶维生素 C 的含量比红茶多。在茶叶的贮藏过程中，维生素 C 的含量会随着茶叶贮藏时间的延长而逐渐降低，三年陈茶则含量极低。维生素 C 的含量还与贮藏温度有关，如－12℃下贮藏 1 年维生素 C 损失约 55％，而－29℃下贮藏 1 年仅损失 10％。

在茶叶的冲泡饮用过程中，维生素 C 在 80℃水中浸煮五分钟仅损失全量的 15％，大部分仍保持完整状态。一般来说，成人每天饮五、六杯绿茶，即可摄入足够需要量的维生素 C。

8. 皂苷

皂苷又名皂素、皂角苷或皂贰，是一类比较复杂的苷类衍生物，因其水溶液振荡时可产生大量肥皂样泡沫而得名。常见的名贵药材如人参、沙参、桔梗等，皂苷均是极为重要的药效成分。

茶叶中的皂苷，俗称为茶皂素，通常有茶叶皂素、茶籽皂素之分。茶皂素有较多种类，理化性质略有差异，主要分布于茶叶、茶籽、茶根等部位。茶皂素味苦而辛辣，具有很强的起泡力而不受水质硬度的影响，被广泛用作乳化剂。

茶皂素具有许多生物活性，例如抗渗消炎作用，可在炎症初期阶段，使受障碍的毛细血管透过性正常化。茶皂素可刺激动物体内激素的分泌，促进糖原导生和葡萄糖新生，抑制血糖的利用；能降低肝及血清中的胆固醇水平，因而有降血脂作用。茶皂素对白色念珠菌、大肠杆菌均有抑制作用；对浅层真菌感染具有治疗效果；对多种皮肤病、瘙痒有抑制作用。茶皂素可以促进对虾生长，还有灭螺、杀灭蚯蚓、化痰、止咳、镇痛等作用。

茶皂素具有化痰止咳的效果，可治疗老年性气管炎和各类水肿，其止咳效果优于中药竹节人参皂甙，开发的茶籽糖浆用于治疗老年性慢性气管炎效果明显；茶皂素具有明显的抗渗漏与抗炎症特征，在炎症初期阶段，能使受障碍的毛细血管透过性正常化，并刺激动物体内激素分泌，调节血糖含量，还可降低胆固醇含量，预防心血管疾病；茶皂素还有抗菌作用，对白色念珠菌、大肠杆菌均有抑制作用，对某些皮肤病有显著疗效；茶皂素能刺激肾上腺皮质机能，还能调节血糖水平；茶皂素能抑制酒精的吸收，加速酒精的分解，故可用于醒酒。

9. 矿质元素

茶叶中还存在许多种类的矿物质。这些矿物质可以呈无机金属态或有机金属态盐类，或者以与有机物质相结合的形式存在，例如酶制剂中的辅助金属离子、磷蛋白中的磷、硒蛋白中的硒元素等。

茶叶中的矿质元素可以按绝对量分为两大类，一类是常量元素，包括钾、铝、磷、钙、镁、硫、铁、钠、硅、锰、氟、氯等；另一类是微量元素，一般指含量低于 50 毫克/千克的元素，包括锌、铜、镍、钼、碘、锡、钴、汞、铅、砷、锗、铬、钡等。

茶叶中的矿质元素，在干茶中的含量一般为钾 $1.1\%\sim2.3\%$，铝 $0.01\%\sim1.60\%$，磷 $0.3\%\sim0.4\%$，钙 $0.3\%\sim0.4\%$，镁 $0.2\%\sim0.3\%$，硫 $0.1\%\sim0.2\%$，铁 $0.06\%\sim0.2\%$，钠 $0.04\%\sim0.12\%$，硅 $0.04\%\sim0.11\%$，锰 $0.04\%\sim0.13\%$，氟 $0.01\%\sim0.17\%$，氯 $0.05\%\sim0.09\%$，锌 $20\sim65$ 毫克/千克，铜 $1\sim16$ 毫克/千克，镍 $3\sim5$ 毫克/千克，钼 $0\sim0.1$ 毫克/千克。在这些矿质元素中，茶叶与其他植物相比较，其突出特点在于铝、硅、锰、氟的含量较高，而其他植物中含量则较低，另外，茶叶中的锌含量则比其他植物要低得多。

茶叶中的氟同样起着重要作用，补充含氟元素对人体骨组织（骨骼和牙齿等）的构成是非常有利的，尤其是低氟地区儿童中常见的龋齿病、老年人中常见的骨质疏松症等。但是，茶叶中的氟也存在着另一方面的效应，即氟过量，尤其是在云南、四川等生产砖茶的地区，茶叶中的氟含量较高，高达 0.17% 以上。人们食用这些茶叶后会导致氟过量，反而对骨骼和牙齿的生长有害，可能产生氟骨症、氟牙症等。牙氟中毒，会使牙齿的釉质发育不全，并产生锈色。

硒是人体内最为重要的抗过氧化物酶、谷胱甘肽过氧化物酶等生物酶分子的辅基，是生物体内一种非常特异的抗氧化剂。过氧化物酶能够使人体内有害的过氧化物还原为无害的羟基化合物，从而使过氧化物分解而阻止毒性过氧化物在细胞中的累积，以保护红细胞不受破坏，并保护细胞膜的结构和功能不受损害。因此，硒在促进生物体内酶抗氧化、清除血由基、抗癌、抗衰老等方面发挥着极为重要的作用。此外，人体缺硒会引起克山病，缺硒地区死于心肌病、中风或高血压的人数比富硒地区高三倍，如采用富硒茶等食品予以补硒，则可减缓或治疗克山病等症状。当茶叶中的硒元素与维生素 C、维生素 E 合用时，抗氧化效果更为显著。

第二节　茶保健成分功效

1. 茶叶成分的癌症预防作用

茶叶是一种风靡全球的保健饮料，茶叶中含有丰富的茶多酚、茶色素、氨基酸、咖啡碱、维生素、多肽等成分，其中以茶多酚为代表的许多成分具有一定的预防癌症效果。茶叶中儿茶素等多酚类物质，含有较多的酚羟基，具有较强的抗氧化活性，是预防癌症的主要有效成分。研究表明，不同加工方式制作而成的茶叶，均能抑制癌前病变的形成，预防和降低肿瘤的发生，但是作用效果有所不同。

茶叶预防癌症的作用，主要有以下几个方面：抗氧化和清除自由基能力，防止自由基损伤生物膜及生物大分子，防止细胞癌变；抑制癌细胞的有丝分裂过程，从而阻止癌细胞的增殖；调控基因表达，抑制和阻断体内某些促癌过程。据报道，茶叶中的主要多酚类物质——EGCG，可以抑制肿瘤细胞的生长周期，进而抑制肿瘤细胞的生长；茶多酚能抑制肿瘤细胞的转移；茶多酚类物质还能诱导肺癌、胃癌、结肠癌、上皮癌、大肠癌、肝癌、前列腺癌等细胞的凋亡，并能促进部分癌细胞向正常细胞逆转，如肝癌细胞 BEL-7402 细胞。茶叶还可以阻断亚硝酸的合成，避免细胞氧化或者是癌变，杀伤癌细胞，从而预防胃癌、肠癌等多种癌症。

近几十年来的一些统计学数据，也可以支撑茶叶的癌症预防作用。1945年广岛受到原子弹轰炸，导致了 10 多万人的死亡，并有数十万人受到核辐射的影响，大多数人患上了白血病或多种癌症，而长期饮茶者则此种情况明显缓解。高静等调研了 1997—2002 年 30～69 岁的女性子宫内膜癌患者，发现饮茶爱好者患子宫内膜癌的概率较低。张学宏等调研了上海胆道癌患者 627 例、胆结石患者 1 037 例，发现饮茶可能对女性胆囊癌、肝外胆管癌等具有一定的保护作用。

2. 茶叶成分的抗衰老作用

近些年，茶作为潮流饮品逐渐受到大众消费者的广泛关注，同时其保健功能也得到了证实和认可。茶叶中含有茶多酚、儿茶素类、茶多糖、游离氨基酸等多种功能成分，它们具有显著的生物学活性。尤其是茶多酚，具有清除自由基、抗氧化和延缓衰老等功效。

机体衰老是一种自然生命的复杂变化现象。随着年龄增长，机体内各种组织、器官的功能在基因和环境等多种内外在因素的影响下逐步发生退化现象。当机体内自由基生成增多，维生素 E 和辅酶 Q 等体内保护物质的抗氧化能力降低时，生物膜中的磷脂易发生过氧化，导致生物膜结构中蛋白质、酶及磷脂等的交联及失活，许多细胞器如线粒体和微粒体等也会由此而受到破坏。正常情况下，体内有多种清除氧自由基的酶和抗氧化剂，能清除代谢过程中产生的氧自由基，例如超氧化物歧化酶、过氧化氢酶、过氧化物酶、谷胱甘肽等。尽管如此，生物体内仍然存在一些氧自由基引起的损伤，正常情况下，生物进化过程中形成了另一道防护体系——修复体系，可以修复损伤的蛋白质、酶和 DNA，并促进一些表现异常的蛋白质分子进行水解。但是，在氧自由基产生过多，或者抗氧化酶活性下降、修复体系受损时，氧自由基可能对细胞造成损伤，如生物膜脂质过氧化及 DNA 损伤、生物分子交联、脂褐素堆积等，从而引起细胞整合性下降，最终导致机体衰老和死亡。

茶多酚具有极强的抗氧化和清除自由基功能，其结构中富含的酚羟基，可提供活泼氢促使自由基灭活，其清除自由基的能力是普通抗氧化剂维生素

C 的 3～10 倍，因此茶多酚是良好的自由基清除剂。茶多酚也是一种天然的抗氧化剂，能够显著抑制由 Cu^{2+} 和 Fe^{2+} 诱导的低密度脂蛋白的氧化，从而提高细胞的存活率；可以降低组织内丙二醛含量，保护细胞内线粒体结构的完整性，抑制脂质氧化形成脂褐质，减少老年色素斑的形成。

还有临床试验指出，加入绿茶提取物的绿茶霜，能够有效地防护日光照射引起的红斑及色素沉着。普洱茶多酚及水提物也能够抑制 NO、活性氧等自由基产生，清除 NO、ROS、H_2O_2 等自由基，抑制低密度脂蛋白胆固醇氧化，保护由自由基引起的细胞损伤、提高细胞存活率。有人研究表明，乌龙茶也有抗衰老作用，在果蝇实验中发现饮用一定浓度的乌龙茶后其寿命会增加 1～2 倍。有研究指出，不同发酵类型（绿茶、乌龙茶、红茶、黑茶）的茶叶对 D-半乳糖衰老小鼠均具有抗氧化作用，其中不发酵绿茶的抗氧化能力最强。

当今社会，由于人们对健康和美感的要求不断提高，茶叶抗衰老功效产品的开发也日益受到广泛关注。

3. 茶叶成分的抗辐射作用

目前对人体影响最多的辐射，主要有太阳辐射和电磁辐射等。如果过多地暴露在太阳光下，其中的红外线和紫外线会对皮肤和眼睛等器官造成伤害，因此要注意防护，尤其是夏天。随着科技的进步与发展，人们日常接触电子产品的概率不断增大，电磁辐射日渐成为影响人体健康的主要辐射来源。电磁辐射也会产生一定的热效应，能引起机体升温，从而可能引发各种症状，如心悸、头涨、失眠、心动过缓、白细胞减少、免疫功能下降、视力下降等。当人体被低频电磁波照射后，还会产生一些非热效应，这些效应可能改变血液、淋巴液和细胞原生质，影响人体的循环、免疫、生殖和代谢功能，所以日常生活中要注意防护。

电离辐射对机体损伤的机理之一，与其诱发产生自由基有关，而自由基在体内可引起 DNA 损伤，导致 DNA 的单双链断裂、碱基损伤、促进 DNA 分子交联等。电离辐射作用于机体后，可以诱发体内水分子辐解产生自由基，攻击生物膜上的不饱和脂肪酸引起脂质过氧化反应，并产生丙二醛等代谢产物。正常情况下，生物体内存在一系列抑制和清除自由基的抗氧化酶和非酶系统，以消除各种自由基所引起的各种损伤。有实验证明，饮用一定浓度的绿茶浸液，能够明显提高受辐照小鼠股骨骨髓的有核细胞数和 DNA 含量，可以减轻辐照对遗传物质的损伤。

茶叶中主要的抗辐射成分是茶多酚。从 1972 年开始，中国农业科学院茶叶研究所与天津医药工业研究所、天津茶厂等协作，将提取制备的绿茶脂多糖、茶多酚等制剂进行药理及药效试验，动物试验结果表明，各种制剂均具有不同程度的抗辐射作用，经射线照射后的给药组均比对照组提高了成活率。茶多酚是自由基清除剂，能够提供质子与辐射产生的自由基结合，避免辐射产生的过量自由基对生物大分子的损伤。此外，茶多酚还是一种免疫增强剂，能抵抗由辐射引起的免疫机能降低，能调节与辐射相关的酶类，减缓免疫细胞的受损，提高造血功能。有研究推测，茶叶中的多酚类化合物能清除或破坏紫外线等辐射产生的破坏性活性氧，从而达到机体抗辐射的效果。

近年来关于绿茶抗辐射的研究较多。除绿茶外，欧美国家对白茶的抗辐射性也开展了较多研究。相比其他茶类，白茶的自由基含量最低，黄酮含量最高，氨基酸含量平均值高于其他茶类，福鼎白茶抗辐射功效比其他茶类更显著。有关研究还证实，普洱茶也具有抗紫外线辐射和保护细胞的作用，并且证实了普洱生茶的抗辐射效果比熟茶要好，普洱茶中发挥抗辐射作用的成分主要是茶多酚的组成成分。

由于茶叶加工过程及发酵程度不同，各类茶的茶多酚保留量不尽相同，因此各类茶具有不同的抗辐射效果。绿茶发酵程度最低，多酚类物质的保留量最大，在各大类茶叶中的抗辐射效果表现最佳。

4. 茶叶成分的降脂瘦身作用

由于遗传因素、不良生活方式、社会工作压力等原因导致的身体肥胖问题，引起了世界各国的关注和研究。肥胖，是人体体重超常的疾病，是导致糖尿病、高血压病及各种心脑血管疾病的主要因素。目前市场上有品种繁多的降脂减肥药，其中有些药物的作用较弱，并不能达到满意的治疗效果，而且，有些药物甚至会带来一些毒副作用，因此越来越多的人把目光投向了天然来源的降脂减肥药。茶叶作为一种天然的饮料，有着几千年的饮用历史，现代研究结果也表明茶叶有很好的降脂减肥效果。

　　肥胖是因为脂肪细胞中脂肪的合成代谢大于分解代谢，从而引起脂肪的异常蓄积。如果采用一定措施，减少血液中的葡萄糖、脂肪酸及胆固醇的浓度，或是通过促进体内脂肪的分解代谢，都有可能达到一定的减肥效果。茶叶中的儿茶素，具有减肥降脂的功效，其原因在于儿茶素类能够刺激肝脏中的脂肪代谢，增加胆汁酸的排泄，加快体内胆固醇的新陈代谢。生物体内的胰脂肪酶，是食物中甘油三酯的吸收、水解甘油三酯单酰甘油和脂肪酸的关键酶，而茶叶提取物能够有效抑制胰脂肪酶活性。茶叶中的咖啡碱，能够促进新陈代谢、加速机体热生成，因此也具有一定的减肥作用，而且咖啡碱和儿茶素共同作用能使减肥效果更佳。茶叶提取物，不仅能够有效地抑制脂肪形成、刺激脂肪细胞分解脂肪，还能够通过增强饱腹感来抑制机体食欲，从而达到多种途径减肥的效果。

　　在六大茶类中，各茶类的减肥机理及作用也不尽相同。绿茶、白茶、红茶、乌龙茶及 EGCG 对胰脂肪酶的活性都有一定的抑制作用，其中乌龙茶和 EGCG 的效果优于其他茶类。茶叶中的 EGCG，能够抑制脂肪细胞的增殖与分化，减少细胞内脂肪的积累。绿茶中的 EGCG 等酯型儿茶素能影响人体对食物中脂肪和胆固醇的吸收，且效果优于非酯型儿茶素。茶叶中的多酚类聚合物也具有降脂减肥的功效，多酚类物质能增加人体内能量的消耗，刺激生热作用，从而加速脂代谢达到减肥的效果。乌龙茶则是通过减少糖类、脂类物质在体内的吸收合成，调节血清总胆固醇、甘油三酯、高密度脂蛋白胆固醇的比值达到降脂减肥的效果。普洱茶水溶性茶色素可以控制脂肪组织的增长，有一定的辅助降血脂功效，也具有较好的减肥功效。随着研究的不断深入，不少研究报道普洱茶茶多酚、茶多糖、茶褐素也具有降脂减肥作用。

5. 茶叶成分的降血糖作用

　　糖尿病是最常见的内分泌紊乱疾病，也是世界上增长最快的非传染性疾病之一。长期的高血糖症状和代谢紊乱，往往会引起一系列并发症，如动脉粥样硬化、酮酸中毒和昏迷等。目前糖尿病主要有Ⅰ型糖尿病和Ⅱ型糖尿病，其中全球的糖尿病成人患者中 90% 是Ⅱ型糖尿病。富含多种活性成分的茶叶，一直是我国的传统健康功能性饮料，作为一种天然降血糖材料已经被广泛研究。

过去的研究多集中在Ⅰ型糖尿病，发现茶叶中茶多糖、茶黄素、茶多酚会通过抑制 α-葡萄糖苷酶、α-淀粉酶、蔗糖酶和小肠细胞中吸收葡萄糖的载体蛋白等方法来抵抗Ⅰ型糖尿病。近年来，对Ⅱ型糖尿病的研究在快速增多，发现茶叶抵抗Ⅱ型糖尿病的作用机制主要有胰岛素途径、糖代谢途径和其他途径。胰岛素途径主要表现在，茶能促进胰岛素分泌、增强胰岛素活性和敏感性、增强肠促胰岛素活性 3 个方面。糖代谢途径则主要表现在，茶能促进糖酵解过程和抑制糖异生。其他途径，主要是以茶多酚的抗氧化功能为主。茶作为一种健康饮料，在Ⅱ型糖尿病的膳食治疗中将发挥越来越多的作用。

茶叶提取物具有降血糖的作用，主要活性物质有茶多糖、茶多酚、茶色素、咖啡碱等成分。有关研究发现，茶多糖不仅可降低Ⅱ型糖尿病小鼠的血糖水平，还可改善糖、脂质代谢。茶色素能提高胰岛素敏感性，改善胰岛素的抵抗水平，以此降低单纯性肥胖大鼠的空腹胰岛素。有研究报道，茶叶中的咖啡碱也具有降血糖的功效，可通过刺激垂体-肾上腺皮质轴，提高肾上腺素水平，促进胰岛素水平上升，并使胰岛素敏感性急速减退，进而导致葡萄糖存量下降。儿茶素 EGCG 也能显著提高胰岛素活性，通过激活腺苷酸活化蛋白激酶信号来抑制脂肪酶的活性，保护胰岛细胞信号传导和脂质调节，从而预防Ⅱ型糖尿病。茶多糖可加强葡萄糖激酶的活性，从而降低血糖。茶多糖还可通过抑制 α-淀粉酶活力和肠道蔗糖酶的活性，延缓或减慢糖在肠道内的消化和吸收，使进入机体内的碳水化合物减少，从而降低餐后血糖浓度，起到降血糖作用。

茶叶具有一定的降血糖作用，市场上适应健康、便捷生活而推出的茶叶降糖产品也层出不穷，成为近年来较为热门的茶叶深加工保健产品。通过对茶叶进行一定程度的浸提，并加以辅料，提取加工成一些茶叶降糖复方饮料、普通饮料及食品等。如在绿茶、白茶、普洱茶等茶叶中加入一些中药材会产生降糖效果更佳的茶饮料。

6. 茶叶成分的降血压作用

高血压病是一种收缩压与舒张压高于正常水平的疾病，是心脑血管病最主要的危险因素，也是世界上发病率最高、对人们健康危害最大的疾病之一。随着人们物质生活水平的提高，生活方式的改变，以及人口老龄化的到来，高血压病的发病率逐年上升，其发病亦有年轻化的趋势。

血压与心血管的状态及机能都有很强的直接关系，因此，血压的微小变化都会对高血压患病率及高血压血管疾病产生重要的影响。高血压按其发病机制可分为两大类，原发性高血压和继发性高血压。高血压病人中90%以上是原发性高血压。关于原发性高血压的发病机制，普遍认为是由于受肾素和血管紧张素类物质的控制所引起。茶叶有降血压的作用早有报道，但是不同茶叶成分其发挥作用的机制不同，日本学者研究认为主要是茶叶中儿茶素类化合物（特别是 ECG 和 EGCG）对 ACE 活性的抑制作用。据日本报道，茶叶中特有的氨基酸—茶氨酸能通过活化多巴胺能神经元，降低大鼠脑中5-羟色胺和5-羟色胺酸浓度，起到抑制血压升高的作用。此外，研究还发现茶叶中的咖啡碱和儿茶素类能使血管壁松弛，增加血管的有效直径，通过血管舒张而使血压下降。近些年来，日本开发了一种新型降压茶—高 γ-氨基丁酸茶，该茶将茶树鲜叶经过特殊的嫌气处理加工工艺，使得茶叶中 γ-氨基丁酸含量增加到 150 毫克/千克以上，达到了普通茶叶中含量的 10～30倍，而其他主要成分如儿茶素、茶氨酸等含量几乎保持不变。动物实验和临床试验表明，该种新型降压茶比普通茶具有更好的降血压效果。

茶叶中的多酚类物质、黄酮类化合物，也是发挥降低高血压作用的主要成分。茶多酚可以消除高血压患者体内的氧自由基、改善血液流变，动物模型研究发现红茶和绿茶多酚对小鼠血压都有降低作用。流行病学研究发现，大量绿茶和红茶的摄入能降低高血压血管疾病的患病风险。美国学者在流行病学研究中发现，经常饮用红茶能够降血压，虽然作用较小，但这种影响可能在群体水平上对心血管健康尤其重要。还有研究发现，饮用红茶后血压的夜间收缩与舒张压的变化会降低，起到舒缓血压和血管的作用，而且饮用时间超过 6 个月后效果更加明显。普洱茶具有明显的降脂和降糖效果，对高脂动物血管内皮具有保护作用，对过氧化损伤的人脐静脉内皮细胞也具有保护作用，所以从保护心血管的意义上来说，普洱茶对于这些诱因引发的高血压应具有一定的降压效果。

7. 茶叶成分的神经退行性疾病预防作用

现阶段我国人口老龄化现象愈加显著，预计 2050 年将达到总人口的 1/4。其中，心血管疾病、肿瘤、脑中风、阿尔茨海默病和帕金森病等是老年人生命的主要威胁，已成为给社会、家庭及医学界带来挑战的重大问题。

神经退行性疾病是由神经元及其髓鞘的丧失所致，随着时间的推移而恶化，出现了功能障碍。其可分为急性神经退行性疾病和慢性神经退行性疾病，前者主要包括脑缺血、脑损伤、癫病；后者包括阿尔茨海默病、帕金森病、亨廷顿病、肌萎缩性侧索硬化、不同类型脊髓小脑共济失调等。

氧化应激和自由基损伤，是导致阿尔茨海默病、帕金森病及中风的重要因素。"氧化应激"或"自由基失衡"是指体内产生的自由基增多，而具有清除自由基能力的抗氧化酶活性减弱或抗氧化剂浓度降低，体内就会有多余的自由基，从而损伤细胞成分及组成结构。茶叶中的儿茶素和茶黄素，是一类极强的自由基清除剂，可透过血脑屏障，通过直接或阻断自由基链式反应，激活胞内抗氧化酶活力，螯合铁或铜离子等多种方式进行自由基清除，从而抑制脂质过氧化，减少脂质过氧化物及丙二醛的生成，防止神经损伤。

近年来的大量研究表明，茶叶具有明显的神经保护作用，其作用机制与茶叶中儿茶素的抗氧化作用、茶氨酸的镇静作用和咖啡碱的兴奋作用有关。茶多酚的抗氧化作用在保护神经、防止帕金森病损伤作用中起着重要作用。有研究表明，长期饲喂绿茶的大鼠，可有效降低其体内氧化应力，提高空间记忆能力。在实验性慢性脑低灌注大鼠模型中，茶多酚可有效清除 ROS，降低脂质过氧化，减少 DNA 氧化破坏。茶叶中的 L-茶氨酸和咖啡碱，是茶叶提神醒脑的主要成分，它们均能迅速透过血脑屏障进入脑内，起到对脑神经的保护作用。L-茶氨酸具有明显的抗抑郁、抗焦虑和安眠功效，是一种"新天然镇静剂"。此外，L-茶氨酸还有增加神经递质多巴胺、血清素的水平，降低天冬氨酸水平的作用。咖啡碱是中枢神经中腺苷受体的非选择性拮抗剂，具有兴奋神经的作用。

γ-氨基丁酸作为一种新型茶叶功能活性物质，它也是中枢神经系统中一种非常重要的抑制性神经递质，其受体可对抗兴奋性氨基酸的"兴奋毒"作用，茶氨酸在脑中转化成 γ-氨基丁酸后也能起到安神的作用。EGCG 也能作用于 γ-氨基丁酸的受体，起到抗焦虑的作用；同时，EGCG 还可以通过激活 PKC，防止兴奋性损伤，起到神经保护的作用。当机体由于缺血而发生神经性损伤时，EGCG 能减少缺血后脑水肿的形成和梗死面积。

茶叶作为一种天然功能饮料，含有丰富的活性物质，其神经退行性疾病预防作用已被众多国内外学者认可，因此期待茶叶及其相关产品能发挥更好的保健作用。

第三节　茶与陶冶情操

众所周知，茶本身是一种普通的饮料，作为中国传统饮茶有两个基本目的，一个是通俗的平常生活用茶，以解渴消闲或调节身体等实用为主；二是通过一定冲泡方式和品饮方式，追求雅致优美的品饮环境和心情，从整个过程和茶的色香味形中，得到身心的愉悦。在品茶的过程中，感受茶味的同时，品味感悟到生活的各种滋味及人生的价值，得到口感和心灵的双重享受。随着社会进步，人们对精神文化生活的需求和向往，随着茶艺研究水平的不断提升，在饮茶过程中的文化理念与文化内涵的发掘和品味，品质饮茶、艺术饮茶渐渐成为主流。因而，茶的陶冶情操的功能也自然而然地日益凸显出来，其集品味性、欣赏性、广泛性为一体的特殊活动方式，对提高饮茶者的品味及审美水平，对社会文明的进步和提高，对通过饮茶提高身心健康，尤其是心理健康，具有特殊的作用。

一、饮茶重在欣赏

平时，我们很少会自觉地带着欣赏的目的去饮茶，但在参与茶艺活动、参与一些与茶相关的雅集活动时，会不由自主地进入这样的状态。其实，就是在平常饮茶时，我们略有一些欣赏的意识、这样的主动追求，常常会比一般的实用性喝茶来得更愉快和更有收获。欣赏，是驰骋性情的草原；欣赏，是寻找知音的风铃；欣赏，是通往美的小径。饮茶始于欣赏，将步入一片风景别致的天地。

茶能修身养性的功能是一个渐进的过程，这是与文人知识阶层不断加大对茶饮的关注有密切关系。从历史看，可以上溯到魏晋时期，而对茶的欣赏，往往是从具体的茶、器、水等入手，由近及远，由少到多，由简到繁。典型者如晋代杜育的《荈赋》，文中很多地方是以一种审美的眼光来叙事，如描写茶山及其环境的："灵山惟岳，奇产所钟。……厥生荈草，弥谷被岗。承丰壤之滋润，受甘露之霄降。"描写初秋时节采茶的："结偶同旅，是采是求。"描写茶用水的是："挹彼清流。"描写煮茶器具的应是："器择陶简，出自东隅。"描写煮茶方式的是："酌之以匏，取式公刘。"描写茶汤的更为精彩："惟兹初成，沫沈华浮。焕如积雪，晔若春薮。"无疑，文中展示给我们的犹如一幅绚丽的山水品茶图卷。

到了唐代，最典型的是陆羽的《茶经》，其中对茶具和茶汤的艺术性描写比比皆是。如他对越瓷茶碗极力推崇，认为好的茶碗不仅材质要好，颜色也要好，这个好的标准就是：益茶。什么叫益茶呢？即茶碗的瓷色应该具有衬托、弥补茶汤色彩不足的美化作用，不可因瓷色而使茶汤逊色。因为"越瓷青而茶色绿"，所以越窑在唐代茶事中的地位很高。尤其是在"五之煮"一章论到茶汤时，也是从审美的高度，形象思维，以欣赏池塘涟漪、四季美景那样的方式来作欣赏："凡酌至诸碗，令沫饽均。沫饽，汤之华也。华之薄者曰沫，厚者曰饽，轻细者曰花，花，如枣花漂漂然于环池之上；又如回潭曲渚青萍之始生；又如晴天爽朗，有浮云鳞然。其沫者，若绿钱浮于水湄；又如菊英堕于樽俎之中。饽者，以滓煮之，及沸，则重华累沫，皤皤然若积雪耳。"

与陆氏的审美相媲美的是宋代徽宗赵佶，我们看一下他的《大观茶论》是如何描写"点茶"的：

点茶不一。……手重筅轻，无粟文蟹眼者，调之静面点。……盖用汤已过，指腕不圆，粥面未凝，茶力已尽，云雾虽泛，水脚易生。……势不欲猛，先须搅动茶膏，渐加击拂。手轻筅重，指绕腕旋，上下透彻，如酵蘗之起面。疏星皎月，粲然而生，则茶之根本立矣。……茶面不动，击指既力，色泽渐开，珠玑磊落。……击拂渐贵轻匀，同环旋转，表里洞彻，粟文蟹眼，泛结杂起，茶之色，十已得其六七。……筅欲转稍，宽而勿速，其清真华彩，既已焕发，云雾渐生。……然后结霭凝雪，茶色尽矣。……以分轻清重浊，相稀稠得中，可欲则止。乳雾汹涌，溢盏而起，周回旋而不动，谓之咬盏。宜匀其轻清浮合者饮之。

再如宋代陆游的"矮纸斜行闲作草，晴窗细乳戏分茶"，一个"闲"字，拉开了书法与实用写字的目的；一个"戏"字，挣脱了治渴疗病的羁绊。陆放翁这两字把品茶时的情志表达得淋漓尽致。

但毋庸置疑，也有些玩物丧志者，将美好的事情弄成令人侧目。如唐代宰相李德裕是个对茶很有研究的官员，特别是对煮茶用水要求非常高，他虽生活在京城长安，却非得到无锡惠山去打水，一路上设置水递，以防作伪，不惜人力物力，奢侈之举极尽恶俗。因此，后人认为李德裕这样做，虽追求对茶汤的尽善尽美，貌似清雅之举，但实在是有损于人格和道德操守，当引以为戒。

当代的茶叶品类远比古代丰富，基本的六大茶类，因其制作工艺、造型及其冲泡的多样性，给我们欣赏品鉴带来了极大的空间。绿茶的清新爽口，饱含春天的生机，红茶的高香浓醇，奔放炽烈；黄茶的低调温和，如隐者遁迹于山林，白茶的涵泳天性，寄托了山水的灵魂；青茶的回甘香醇，如余音绕梁；黑茶的平和隽永，带着我们穿越时空。

显然，这种自觉的欣赏，是追求美的感受，本质应是出于内心对高层次的精神需求。有不少爱茶人，为了追求这种美感，对茶、具、器、水及品茶环境和心境的孜孜以求，求工、求精、求美，在实践和理论上多有探索和总结，对中国茶文化的精神提升具有重要推动意义。

二、饮茶贵在品味

陆羽《茶经》有一段著名的论述："茶之为饮，味至寒，为饮最宜精行俭德之人。若热渴、凝闷、脑疼、目涩、四肢烦、百节不舒，聊四五啜，与醍醐、甘露抗衡也。"这一节最有意思。在一部讲如何种茶、喝茶的著作中，谈到茶的性状时，居然同时提出了"精行俭德"与人品的对应关系。精行俭德，无疑是对人的道德要求，而这个内容的提出，为茶人或者说饮茶人，竖立了德行操守的标杆。

陶冶情操可能得先从心情说起。平常喝茶，谈不上特殊的心情。渴了，解渴用白开水也未尝不可；还有一种情况就是提神，困了，一喝立马见效，也是喝茶的人的最明显感受；再一种就是治疗拉肚子、着凉什么的，用生姜水煮着茶喝，属民间偏方。如上三者中，要说心情也就为了急于解决生理上的需求。但生理需求内容并不独立，往往会引起心理的反应，进而产生情绪波动。

我们说喝茶能平静或者平复心情，自有它的物质的功效所在，而茶的内含物质如果脱离了环境和人的心情那仅仅是药物性的，这就是为什么药物的临床试验中常常要用一组安慰剂样本作对照。茶能陶冶性情，作为自修之路，即从欣赏开始，品味入手，并且从茶味中延伸出对世间事物的感悟和启发，其中无不浸润着人的心情、人的情感和人的个性。因此，以饮茶陶冶性情提升生活品位和思想品位，必然是一个根据自身条件和要求进行的自觉或不自觉的修行活动。

我们先来看看前人是怎么品味茶的。

现代作家周作人有一篇散文《喝茶》，名字虽通俗，但内容却雅致可观。

在这篇散文中，周作人"喝茶观"表白得很清楚，这就是一要喝绿茶，二要喝清茶（他觉得那时的红茶常常是如英国下午茶那样与黄油面包一起作为果腹之物，所以，只是在饥饿时才吃的，谈不上"清"）。

在周作人的理想中，"喝茶当于瓦屋纸窗下，清泉绿茶，用素雅的陶瓷茶具，同二三人共饮，得半日之闲，可抵十年的尘梦。喝茶之后，再去继续修各人的胜业，无论为名为利，都无不可，但偶然的片刻优游乃正亦断不可少"。

"得半日之闲，可抵十年的尘梦"这就是饮茶的价值。片刻时光的一杯茶里，有时空的跨越、更有纯净心灵的洗礼。

关于清饮的意思，周氏倒并不是说只喝茶而不能食用其他东西。他在文中提倡"喝茶时可吃的东西应当是清淡的茶食"。他举出日本的茶食如羊羹，中国江南茶馆里的茶干（即豆腐干）等。喝茶宜清饮，但又允许吃茶食，看来似乎是矛盾的。我们平时经常谈茶宜清饮，可以说大多人，只是从字面上理解，清饮似乎就是只喝茶。我们体会周氏的文字，可以知道，他的宗旨在于：合于茶食资格的必须要味道朴素，不致喧宾夺主，形状和色泽比较优雅，与茶饮之意相契合。茶食之意不在果腹，不在甘味，而在于陪衬茶色、茶味和茶香。所以茶食尽可以吃，但以不伤茶的色、香、味为准。由这点看，显然周氏对茶的清饮的理解层次更高，它所表达的是一种雅致的生活或说生活的雅致之态度，显出一种更宽容更随和的处事原则与态度，而这也正与茶的属性高度相契。也更显示出中国茶文化的民族性。

从历史长河再往上溯，我们可以看到唐代僧人皎然有一首《饮茶歌诮崔石使君》诗，知名度极高，说的就是品茶感悟：

> 越人遗我剡溪茗，采得金牙爨金鼎。
>
> 素瓷雪色缥沫香，何似诸仙琼蕊浆。
>
> 一饮涤昏寐，情来朗爽满天地。
>
> 再饮清我神，忽如飞雨洒轻尘。
>
> 三饮便得道，何须苦心破烦恼。
>
> 此物清高世莫知，世人饮酒多自欺。
>
> 愁看毕卓瓮间夜，笑向陶潜篱下时。
>
> 崔侯啜之意不已，狂歌一曲惊人耳。

从"情来朗爽满天地"，"忽如飞雨洒轻尘"，到"何须苦心破烦恼"，皎然这里的几个品茶过程和感受，充分体现了内心的那种轻松、明净、澄清的愉悦。这样的品味效果，也就自然形成了他的感悟，饮茶的价值，在他这儿得到了完美的实现和尽情地发挥。同时代的卢仝，他的《走笔谢孟谏议寄新茶》，其中核心的一段也有异曲同工之妙：

"一碗喉吻润，二碗破孤闷，三碗搜枯肠，唯有文字五千卷。四碗发轻汗，平生不平事，尽向毛孔散，五碗肌骨轻，六碗通仙灵，七碗吃不得也，唯觉两腋习习清风生。"

这是为人们所熟知的两首诗，诗人非常准确、形象地表现了饮茶的体会和感悟，对后来的爱茶的人们，成为很优秀的品尝和欣赏范本，均有很高的学习参考价值。不经过品味的欣赏仅仅是浮光掠影，堆砌华丽辞藻并不是欣赏的本意；在品味基础上的欣赏是对茶饮的深化和价值发掘。

第四节　茶与社交

作为社会人，无论自觉还是不自觉，我们的社交无处不在。在中国，茶与日常生活如影随形，而且茶饮广泛的群众基础及雅俗共赏的文化品格，自古以来就是人际关系的润滑剂。诸如客来敬茶、以茶聘礼、以茶代酒、以茶会友等均存在于我们的生活中，而这些内容无一不是人与人之间的联谊方式。

除了个人日常之间的社会交往经常用到茶饮之外，茶在社会交际中还集中体现在各种聚会的形式中，如茶会、茶话会、雅集乃至相关的研讨会等。目的是汇集兴趣相同者，寻求志同道合者，缘聚茶饮，议事结社，建立友谊，营造美好生活氛围。

一、茶是联谊的平台

在我们的生活中，茶很自然地存在于日常，无时无刻不在身边。居家生活，茶可陈可新，水可多可少，器可粗可精。也正因为如此，茶才会出现在"柴米油盐酱醋"的生活用品队列里。但是，当你进入到社会中，茶就肃然规矩和礼仪了起来，茶的功能也慢慢增加，在社交活动中，泡上一杯茶，成为人与人之间交往的一种开场白。很多时候，人们谈事论艺大多是借茶而形成"朋友圈"。

茶的文化形态与其他品种不一样，当品茶成为人与人之间的联谊平台时，自然对参与人的各种因素有了一定的要求。从传统的品茶来说，人数宜少不宜多。宋代文人黄庭坚是这样评说喝茶时的人数与效果："一人得神，二人得趣，三人得味，六七人是名施茶。"一人品茶最为安静，容易入神，所以，独饮可以得到茶的神韵和观照自己的内心世界；二人得趣，因各自的认识差异，有所探究，从而体会到事物的多面性，因丰富而有兴趣；三人得味，仅得到表面的味道，有时观点相左而无法深入，相互制约而仅得浅显。六七人是名施茶，人多喧哗，草草收场，犹如布施之饮，对于增进人与人之间的情感交流缺少相应的乐趣和意义。

陆羽《茶经》说："茶之为用，味至寒，为饮最宜精行俭德之人。"除人的数量外，人与人之间是否具有共同的爱好审美趋向及人格道德也很有讲究。从前文人雅集茶会时，非常讲究朋友间的志同道合，即具有共同的价值观。甚至把这些内容写成文字，立为规矩。俗话说"物以类聚，人以群分"，对茶的文化圈而言，则是"人以茶会，茶因人美"。

二、茶是友谊的桥梁

喝茶是一种谈助。借助茶饮而相互结识朋友、增进友谊，是一种快捷便利的高效形式。在林林总总的形态中，以"茶会"最为典型。

茶会是指用茶点招待朋友、宾客的聚会。"茶会"一词最早见诸于唐代"大历十才子"之一钱起的《过长孙宅与朗上人茶会》诗：

> 偶与息心侣，忘归才子家。
> 言谈兼藻思，绿茗代榴花。
> 岸帻看云卷，含毫任景斜。
> 松乔若逢此，不复醉流霞。

诗中描述参加茶会者的感受，赞美了以茶代酒的欢乐之情。钱起的另一首诗《与赵莒茶宴》，诗中对用茶代酒欢宴的感慨，写得惟妙惟肖，实质也是一种茶会：

> 竹下忘言对紫茶，
> 全胜羽客醉流霞。
> 尘心洗尽兴难尽，
> 一树蝉声片影斜。

唐代《宫乐图》、宋徽宗赵佶的《文会图》，也都是借煮茶、点茶以会群臣之意。都是历史上宫廷茶会的一种形式。明代文徵明的《惠山茶会图》描绘的是文人茶会的一种典型形式。自唐代以来，茶会的另一种形式，作为业态的茶馆，也在全国逐渐盛行，到清代及民国时期乃至当代，可谓茶馆林立，已成为民间百姓交流信息、解决矛盾、增进友谊、娱乐消闲的最佳场所。

当代茶会，是一种简朴、庄重、随和的集会形式。它顺应以茶引言、用茶助话的习俗，因此被广泛用于各种社交活动。当代茶会的形式，出现了不少专业化倾向。"茶会"则更专注于茶的本身及与茶相关事物的欣赏、研讨、切磋，参与者以业内人士居多。现代茶会，大多继承了古风，范围较小，环境安静雅致，常常有主题，或赋诗或弹琴，或书法或绘画，或插花或焚香，或鉴赏或清谈等，不一而足，朋友圈的选择余地较大，尤其是主题策划、主持、茶艺师、茶品及相关内容的专业化程度越来越高。因为茶艺的发展，各种风格都在茶会中呈现，产生了百花齐放的局面，极大地丰富和满足了人民在物质生活和文化生活中对美的需求和向往。

相对于茶会的形式，还有更普及的"茶话会"。茶话会是由历史上茶话和茶会两词复合演变而来的，其意是指备有茶点的集会。现代茶话会是在古代茶宴、茶会的基础上演变而成，随着时代的发展，内容上也有所变化，但保留了基本的品茗叙谊、论事、祝贺等核心内容。从形式来说，茶话会话题更宽泛、参与者更大众些，规模也更大些。茶话会被广泛用于各种社交活动，如欢迎、欢送仪式，商议大事，庆祝重大节日，乃至开展学术活动、营业开张、节日聚会等。特别是新春佳节，政党机关、群众团体，总要用茶话会的形式，"清茶一杯，辞旧迎新"。参与者轻松品茗尝点，相互交谈，亲密无间，品茗成了促进人们交流的媒介，增强了集体和朋友间的凝聚力。

随着中国茶叶的向外传播，茶话会这种风尚也慢慢地传播到世界各地。在英国，18世纪时，茶话会已盛行于伦敦的一些俱乐部组织。至今，英国的学术界仍经常采用这种形式，一边品茗，一边探讨学问，并称其为"茶杯精神"。日本是特别推崇茶道、茶礼的国家，在城市的商界和社团，以茶话会的形式进行社交活动的也很普遍。东南亚的许多国家，更将茶话会看作是一种崇高、文明的社交活动。由于茶话会形式轻快、简约宽松，适应面广，已成了最普及的社交集会方式之一。

随着社会进步和人们对美好生活的不断追求，茶，作为健康、文明、高雅的饮料，必然越来越受到人们的欢迎，在社会交流中起到越来越大的作用。

第五节　饮茶注意事项

1. 神经衰弱慎饮茶

神经衰弱，是指一种以脑和躯体功能衰弱为主的神经症，常伴有情绪烦恼和一些心理生理症状。神经衰弱的症状较多，以精神易兴奋却又易疲劳为特征，表现为紧张、烦恼、易激惹等情感症状，以及肌肉紧张性疼痛等生理功能紊乱症状，躯体不适症状也显著多于失眠症，其中易衰弱（衰弱症状）是神经衰弱的核心症状。

神经衰弱，青壮年发病多，以脑力工作者较为常见。引起神经衰弱的原因，主要是社会心理因素，如社会工作压力大、人际关系紧张、家庭和情感问题等。目前，对于神经衰弱的治疗方法比较多，有西医西药、中医中药、音乐治疗、运动治疗等，能达到一定的缓解效果。但是，更为重要的是，在平时注意养成良好的生活习惯。

神经衰弱患者，要慎饮茶，尤其是避免饮浓茶。茶叶中含有咖啡碱、茶碱、可可碱等生物碱类化合物，其中咖啡碱含量最高，约占茶叶干物质的$2\%\sim5\%$。茶叶中的咖啡碱，对人体神经系统的作用比较复杂，有兴奋大脑中枢神经的作用。在低、中摄入剂量时，咖啡碱能够提高警觉性、减少疲劳感；能增强识别能力，缩短选择反应时间，并能提高瞬时记忆力；能提高处理简单重复工作时的持久力与耐受力，提升工作表现。咖啡碱也能通过刺激中枢神经，使人心率加快、神经兴奋。咖啡碱的兴奋中枢神经作用，有时候也会造成不良影响，例如对于更年期神经衰弱的妇女来说，过量饮茶会引起心跳加速、失眠等症状，因此，过量饮茶后，因为摄入大量咖啡碱的作用会引起甚至放大神经衰弱患者的不适。

对于神经衰弱患者来说，注意尽量避免饮浓茶或饮茶太多，以免造成失眠。此外，在服用眠尔通、利眠宁、安定等镇静、催眠、安神类药物时，饮茶可能会部分抵消这些药物的作用，故在服用这些助眠类药物时不可饮茶。

2. 溃疡病患者慎饮茶

溃疡病是一种多发的常见疾病，一般是由外伤、微生物感染、肿瘤、循环障碍、神经功能障碍、免疫功能异常或先天皮肤缺损等引起的局限性皮肤组织缺损。消化性溃疡是一种常见病，主要指发生于胃和十二指肠的慢性溃疡，其溃疡的形成与胃液中的胃酸和胃蛋白酶的消化有着必然的联系，其中酸性胃液对黏膜的消化作用是消化性溃疡形成的基本因素。该病症在全世界极为常见，一般认为人群中约有 10％在其一生中患过消化性溃疡病，其发病机制主要与胃十二指肠黏膜的损害因素和黏膜自身防御——修复因素之间的平衡失调有关，其中过多的胃酸成为溃疡形成的起始因素。

不良的饮茶习惯引起的多种弊病中，有许多还是都与茶叶中的咖啡碱有关联。茶叶中的咖啡碱，可诱发胃酸分泌量加大，增加对溃疡面的刺激，甚至促使病情恶化，所以，胃溃疡患者一般不宜饮浓茶。但是，对轻微溃疡患者来说，可以在服药 2 小时后饮些淡茶，加糖红茶、加奶红茶等，有助于消炎和保护胃黏膜，对溃疡病的治疗甚至有一定的辅助作用。

茶多酚是一种多羟基酚类物质，约占茶叶干物质的 20％～30％。由于茶叶中的多酚类，可与碳酸氢钠发生化学反应使其分解，与氢氧化铝相遇可使铝沉淀，故在服用碳酸氢钠、氢氧化铝等药物治疗胃溃疡时，应忌同时饮茶。在服用西咪替丁治疗胃溃疡时，由于西咪替丁可抑制肝药酶系列细胞色素 P450 的作用，延缓咖啡碱的代谢而造成毒性反应，所以不能在服药的同时饮茶。因此，在服用一些溃疡病治疗药物时，应注意禁茶或者错开饮茶时间。

在日常生活中，患有胃溃疡病的群体需要注意控制饮茶量。一般来说，每天 2 次、每次 2 克的饮茶用量是比较适当的。对于溃疡病患者而言，茶不是越新越好，因为新茶放置时间较短，多酚类、醇类、醛类等物质尚未完全转化，直接饮用新茶时的刺激作用较强，可能会刺激胃黏膜从而产生肠胃不适，甚至加重胃溃疡患者的病情。因此，对于患有消化性溃疡疾病的人群来说，注意慎重饮茶还是有必要的。

3. 醉酒慎饮茶

很多人酒后往往爱饮茶，想以茶解除酒燥。茶能解酒，是自古以来就流传的说法，许多人也常以浓茶醒酒，或者边饮酒边喝茶。然而，如果注意不当的话，这种方法不但不能解酒，还会对人体部分器官产生刺激或伤害，不利于健康。

1912 年 Kansas 医学院神经系 G. Wilse Robinso 的研究表明，茶叶中咖啡碱能兴奋中枢神经，使大脑外皮层易受反射刺激，兴奋心脏。Nils-Gunnar 等在研究发现，咖啡碱摄入可以提高心跳频率、心脏收缩及舒张压，并且存在明显的剂量依赖效应，高剂量时作用更加强劲持久。咖啡碱能够促进儿茶酚胺的合成和释放，所以被认为是具有正性作用的心血管药物，即使一次服用小剂量也能产生心率增快、血压升高等正性心力作用；此外，咖啡碱能直接通过拮抗冠状动脉腺苷 A2A 受体，影响心肌血流量，并通过增加 NO 释放强化健康人群的内皮素依赖性血管收缩和舒张。而醉酒对心血管有很大的刺激作用，有人研究酒精对蟾蜍心脏活动的影响后发现，随着施加酒精浓度的增加，心肌收缩力逐渐加强，收缩幅度加大，达到峰值后，心力逐渐衰竭，振幅逐渐下降；随着酒精浓度的增加，心率略有升高后逐渐减慢，最终可能导致心脏停搏。这些结果表明，过量喝酒后再饮茶，酒精和咖啡碱两者相和，进一步增加了对心脏的刺激，加重了心脏负担，这对于心脏功能欠佳的人很不利。

饮茶有加速利尿作用。李时珍说："酒后饮茶，伤肾脏，腰脚重坠，膀胱冷痛，兼患痰饮水肿、消渴孪痛之疾。"朱彝尊说："酒后渴，不可饮水及多啜茶。茶性寒，随酒引入肾脏，为停毒之水。今腰脚重坠、膀胱冷痛，为水肿、消渴、孪。"现代科学已证实了他们所说的酒后饮茶对肾脏的损害。茶叶中的咖啡碱，通过肾脏促进尿液中水的滤出实现利尿作用，并且刺激膀胱来协助人体排尿；能兴奋血管运动中枢，使肾血管壁舒张，提高肾脏血管流量，增加了肾小球的过滤量。因此，酒后用浓茶解酒，大量的咖啡碱会刺激肾脏加速利尿作用，由于排水过速，会把来不及完全氧化分解的乙醛提早引入肾脏，刺激肾脏，肾脏受到咖啡碱和乙醛的双重刺激，造成排尿过多，使肾脏负荷过重。经常如此，会损伤肾脏。

此外，由于体内水分减少，形成有害物质的残留沉积在肾脏，可能产生结石，对身体造成双重的伤害。对心肾疾病或功能较差的人来说，不要饮茶，尤其不能饮大量的浓茶；对身体健康的人来说，可以饮少量的淡茶，待清醒后，可采用进食大量水果或小口饮醋等方法，以加快人体的新陈代谢速度，使酒醉缓解。对于酒醉后出现昏睡、呼吸缓慢、脉搏细弱、皮肤湿冷等症状的人，可能有生命危险，则应尽早送医院抢救。

因此，醉酒慎饮茶。

4. 慎用茶水服药

药物的种类繁多，性质各异，能否用茶水服药，不能一概而论。例如，服用某些维生素类的药物时，茶水对药效毫无影响，茶叶中的茶多酚类物质，甚至可以促进维生素C在人体内的积累和吸收。同时，茶叶本身也含有多种维生素，包括维生素C和维生素E等，茶叶本身也有兴奋、利尿、降血脂、降血糖等功效，对人体增进药效、恢复健康是有利的。

需要注意的是，茶叶中的一些天然成分可能与某些药物发生化学作用导致药效变化。茶叶中富含的多酚类物质，具有多个酚羟基的特殊结构，从而能与蛋白质、酶等生物大分子发生络合作用，在一定程度上改变这些生物大分子的生物活性。例如，绿茶中茶多酚的含量高，在人们摄入一些蛋白质营养后，适时间内大量饮茶，所摄入的大量茶多酚类物质就会与蛋白质类发生络合，从而阻碍人体对蛋白质的吸收。一些红茶汤中的茶黄素、茶红素和茶褐素等组分，沉淀蛋白质大分子的作用能力更强。因此，在服用酶制剂药物、含蛋白质药物等制剂时，不宜用茶水送药，以防影响药效。

茶中咖啡碱作用于神经系统的通常结果，是使大脑外皮层易受反射刺激，改良心脏的机能，能使思维敏捷，所有各种意识的起始刺激减低，疲劳的感觉消失，心智及体力的惰性消失，从而影响睡眠。因而，在服用安神、催眠，镇静等药物不宜用茶水送服。

咖啡碱具有神经兴奋作用，是腺苷受体的非选择性拮抗剂，可以改变腺苷受体的表达，起到抗腺苷作用，因此，如用茶水送服双嘧达莫类药物时，可能降低双嘧达莫的药效。咖啡碱能够造成中枢兴奋，通过兴奋中枢神经系统的迷走中枢，刺激迷走神经胃支，引起胃泌酸增加和胃腺分泌亢进，也可刺激胃肥大细胞释放组胺，进而造成胃壁细胞泌酸增加。当用茶水送服抗酸药或制酸药，会降低这些药物的抑制胃酸作用。

有些中草药，如麻黄、钩藤、黄连等，以及参茸之类的补药等，也不宜与茶水混饮，最好用温开水来服药，因为茶有可能与部分药物起反应发生分解作用，从而降低药效。饮茶影响药物的疗效，与饮茶量的多少及浓度等直接相关。为了提高药物疗效，应慎饮茶，一般认为服药 2 小时内不宜饮茶。

5. 贫血患者忌饮茶

贫血是常见疾病，尤其是缺铁性贫血最为多见。缺铁性贫血，是由于体内缺少铁元素影响到血红蛋白的合成，从而引起的一种贫血症状。

长期以来有一种说法，饮茶会引起缺铁性贫血。其依据之一，是茶叶中的化合物会和人体中的铁质结合；其二，是饮茶会影响人体对铁的吸收。铁是人体必需的微量元素，人们膳食中铁元素的来源，主要以血红素铁和非血红素铁存在于动植物食品中。血红素铁，只存在于动物性食品中，约占人类食谱中铁元素来源的 15％。血红素铁较易被吸收，约 20％～35％可以被人体吸收。非血红素铁，主要存在于各种植物性食品中，约占人类食谱中铁元素来源的 85％，是人体主要的铁营养元素来源。但是，这种铁元素不容易被吸收，一般仅 2％～20％可穿过小肠腔到达黏膜细胞中。人体对这种非血红素铁的吸收受许多因素影响，例如人体中铁的贮存量。此外，如植酸、茶叶中的多酚化合物，也会因为和铁元素形成三价铁的复合物而不能通过小肠黏膜，因为必须是二价铁才可以穿过小肠黏膜。但是，茶多酚不会争夺铁蛋白等络合形态中的铁元素。如果在用膳时进食含有丰富抗坏血酸（Vc）的食物，或者饭后吃水果或饮果汁，便会明显降低铁的吸收。

近年来，实验研究证明，如果饮茶和膳食同时进行，结果会导致铁的吸收量降低。以三氯化铁溶液作为人体补充铁营养元素的来源，通过对比试验发现，服用三氯化铁并饮水者，铁的吸收率为 21.7％；而服用同量三氯化铁但同时饮茶者，铁的吸收率仅为 6.2％。改用硫酸亚铁加维生素 C 做试验，饮水者的铁吸收率为 30.9％，饮茶者则为 11.2％。又以面包做试验考察铁的吸收率，饮水者为 10.4％，而饮茶者仅为 3.3％。最后，科学家们以米饭和土豆洋葱汤做试验，饮水者的铁吸收率为 10.8％，饮茶者只有 2.5％。这一实验清楚地说明，饮茶对膳食中非血红素铁的吸收有明显的抑制作用。如果茶是在饭后过段时间再饮用，这种影响便很小或没有影响，例如服药 2 小时之后再饮茶，对人体补充铁元素的影响基本上可以忽略。

浓茶中含有的一些天然成分物质，在肠道中极易与药物中的铁元素结合，发生沉淀，妨碍肠黏膜对铁质的吸收利用。因此在服用含铁补血药时，不宜用茶水送服，否则会影响人体对铁的吸收。

最近实验研究表明，动物组织（牛肉、鸡肉和海产食品）、植酸和维生素 C 可能是决定铁生物利用率的最重要因素，而并非是多酚。饮茶不会影响铁储存充足的西方人群铁营养状况。只有在铁储存不充足的人群中，似乎才会出现饮茶与铁营养状况呈负相关。因此，贫血患者应该注意饮茶对于补充铁元素的不利影响。

6. 空腹慎饮茶

茶叶有许多保健作用，已为大家所熟知。随着国际上对茶叶保健作用研究越来越深入，茶叶已经成为许多人养生保健的首先选择。很多人都是整天茶不离手、茶不离口，也有人把"早上起床一杯茶"当成了习惯。但是，在此提醒大家：空腹饮茶，对肠胃保健不利。

空腹饮茶，会稀释消化系统中的唾液、胃酸等消化液。胃酸，是胃内消化吸收过程中的重要因子，胃酸如被过度稀释后，便不能为胃蛋白酶提供一个适宜的酸性条件，胰液、胆汁及肠液的分泌也会减少，肠胃等器官的消化功能变弱，从而将影响人体对维生素、铁等营养元素的吸收，经常会导致腹胀、腹泻等消化不良的症状。

空腹饮茶，易使肠道吸收咖啡碱过多。咖啡碱是中枢神经的兴奋药，易进入细胞，抑制磷酸二酯酶，引起细胞内 cAMP 浓度的升高。这种效应发生在中枢神经细胞中则造成中枢兴奋，通过兴奋中枢神经系统的迷走中枢，刺激迷走神经胃支，引起胃泌酸增加和胃腺分泌亢进，也可刺激胃肥大细胞释放组胺，进而造成胃壁细胞泌酸增加，增加胃的负担。

咖啡碱还有刺激生热作用，延伸交感神经刺激，抑制食欲。当咖啡碱的摄入量达到 3.3 毫克/千克，1 小时后即可刺激垂体-肾上腺皮质轴，引起促肾上腺皮质激素和皮质醇合成增加，肾上腺素水平上升，胰岛素水平增加，并使胰岛素敏感性急速减退，导致葡萄糖储存量下降。血糖含量降低，交感神经受刺激后，儿茶酚胺分泌增多，刺激胰高血糖素的分泌，可能导致血糖水平增高，又可作用于 β 肾上腺素能受体而引起心动过速、烦躁不安、面色苍白、大汗淋漓和血压升高等交感神经兴奋的症状。葡萄糖是脑部的主要能量来源，尤其是大脑，但是脑细胞储存葡萄糖的能力十分有限，仅能维持数分钟脑部活动对能量的需求，所以脑细胞所需要的能量几乎全部直接来自血糖。因此，当人体空腹时摄入咖啡碱后，机体代谢会加速，某些人会产生肾上腺皮质功能亢进的症状，如心慌、头昏、手脚无力、心神恍惚等，不仅会引起胃肠不适，食欲减退，还可能损害神经系统的正常功能，这也就是大家所说的"茶醉"。同时，空腹饮茶会加重人的饥饿感，严重者会造成休克。

绿茶中的茶多酚和咖啡碱均较高，如果在空腹状态下饮用，其中的茶多酚和咖啡碱可能对人体产生不利影响。空腹饮茶时，多酚类等物质还会与胃中的蛋白质相结合，对胃形成刺激，容易伤胃。中医也认为，绿茶是寒性的，容易伤及脾胃，特别是对阳虚体质的人或脾胃虚弱的人来说，更不宜空腹喝绿茶。

7. 忌饭前饭后大量饮茶

有些人经常在饭前饭后大量饮茶，这种做法是不可取的。饭前饭后 20 分钟左右饮茶，茶汤有可能冲淡胃液，从而削弱肠胃的消化、吸收功能；同时，茶汤还可能冲淡唾液，造成食欲下降。饭前空腹饮茶，甚至可能引起心悸、头痛、眼花、心烦等"茶醉"现象，严重的还可能引起胃黏膜炎。

人们每天所摄入的各类食物中，均含有大量的蛋白质。茶叶中富含的多酚类，能和蛋白质、酶等生物大分子发生络合作用，在一定程度上改变这些生物大分子的生物活性。人们在膳食中摄入蛋白质后，立即大量饮茶，将会大量摄入茶多酚，这些多酚类物质就会与蛋白质类发生络合，从而阻碍人体对蛋白质的吸收。有研究表明，当多酚类物质和蛋白质浓度很低时，二者形成的络合物通常还是呈溶解状态，但高浓度时，二者形成的络合物随着量的增加而变浑浊甚至沉淀。茶多酚氧化产物的蛋白沉淀能力，比茶多酚要强得多，其中含茶黄素、茶红素和茶褐素等组分的红茶水提取物的蛋白沉淀能力最强。

所以，饭前大量饮茶，茶水内的多酚类物质还未被人体吸收，在摄入食物后会与蛋白质发生沉淀反应；饭后大量饮茶，胃蛋白酶还未能及时将膳食中的蛋白质进行分解，茶水中的茶多酚及其氧化物就会与蛋白质发生沉淀反应，从而影响人体对蛋白质的吸收利用。

因此，无论饭前饭后，都不宜大量饮茶。正确的做法是，餐后一小时再喝茶，慢慢小口品饮。

8. 忌睡前饮茶

茶叶中的咖啡碱可作用于神经系统，使大脑外皮层易受反射刺激，能使思维敏捷，各种意识的起始刺激减低。此外，茶叶中含有的一些其他物质，药理作用与咖啡碱类似，也可以产生神经兴奋作用，对神经中枢也有一定刺激作用，如茶叶碱、可可碱和芳香物质等。

如果睡觉之前喝浓茶，可能会促使中枢神经处于亢奋状态，在较长时间内都难以入睡。因此，睡前喝茶或者茶饮料，严重的有可能造成失眠。当今社会大打健康牌的茶饮料，是一种越来越受到大家欢迎的饮料类型。比如，果汁茶饮料是在茶水中加入原果汁或浓缩果汁、糖液、酸味剂等调制而成的制品；奶味茶饮料是在茶水中添加鲜乳或乳制品等物质。这些饮料中，茶叶中的咖啡碱等成分依然存在，大量饮用后仍会使神经及大脑兴奋，心跳、血流加快，导致不能入睡。此外，睡前喝茶过多，尿量也会增加，这样也会影响睡眠的质量。老年人睡前饮茶，还有可能引起心慌不安等症状。心脏病患者更要少饮茶，因为当人体平躺时体内大量的组织液进入血液循环将促使血容量加大，饮茶则有可能增加心脏的负担。

所以，建议您在睡觉前 2～3 小时内不要饮茶。

9. 妇女"三期"慎饮茶

所谓妇女"三期"，指月经期、孕期和产期。

月经是女性特有的生理现象，月经期饮茶过多容易发生痛经、经期延长和经血过多。经血中含有高铁血红蛋白质和血浆蛋白等成分，体内的铁元素流失比较严重，月经期或经期过后，妇女一般可以补充含铁元素丰富的食品。浓茶中含有的高浓度多酚类物质，在肠道中极易与食糜中的铁或补血药中的铁结合，发生沉淀，妨碍肠黏膜对铁质的吸收利用，严重的有可能导致缺铁性贫血。女性月经期常常会有大便秘结的症状，这与黄体激素分泌有关。茶叶中的多酚类物质也会加重便秘症状，因为茶多酚有收敛作用，可使肠蠕动减慢，进而导致大便滞留在肠道。此外，女性月经期间，由于神经内分泌调节功能的改变，常伴有不同程度的精神紧张、头痛、乳房胀痛等反应，需要控制情绪以缓解症状。然而，茶叶的兴奋作用，有可能加重痛经、头痛、腰酸等经期反应，使乳房胀痛，引起焦虑、易怒与情绪不稳。女性经期应少喝茶，特别是不要喝凉茶、冷茶。

怀孕期是女性人生中最特别的一个时期，不管是对女性自身健康还是宝宝的健康发育都是十分重要的。该时期饮用浓茶，不仅易发生缺铁性贫血，影响胎儿的营养物质供应，还会加剧孕妇的心跳和排尿，增强孕妇的心肾负担，诱发妊娠中毒症状等，不利于母体和胎儿的健康。此外，动物实验表明，咖啡碱可能有一定的致畸胎作用，严重时可能致胎儿腭裂、趾畸形、脊柱裂、缺肾、心脏畸形和脑积水等。

产期是母乳哺育婴儿的重要时期。这段时间如果大量饮用浓茶，茶水中高浓度的多酚类物质，可能抑制肠液的分泌，产生收敛止泻作用，还会产生抑制乳腺分泌的作用，造成奶水分泌不足，从而影响到母乳喂养。此外，浓茶中的咖啡碱可通过人乳进入婴儿体内，可兴奋婴儿的呼吸、肠胃等未发育完全的器官，从而有可能导致婴儿呼吸加快、胃肠痉挛。

妇女在"三期"内应慎饮茶，尤其是浓茶。这不仅是对自身健康负责，也是对孩子健康负责。

10. 儿童不宜喝浓茶

喝茶对于成年人而言大有裨益，但对儿童来说，喝浓茶并不适宜。儿童的身体尚处于发育阶段，自我调节功能较低，神经系统对于具有兴奋作用的物质抑制能力较弱，而茶叶中的咖啡碱具有直接兴奋心肌的作用，可使心动幅度、心率及心输出量等增加。儿童喝茶后，有可能会出现心跳加快的现象，严重的可能导致体力消耗过大。尤其是在晚上喝茶后，还有可能导致失眠、尿频等问题，从而影响睡眠，进而影响到身体的生长发育。

茶叶具有利尿功能。茶叶中咖啡碱和茶叶碱，具有刺激膀胱的作用，可以协助排尿。茶多酚和咖啡碱进入儿童体内之后，在利尿的过程中，有可能造成钙、磷等矿物质的流失，从而抑制儿童身体对一些微量元素的吸收，如钙、锌、铁、镁等。

儿童过量喝茶或喝浓茶，可能会导致体内微量元素的缺乏，甚至出现营养不良的情况。儿童饮茶也有可能出现贫血情况。此外，儿童饮茶还可能造成氟中毒。卫生部饮茶型氟中毒专家调查组研究时发现，饮用砖茶能引起儿童氟中毒的发生。新疆部分县砖茶氟含量超标，高于全国均值，儿童氟斑牙检出率 4.63%；在西藏林芝市，茶水中氟含量超过国家标准 1~8 倍，8~12 岁儿童氟斑牙指数为 0.66，患病率为 33.7%。也有报道指出，儿童适量饮茶可以预防龋齿的发生，但要避免饮浓茶，也不要在晚上喝茶。

虽然喝茶对儿童也有一定的好处，但是幼龄儿童的身体发育尚未完全，自我调节能力较低，对于兴奋作用的抵抗能力较弱，因此，需要注意避免饮用浓茶。

图书在版编目（CIP）数据

茶叶质量安全与消费指南/鲁成银主编 . —北京：
中国农业出版社，2020.8
（中国茶文化丛书）
ISBN 978-7-109-26584-4

Ⅰ. ①茶… Ⅱ. ①鲁… Ⅲ. ①茶叶－质量管理－安全
管理－指南②茶叶－选购－指南 Ⅳ. ①TS272-62

中国版本图书馆 CIP 数据核字（2020）第 027850 号

茶叶质量安全与消费指南
CHAYE ZHILIANG ANQUAN YU XIAOFEI ZHINAN

中国农业出版社出版
地址：北京市朝阳区麦子店街 18 号楼
邮编：100125
责任编辑：姚　佳
版式设计：杨　婧　责任校对：吴丽婷
印刷：北京通州皇家印刷厂
版次：2020 年 8 月第 1 版
印次：2020 年 8 月北京第 1 次印刷
发行：新华书店北京发行所
开本：700mm×1000mm　1/16
印张：17.25
字数：280 千字
定价：68.00 元